W0367305

Karl-Heinz Zunneck

GEHEIMTECHNOLOGIEN, WUNDERWAFFEN UND DIE IRDISCHEN FACETTEN DES UFO-PHÄNOMENS

50 Jahre Desinformation und die Folgen

Copyright © 2004 bei
Jochen Kopp Verlag, Graf-Wolfegg-Str. 71, D-72108 Rottenburg

Alle Rechte vorbehalten

Umschlaggestaltung, Satz und Layout: Agentur Pegasus, Zella-Mehlis

Gedruckt in Deutschland

ISBN 3-930219-86-7

Gerne senden wir Ihnen unser Verlagsverzeichnis
Kopp Verlag
Graf-Wolfegg-Str. 71
D-72108 Rottenburg
Email: info@kopp-verlag.de
Tel.: (0 74 72) 98 06 - 0
Fax: (0 74 72) 98 06 - 11

Unser Buchprogramm finden Sie auch im Internet unter:
http://www.kopp-verlag.de

Karl-Heinz Zunneck

GEHEIMTECHNOLOGIEN, WUNDERWAFFEN UND DIE IRDISCHEN FACETTEN DES UFO-PHÄNOMENS

50 Jahre Desinformation und die Folgen

JOCHEN KOPP VERLAG

„Ich habe genügend von ihren Entwürfen und Produktionsplänen gesehen, um eines sagen zu können: Wäre es den Deutschen gelungen, den Krieg nur ein paar Monate hinauszuziehen, wären wir mit einer ganzen Reihe völlig neuartiger und tödlicher Luftkampfwaffen konfrontiert worden.“

Sir Roy Feddon
Inspekteur des britischen
Flugzeugbauministeriums

INHALT

Vorwort und notwendige Vorbemerkungen

Sind Sie offen für neue Denkkategorien? Falls nicht, sollten Sie dieses Buch besser nicht lesen. Denn möglicherweise werden einige liebgewonnene Vorstellungen nach der Lektüre dieses Werkes nicht mehr das sein, was sie einmal waren …
Worum es geht? Um militärisch relevante Hochtechnologie-Entwicklungen, deren Verschleppung und sehr wahrscheinliche Perfektionierung durch eine Großmacht der Erde, die dies allerdings niemals, zumindest in vollem Umfang, zugeben würde. Damit verbunden sind u. a. Beobachtungen von seltsamen Fluggeräten in der Atmosphäre unseres Planeten, die schlechthin als „UFOs" definiert werden und deren Zahl mittlerweile Legion ist. Offiziell heißt es, daß dieses Phänomen entweder nicht vorhanden oder aber, aufgrund eines möglichen außerirdischen Ursprungs, nicht erklärbar sei. Augenzeugen werden als „Spinner" abgestempelt, um die Öffentlichkeit nicht unnötig zu beunruhigen oder – was viel gefährlicher wäre – auf die Spur *einiger der wahren UFO-Stimuli* zu bringen.
Dieses Buch beleuchtet Gerüchte um die Entwicklung deutscher Geheimtechnologien während der Zeit des Zweiten Weltkrieges, die teilweise jenseits von dem lagen, was heute allgemein unter dem Begriff der sogenannten V- oder Wunderwaffen gehandelt wird. Sind die immer wieder in die Diskussion gebrachten Flugscheibenkonstruktionen und Laserstrahlwaffen, um vorab nur einen Teil dieser exotischen Technologieentwicklungen zu nennen, zum Ende des Zweiten Weltkrieges doch noch erprobt worden? Kamen sie gar zum Einsatz?
Gibt es einen faktenmäßig belegbaren Hintergrund für die Behauptung, daß durch deutsche Militärs und Wissenschaftler exo-

tische Wege beschritten worden seien, um alternative Energien nutzbar zu machen? Offiziell heißt es doch, daß derartige Behauptungen reine Erfindung seien …

Freilich konnte man derartigen abwiegelnden Behauptungen lange Zeit nichts entgegensetzen, so daß man als Forscher besser beraten war, diesen Themenkomplex nicht weiter zu diskutieren. Zudem ist gerade im deutschsprachigen Bereich eine Erörterung des gesamten Themenkomplexes mit einem Tabu behaftet, denn Teile der jüngeren deutschen Geschichte sind für viele etwas, worüber man besser nicht spricht.

Wer auf der Suche nach der Wahrheit ist, kann allerdings weder auf bestehende Tabus noch auf die vielzitierte öffentliche Meinung Rücksicht nehmen. Letztere ist ohnehin eine von den Meinungs*machern* – sprich allmächtigen und gesteuerten Massenmedien – vorgegebene Illusion, die von den Erstgenannten beliebig manipuliert und verdreht werden kann, gerade heute, wo wir einer „Informations“-Gesellschaft entgegengehen.

Mittlerweile gibt es glücklicherweise ziemlich deutliche Hinweise, wo Reste dieser eingangs erwähnten Technologien zu finden sind bzw. wo sich ein entsprechendes „Denkzentrum“ befunden hat. Zudem existieren Zeitzeugen, die – nach oftmals jahrzehntelangem Schweigen – endlich zu sprechen beginnen.

Unabhängig davon finden sich Spuren, die bereits seit langem bekannt sind, bisher aber nicht im richtigen Kontext zueinander gesehen wurden, wie überhaupt ein Großteil von bekannten Informationen falsch gedeutet und bewertet wurde. So sind beispielsweise in den letzten zehn Jahren zahlreiche Informationen über streng geheime Untergrundinstallationen in den USA bekannt geworden, deren Ausmaße erschreckend groß sind. Zeugen haben in deren Umfeld seltsame Fluggeräte beobachtet, die Eigenschaften aufweisen, die mit herkömmlicher Flugtechnik schwerlich vereinbar sind. Im Bereich der UFO-Forschung wird nun behauptet, daß diese Objekte auf außerirdischer Technologie basieren würden. Ein nicht zu unterschätzender Fakt ist jedoch, daß in Deutschlands Untergrund während der Zeit des Zweiten Weltkrieges die Vorläufer dieser unterirdischen US-amerikanischen Anlagen entstanden, um dort neuartige Waffensysteme zu entwickeln und zu erproben. Bemerkenswerterweise haben die Alliierten bis auf wenige Ausnahmen nie darüber berichtet, was sie in den unter der Erde befindlichen Bunkersystemen, Kavernen, Höhlen und Tunnelsystemen vorgefunden haben. Viele der mit diesen Anlagen in Verbindung stehende Dokumente liegen bis heute mit höchsten Sicherheitsklassifizierungen versehen in den Archiven der USA! Warum wohl? Seltsam auch, daß selbst offen zutage tretende Zusammenhänge von vielen bis heute nicht erkannt worden sind. Möglicherweise liegt das daran, daß Historiker keine UFO-Forscher sind und UFO-Forscher sich nur selten für Waffenentwicklungen interessieren, obwohl gerade das zu einem ihrer Pflichtfächer gehören müßte. Ein einfaches Beispiel: Auf deutschem Territorium wurden gegen Ende des Zweiten Weltkrieges u. a. drei unterirdische Anlagen errichtet bzw. betrieben, die die Bezeichnung S I, S II und S III trugen (auf eine davon wird in diesem Buch ausführlich eingegangen) und als „Sonderbauvorhaben" besonderen Zwecken dienten, die bis heute nur erahnt werden können. Wieso ist noch keinem aufgefallen, daß es in den USA die so bezeichneten S-4-Anlagen (Area-51, Papoose-Lake etc.), geheime Untergrundinstallationen also, gibt, die wahrscheinlich die direkte Fortsetzung der deutschen Projekte darstellen? Wieso sucht man auf dem amerikanischen Kontinent vergeblich nach S I, S II und S III, die es doch eigentlich geben müßte, insofern es sich bei den sogenannten S-4-Systemen um Eigenentwicklungen handelt?! Weshalb wurden Tausende von deutschen Wissenschaftlern, von denen viele Mitglieder der SS bzw. der NSDAP waren, unter Umgehung der Einwanderungsbehörde durch OSI, CIC und später CIA in die USA gebracht? Man hätte dies wohl kaum getan, wenn die Betreffenden nicht von allergrößtem Interesse gewesen wären. Die Raketenprojekte, an denen Personen wie General Walter Dornberger und Wernher von Braun beteiligt waren, sind nur ein Beispiel dafür, das noch dazu publik wurde, weil die Raketenwaffe während des Krieges bereits massiv eingesetzt worden war. Was ist aber mit jenen Entwicklungen, die nicht mehr die Einsatzreife erlangten und daher nur einem kleinen Kreis von Spezialisten bekannt waren …?

Um voreiligen Rückschlüssen entgegenzutreten und nicht mißverstanden zu werden, muß ich an dieser Stelle einige Punkte erläutern bzw. zu einigen Dingen Stellung beziehen:

• Es geht in diesem Buch nicht darum, irgendwelche geschichtlichen Abläufe zu mystifizieren, zu beschönigen oder gar zu verherrlichen! Es zeigt sich aber, daß wissentlich einige Fakten aus bisherigen Betrachtungen zum Zweiten Weltkrieg ausgeschlossen worden sind, denen Geheimdienstinteressen zugrunde lagen. Diese bewußte Unterschlagung von Fakten hat Methode, dient sie doch der Abwehr von neugierigen Fragestellern einerseits und der Geschichtsmanipulation andererseits. Dies trifft besonders in Hinblick auf technische Entwicklungen zu.

Fakt ist, daß es im Zweiten Weltkrieg auf alliierter wie deutscher Seite zahlreiche neuartige Erfindungen gab, die von allergrößtem militärischen Interesse waren (z. B. das Radar). Einige wurden der Öffentlichkeit bekannt, andere wurden verschwiegen.

• Es ist nicht Aufgabe des Buches, das UFO-Phänomen als Gesamtkomplex mit den hier vorgestellten Querverbindungen aufzuklären. Dies ist nicht möglich. *Der Autor hat sich zwei Jahrzehnte mit dem UFO-Thema befaßt und ist sich der Tatsache bewußt, daß es äußerst facettenreich ist. Es gilt, wie bei vielen Sachverhalten im Leben, zu differenzieren.* Gerade das fällt aber den meisten Menschen sehr schwer, sind diese doch in

einem pauschalisierenden Schwarz-Weiß-Denken (Gut und Böse, Richtig und Falsch, Intelligent und Dumm) gefangen. Sie können oder wollen einfach nicht sehen, daß es dazwischen noch *Dutzende von Graustufen* gibt – um im Bild zu bleiben. Die Ursachen hierfür sind einerseits im Bildungssystem zu suchen (Nachplappern der Lehrmeinung statt Selber-Denken), andererseits lassen sich viele von den Medien „berieseln" (Infotainment, um einmal diesen abscheulichen neudeutschen Ausdruck zu gebrauchen), anstatt die eigenen vorhandenen grauen Zellen zu benutzen. Ein Zustand, der in der Katastrophe enden wird!
Es existiert, und wir betrachten hier ausschließlich das UFO-Phänomen im engeren Sinne, also die ungelösten Fälle, zweifelsohne eine seit Jahrhunderten nachweisbare intelligenzgesteuerte Komponente, die höchstwahrscheinlich nichtmenschlicher, doch auch nicht unbedingt außerirdischer Natur ist. Ihr Verhaltensmuster deutet eher darauf hin, daß es sich um eine auf unserem Planeten parallel existierende, jedoch weitaus ältere und technologisch weiterentwickelte irdische Zivilisation handelt, die die Gefahren menschlicher Entwicklung erkannt hat und deshalb, da die Erde auch ihre Lebensgrundlage darstellt, manipulierend in die Geschehnisse eingereift. Darüber hinaus gibt es sehr wahrscheinliche Lösungsansätze für das UFO-Phänomen in Hinblick auf selten auftretende atmosphärische Erscheinungen, die bis dato schwer oder gar nicht im Labor reproduzierbar sind. Darüber hinaus kann das UFO-Phänomen mit einer Vielzahl weiterer, teils exotischer Erklärungen, die hier jedoch nicht näher betrachtet werden sollen, ansatzweise identifiziert werden. Ob diese jedoch nötig sind, ist angesichts der in diesem Buch zusammengestellten Informationen zu bezweifeln.

• Der UFO-Forschung muß in jedem Falle vorgeworfen werden, daß sie auf einem Auge beinahe blind ist. Dieser Umstand ist ein wesentlicher Grund dafür, warum die Existenz des Phänomens

von vielen Menschen nicht akzeptiert wird. Es ist Tatsache, daß sich zahlreiche *pro* eingestellte UFO-Untersucher den erstaunlichsten Erklärungsmöglichkeiten zuwenden, ohne überhaupt relevant erscheinende irdische UFO-Stimuli betrachtet zu haben. Hiermit sind nicht die für *aufgeklärte UFO-Fälle (das UFO-Phänomen im weiteren Sinne also)* immer wieder ins Feld geführten Verwechslungen mit Himmelskörpern, Wolkenformationen, uns bekannten Naturerscheinungen etc. zu verstehen, sondern Dinge, die die bis dato ungelösten Fälle produzieren und mit irdischen Entwicklungen zu tun haben, die – alles andere macht keinen Sinn – *militärischer Natur* sind. Wieso wird so viel von außerirdischen Besuchern gesprochen, wenn man noch nicht einmal vorhandene irdische Hinweise zu untersuchen bereit ist? Ist das reine Unkenntnis der Fakten oder hat auch dieser Sachverhalt Methode? Kein Wunder, wenn Außenstehende von „Technischer Religion“ sprechen, denn *die Vorgehensweise widerspricht jeglicher Logik!!! Man tut den zweiten vor dem ersten Schritt* und wundert sich dann noch, daß man auf den Krücken der eilfertig gezimmerten Denkschablonen nicht mehr weiterkommt. Eine kuriose Situation, die allerdings aus der meisterhaften, seit Jahrzehnten wirkenden Desinformationskampagne erklärt werden kann, die in bezug auf das UFO-Phänomen veranstaltet wurde und wird.
Richtig wäre es doch, zuerst die irdischen Möglichkeiten zu überprüfen, zeigt sich doch, daß es hier sehr wohl einiges zu entdecken gibt. Eine der wichtigsten Fragen in diesem Zusammenhang, die sich beinahe von selbst stellt, ist die: *Warum fliegen die angeblich Außerirdischen in so vielen Fällen mit scheiben- oder diskusförmigen Fluggeräten, die weitestgehend jenen Entwürfen (oder deren Weiterentwicklungen) entsprechen, die deutsche Ingenieure in den 1940er Jahren auf ihren Reißbrettern schufen?!*
Ganz Schlaue werden jetzt behaupten, daß die Deutschen Kon-

takt mit einer außerirdischen Rasse hatten und von dieser die Technologie übernahmen! Diese Behauptung ist nicht neu. Ähnliches nehmen auch die USA für sich in Anspruch, behaupten doch zahlreiche Autoren, u. a. letztmalig Colonel Philip Corso in seinem Buch „The Day After Roswell" (Der Tag nach Roswell), daß ein Großteil von revolutionären Erfindungen (Laser, Mikroelektronik, Glasfaserkabel etc.) der letzten Jahrzehnte auf jene Erkenntnisse zurückgehen, die aufgrund eines untersuchten Absturzes einer „Fliegenden Untertasse" nahe Roswell, USA, gewonnen werden konnten.
Was immer bei Roswell vom Himmel gefallen ist, es war mit Sicherheit nichts, was der USA einen angeblich so gewaltigen Technologievorsprung gebracht hätte. Lasertechnologie, und das ist nur ein Beispiel, ist bereits im Zweiten Weltkrieg entwickelt worden und war kein außerirdisches Entwicklungshilfeprodukt, das erst in einem verunglückten UFO in den USA gefunden werden mußte. Insofern man nach einem wirklichen Technologiesprung im 20. Jahrhundert sucht, so findet man diesen eher im Zeitraum von 1930 bis 1945, so daß all jene, die sich von der Idee eines durch außerirdische Einflüsse zustandegekommenen technologischen Aufschwungs nicht trennen können oder wollen, wohl eher davon ausgehen sollten, daß während dieser Zeit der erste entscheidende Rückgriff auf nichtmenschliche Technologie erfolgte.
Wie auch immer, für mich ist die Idee einer extraterrestrischen Einflußnahme im 20. Jahrhundert (ob direkt oder indirekt sei dahingestellt) zwar hochinteressant, deshalb aber keineswegs überzeugend! Es gibt, und das sei hier in aller Deutlichkeit hervorgehoben, für eine solche Deutung beim gegenwärtigen Stand der Dinge *keine überzeugenden Beweise*. Zwar verstößt diese Argumentation weder gegen die Logik noch gegen grundlegende Naturgesetze, doch reichen diese Punkte allein nicht aus, um eine außerirdische Einflußnahme wahrscheinlich wer-

den zu lassen. Beim gegenwärtigen Stand der Erkenntnis muß klar eingeschätzt werden, daß das mögliche Vorhandensein fremder Zivilisationen im All bisher nicht nachgewiesen werden konnte. Jahrzehntelange Bemühungen der SETI-Projektanten (SETI = Search for Extraterrestrial Intelligence = Suche nach außerirdischen Intelligenzen) waren bis dato erfolglos.
Die radioastronomische Suche nach fremden intelligenten Lebensformen im Kosmos verschlingt jährlich einen Betrag von 100 Millionen Dollar! Allein die Tatsache, daß die SETI-Programme weiter laufen, ist ein deutlicher Hinweis dafür, daß das UFO-Phänomen nichts mit außerirdischen Kräften zu tun hat! Glauben Sie denn allen Ernstes, daß jährlich derartige Summen aufgewendet werden, um nach etwas zu suchen, was man längst gefunden hat?! Natürlich werden diejenigen, die nie um eine Ausrede verlegen sind, behaupten, daß das SETI-Programm nur ein „offizielles Tarn-Projekt“ sei und die daran beteiligten Experten nichts von einer immer wieder postulierten Zusammenarbeit mit Außerirdischen wissen können, weil diese von elitären, geheimen Organisationen vertuscht wird. Das ist allerdings unglaubwürdig, denn Geheimdienste und Militärs kennen mit absoluter Sicherheit alle Ergebnisse des SETI-Programms, was schon aus Gründen der nationalen Sicherheit der USA erwartet werden muß. Sie würden, so ein Kontakt mit Außerirdischen wirklich bestehen sollte, das SETI-Projekt längst eliminiert haben. Denn es geht hierbei um 100 Millionen Dollar jährlich. Eine Beendigung der radioastronomischen Suche nach Leben im All ließe sich mannigfaltig begründen und würde in der Öffentlichkeit nicht einmal Verdacht erregen, weil finanzielle Mittel auch in den USA, zumindest im zivilen Bereich, bisweilen knapp sind.
Natürlich sind 100 Millionen Dollar im Vergleich zu den Rüstungsausgaben der USA „Peanuts“, aber sie sind eine enorme Summe für eine Abteilung, die sich mit Desinformationspolitik

befaßt und den Menschen bis heute über Medien und andere Informationskanäle weißzumachen versucht, daß das UFO-Phänomen nicht existent ist bzw. – als man einsehen mußte, daß ein generelles Leugnen nicht mehr aufrechtzuerhalten ist – wahrscheinlich von extraterrestrischen Kräften verursacht wird.

• Festzuhalten ist, daß in bezug auf eines der mit Geheimtechnologien verbundenen Projekte, die deutschen Flugscheiben nämlich, eine kaum faßbare Zahl von teils ominösen Informationen und Darstellungen im Umlauf sind, was für mich erklärlich werden läßt, warum zahlreiche UFO-Forscher nichts mit dieser speziellen Thematik zu tun haben wollen. Da ist von Vril-getriebenen HAUNEBU-Flugscheiben mit Weltraumtauglichkeit die Rede, da wird von Besuchen auf dem Mond gesprochen und da tauchen immer wieder Informationen auf, die sich bei genauer Überprüfung als Phantasiegebilde herausstellen. Die Reaktion ist dann immer wieder die gleiche: Viele seriöse UFO-Forscher lehnen angesichts ihrer eigenen Unfähigkeit zur Differenzierung *das Gesamtthema* komplett ab, was dem berühmten Ausschütten des Bades mit dem Kinde gleichkommt. Anders ausgedrückt: *Mangelnde Kompetenz führt zu mangelnder Bereitschaft, sich mit schwer verdaulichen Themen auseinanderzusetzen.* Apropos Differenzierung: Die Behauptung, daß ein Teil des UFO-Phänomens aus im Ursprung deutschen Entwicklungen resultiert, heißt nicht, daß das UFO-Phänomen im engeren Sinne insgesamt damit zu tun hat (diese Wiederholung tut Not).

• Nicht vergessen werden darf, daß es speziell im deutschsprachigen Raum ein nicht zu unterschätzendes Problem gibt. Wer von „Nazi-UFOs" spricht, wird schnell in die rechte politische Ecke gestellt. Derartige Dinge seien ein Fall für den Staatsanwalt, so behauptet jedenfalls ein in UFO-Kreisen bekannter deutscher Autor pauschalisierend (M. Hesemann, UFOs über Deutschland – Ein praktisches Handbuch, Falken-Taschenbuch,

Niedernhausen 1997). Dem ist teilweise zuzustimmen, denn es existieren fürwahr zahlreiche Machwerke, die nichts weiter als Propaganda und Wunschdenken darstellen und die geschichtlichen Tatsachen verdrehen. Trotz allem oder gerade deshalb ist aber eine Beschäftigung mit den nachweisbaren *Fakten* notwendig und zulässig, denn sie sind Teil der Geschichte. *Wer dies nicht begreift, muß sich den Vorwurf der Geschichtsverfälschung und Manipulation von Fakten gefallen lassen!*

Zudem haben voreilige Pauschalurteile, mit denen man sich an die Öffentlichkeit wagt, selten den Kern der Dinge getroffen. Der erwähnte Autor spricht zum Beispiel in der eben genannten Quelle (S. 60) von einem der am Bau beteiligten deutschen Ingenieure namens Schriever und behauptet, daß dieser 1953 gestorben sei! *Das ist falsch!* Schriever lebte wesentlich länger und war einer der Deutschen, die für die Amerikaner von größter Wichtigkeit waren. Nicht umsonst hatte er zum Schluß einen hohen militärischen Rang inne, wie noch zu zeigen sein wird. Leider sind beinahe alle UFO-Forscher auf sein ominöses „Todesjahr" hereingefallen.

• Mit aller Vehemenz sei darauf verwiesen, daß dieses Buch nicht geschrieben wurde, um zu provozieren. Es geht vielmehr darum, bis dato wenig beachtete Zusammenhänge aufzuzeigen, die die Geschichte geheimer Technologieentwicklungen betreffen. Diese wurden der Öffentlichkeit bewußt vorenthalten, um eine aus welchen Gründen auch immer notwendige Kontrolle ausüben zu können. Leider ließ man es aber dabei nicht bewenden. Da mindestens eine der Geheimentwicklungen zu offensichtlich wurde, mußte ein psychologisch verankertes Desinformationsprogramm ins Leben gerufen werden, das bis heute andauert und alle nach außen dringenden Informationen über Geheimprojekte mehr oder weniger unglaubwürdig erschienen läßt. *Bisher erahnen nur wenige Menschen, daß die Öffentlichkeit seit den 1940er Jahren einem der raffiniertesten und unglaublichsten Täuschungsmanöver der Geschichte der menschlichen Zivilisation aufgesessen ist. Seit über 50 Jahren erfolgt eine unglaubliche Desinformation in bezug auf Elemente unseres Lebens, die für den Fortbestand unserer Zivilisation von entscheidender Wichtigkeit sein könnten.* Die Zahl der Lügen, die bis heute (bewußt oder unbewußt, das sei dahingestellt) in diesem Zusammenhang durch die Medien verbreitet wurden, übersteigt bereits deutlich die Zahl der wahren Informationen!

• Ein weiteres Ziel dieses Buches besteht darin, die Diskussion um die Herkunft des UFO-Phänomens wenigstens teilweise zu versachlichen und aufzuzeigen, daß es sehr irdische, deshalb aber nicht weniger monströse oder gefährliche Zusammenhänge gibt. Das alles mag nach „Verschwörungstheorien" klingen. Ich wünschte, dem wäre nicht so. Leider sprechen die zusammengetragenen Informationen aber eine deutliche Sprache.

Als einen Aspekt meiner Darstellungen betrachte ich das Aufzeigen von Forschungsergebnissen, die durch einige zivile Forscher gewonnen wurden. Manche von ihnen stolperten bei ihrer Tätigkeit eher zufällig über Erkenntnisse, die technologisch hätten eine Revolution bei Antriebsverfahren oder bei der Energiegewinnung bedeuten müssen. Seltsamerweise passierte jedoch nichts. Oder durfte nichts passieren, weil das, worüber man gestolpert war, längst für militärische Projekte genutzt wurde? Erklärt diese Vermutung den Umstand, daß einige Forscher massiv unter Druck gerieten, als sie nicht bereit waren, ihre Arbeiten zu beenden?

Begeben Sie sich also mit mir auf eine Reise zu bekannten und weniger bekannten geschichtlichen Fakten, zu militärischen Projekten, deren (einstige) Existenz man weiter vehement abstreiten wird. Und betrachten Sie mit mir das, was wir heute über das UFO-Phänomen wissen, einmal unter dem Blickwinkel irdischer Geheimtechnologie-Entwicklungen. Das Material, das hier zusammengetragen wurde und auf den nun folgenden 300 Sei-

ten vorgestellt wird, ist – bei genauer Betrachtung – nur die Spitze eines Eisberges. Daher wird es unumgänglich sein, gewisse Informationen zu straffen, wofür ich Sie, verehrter Leser, um Verständnis bitten muß.
Es sei auch der Hinweis gestattet, daß nicht in jedem Fall eine Offenlegung der Quellen möglich ist. Wir haben es hier mit einem teilweise sensiblen Themenbereich zu tun, der momentan eine oftmals vertrauliche Behandlung von Quelleninformationen und die Anonymität von Zeugen erfordert.
Ich bin mir natürlich der Tatsache bewußt, in ein „Wespennest" zu stechen. Auch ist mir beim Schreiben dieses Buches klar geworden, daß es aufgrund der Menge vorliegenden Materials kaum mehr als eine Einführung sein kann, die manche Zusammenhänge nur andeutungsweise beleuchtet. Ich habe mich daher entschlossen, diesem Buch irgendwann ein weiteres folgen zu lassen. (Dieses Buch ist unter dem Titel „Geheimtechnologien 2« ebenfalls im Kopp Verlag erschienen; Anm. d. Verlages).
Der Zusammenhang von UFO-Zwischenfällen und Geheimwaffenentwicklungen stellt aufgrund immer wieder lancierter Desinformationen einen schwer durchdringbaren Filz dar. Trotzdem werde ich weiter daran arbeiten, diesen aufzuweichen.

Karl-Heinz Zunneck

Einleitung

Den frühen Abend des 4. Januar 1997, einen Samstag, werden zwei Kalifornier ihr Leben lang nicht vergessen.
Während einer Fahrt in einem Pickup-Truck machen Daniel J. Kerrigan und sein Begleiter eine seltsame Beobachtung. Sie befinden sich zu dieser Zeit in der Nähe der Kleinstadt Silverado Canyon, Kalifornien (USA), als sie auf ein ungewöhnliches Licht am Himmel aufmerksam werden. Sie werden es später als ein blaugrün leuchtendes Objekt beschreiben. Ursprünglich glauben die Augenzeugen, daß es sich bei dem Beobachtungsgegenstand um einen Meteor handeln könnte, müssen ihre Meinung jedoch sehr schnell korrigieren, als sie feststellen, daß es in Wirklichkeit eine Anordnung von drei Lichtern ist, die in Dreiecksform positioniert sind. Nach nur kurzer Zeit sind dann plötzlich noch mehrere dieser dreieckig strukturierten Lichtobjekte am Himmel zu sehen. UFOs?
Die beiden Männer entschließen sich, der Angelegenheit auf den Grund zu gehen. Um mehr Details beobachten zu können, fahren sie zu einem anderen Standort. Dort angelangt, können die beiden sehen, wie ein weiteres Objekt am Himmel über ihnen auftaucht und nun genau auf sie zufliegt. Ebenso wie die anderen strahlt es ein blaugrünes Licht aus. Das ungewöhnliche Objekt befindet sich nunmehr etwa 100 m über ihnen.
Kerrigan und sein Begleiter beobachten aber noch etwas anderes, das nicht minder interessant ist. Unweit ihres Beobachtungsortes sehen sie zwei große Militärhubschrauber aus einer Schlucht aufsteigen, bei denen es sich – so ergibt eine spätere Recherche – höchstwahrscheinlich um Maschinen des Typs Boeing Vertol CH-46D »Sea Knights« handelt. Eine davon ist völlig unbeleuchtet, absolut schwarz und trägt keinerlei Hoheitszeichen. Als sich die Gruppe von „UFO-Lichtern" in südli-

che Richtung bewegt, scheinen die beiden Helikopter diesen zu folgen.
Nur wenige Tage später, am Abend des 22. Januar 1997 gegen 20 Uhr, flog ein anderer geheimnisvoller Körper mit dreieckiger Struktur über das Dorf Loveland, Ohio (USA) hinweg. Die Augenzeugin Alicia Garwood steht gerade mit ihrem Auto an einer Ampel, als ein Objekt mit drei Lichtern an jeder Ecke hinter den Häusern der Main Street – einer Geschäftsstraße – auftaucht und über der Kreuzung schwebt. Dort bleibt es einige Zeit sichtbar, bevor es unerwartet abrupt beschleunigt und mit einem Rauschen in wenigen Sekunden aus dem Sichtfeld verschwindet.
Bereits am darauffolgenden Abend, etwa gegen 20.30 Uhr, fällt zwei Frauen in Oakley-County von Cincinnati ein flackerndes Objekt am Himmel auf. Nach den Aussagen der beiden Zeuginnen handelt es sich um ein diskusförmiges Gebilde, das für einen Zeitraum von dreieinhalb Minuten in nur geringer Höhe am Himmel schwebt, bevor es in einer Art Zick-Zack-Kurs verschwindet (UFO-KURIER, Ausgabe März 1997, Kopp Verlag, Rottenburg).
Diese drei Beispiele aus jüngerer Zeit sind nur ein Bruchteil von Meldungen, die UFO-Organisationen, aber auch offizielle Behörden wie Polizei und Militär, jeden Tag erhalten.
Besuchen uns Vertreter einer außerirdischen Zivilisation oder handelt es sich bei all diesen Erscheinungen nur um Phantastereien und veränderte Bewußtseinszustände? Mitnichten! Das UFO-Phänomen hat einen realen Kern, ca. 2 bis 5 % aller Fälle gelten nach offiziellen Verlautbarungen als „unidentifiziert“. Die Dunkelziffer ist aber weitaus höher, denn nicht jeder Augenzeuge derartiger Vorgänge meldet sich später, um seine Beobachtung dokumentieren zu lassen.
Es ist an dieser Stelle schon aus Platzgründen unmöglich, auf das Pro und Contra der Meinungen zum UFO-Phänomen einzu-

gehen. Dies ist an anderer Stelle bereits ausführlich geschehen und ich will an dieser Stelle nur einige wichtige Publikationen der letzten Jahre nennen: Illobrand von Ludwiger, Der Stand der UFO-Forschung, Verlag Zweitausendeins, 1. Auflage, April 1992; UFOs – so rund wie Untertassen, Weltbild-Verlag, Augsburg 1992; Timothy Good, Jenseits von Top Secret, Das geheime UFO-Wissen der Regierungen, Verlag Zweitausendeins, 4. Auflage, März 1991).

Wichtig erscheint mir die Feststellung, daß zahlreiche UFO-Untersucher teilweise recht exotische Behauptungen aufgestellt haben, um das UFO-Phänomen im engeren Sinne aufzuklären. Nur andeutungsweise wird dabei versucht, irdische Erklärungen ins Spiel zu bringen. Dies ist äußerst verwunderlich, wenn man bedenkt, daß es durchaus ernstzunehmende Hinweise gibt, die eine irdische Erklärung – zumindest für einen Teil rätselhafter Fälle – wahrscheinlich werden lassen. Wie ich bereits im Vorwort betonte, kann mit der von mir favorisierten Hypothese das UFO-Phänomen als Ganzes natürlich auch nicht geklärt werden. Eine Facette jedoch scheint mir damit jedoch aufzeigbar: Die der Nutzung neuartiger Technologien für geheime militärische Fluggeräte.

Reine Phantasie? Wohl kaum. Oder glauben Sie tatsächlich, daß in dem ersten der eingangs erwähnten UFO-Fälle ein außerirdisches Raumschiff eine Ehreneskorte durch nicht identifizierbare Hubschrauber erhielt? Glauben Sie wirklich, daß die wissenschaftliche Forschung seit Ende des Zweiten Weltkrieges nur diejenigen Antriebsverfahren verbessert hat, die wir alle kennen? Sind Sie wirklich der Überzeugung, daß man den offiziellen Verlautbarungen Glauben schenken darf, wonach UFOs keine Geheimwaffen seien?

Sollten Sie alle drei Punkte mit „Ja“ beantwortet haben, dann gratuliere ich den psychologisch geschulten Desinformationsspezialisten des Pentagon (und gewisser geheimer US-amerika-

nischer Regierungsbehörden), denen es gelungen ist, in Ihnen den Eindruck zu erzeugen, den man zum Schutz militärischer Geheimprojekte zu erzeugen gezwungen war. Wie wollen Sie dann aber erklären, daß sowohl deutsche als auch britische, US-amerikanische und kanadische Ingenieure an diskusförmigen Fluggeräten arbeiteten? Und: Glauben Sie den Medien, die berichteten, diese Projekte seien eingestellt worden?
Warum haben all jene zivilen Forscher Druck „von oben" erhalten, die über neuartige Antriebsverfahren nachdachten und nicht bereit waren, ihre Erkenntnisse „zu vergessen"?
Wieso ist die Berichterstattung über wissenschaftliche Erkenntnisse, die neue Antriebsverfahren betreffen, in zahlreichen wissenschaftlichen Publikationen oder populärwissenschaftlichen Zeitschriften beinahe zum Erliegen gekommen? Und warum wird über ganze Wissenschaftsgebiete (Bewußtseinsforschung, Waffentechnologien) Stillschweigen bewahrt?
Diese Fragen gewinnen dann an Bedeutung, wenn man sich die Geschichte relevanter Geheimtechnologien und sogenannter „Wunderwaffen" im Kontext zum UFO-Phänomen etwas näher ansieht. Es gab bis vor kurzem nur zahlreiche Bruchstücke eines Puzzles, das es zusammenzufügen galt. Allerdings fehlte hierzu der richtige „Klebstoff". Ich meine, diesen passenden „Kitt" gefunden zu haben. Daß diese Suche erst so spät von Erfolg gekrönt war, ist das einzige Element, das mich etwas traurig stimmt. Vielleicht wäre die Verbindung jedoch nie gefunden worden, hätte es nicht Ende der 1980er Jahre massive gesellschaftliche Umwälzungen im Ostblock gegeben, die zur Neubewertung zweier Sachverhalte beitrugen, über die früher das Gras des Vergessens wuchs.

*****

WUNDERWAFFEN

In den letzten Monaten des Jahres 1942 begann sich das militärische Kräftepotential im Zweiten Weltkrieg zu verschieben. Die Taktik der Achsenmächte „Erobern und Beherrschen“ war nicht mehr aufrechtzuerhalten und mußte einer defensiven Methode der Verteidigung weichen, auf die man allerdings nicht vorbereitet war. Die daraufhin notwendig werdende industrielle Reorganisation, insbesondere Deutschlands, war so gewaltig, daß sie nur partiell möglich war. Völlig neue Wege mußten beschritten werden, um die weitere Produktion unter Kriegsbedingungen aufrechtzuerhalten.

Ein ganz wesentliches Ziel bestand darin, die Fertigung von militärisch wichtigen Gütern zu dezentralisieren und zu schützen, um sie gegenüber Flächenbombardements der Alliierten unempfindlich zu machen. Man ging im wahrsten Sinne des Wortes in den Untergrund, indem ganze Fabriken in unterirdische Tunnel- und Stollensysteme verlegt wurden. Teilweise wurden dabei natürliche Gegebenheiten genutzt, in anderen Fällen nutzte man die Möglichkeiten der Ingenieurskunst. Gleichzeitig wurden Ingenieure und Wissenschaftler beauftragt, neue chemische Technologien, neue Materialien, Systeme und Techniken zu finden, um den Mangel an gewissen Rohstoffen auszugleichen. Physikalische Prinzipien wurden in allen Richtungen untersucht, um alternative Herstellungsmethoden zu finden und das Energieversorgungsproblem zu lösen. Und es galt natürlich, die alles entscheidende „Wunderwaffe“ zu finden – womit wir beim Thema wären.

Über deutsche Wunderwaffen ist viel propagiert, geschrieben und diskutiert worden. Tatsache ist, daß es neben den bekannten und eingesetzten V-1- und V-2-Systemen eine Reihe weiterer Entwicklungen gab, die allerdings nur teilweise von der Öffentlichkeit zur Kenntnis genommen wurden.

Die alliierten Kampfverbände waren gezwungen, mit Hilfe von Flugzeugen den Krieg nach Deutschland zu tragen. Bombenangriffe richteten bei der Rüstungsindustrie verhältnismäßig wenig Schaden an, zeigten aber eine vernichtende Wirkung bei der Zivilbevölkerung. Die Luftverteidigung und die mit ihr verbundenen Abwehrsysteme hatten daher höchste Dringlichkeit erlangt. Demzufolge wurden insbesondere Flak, Radar, Raketen und Düsenjäger entwickelt.

Viel zu spät kam der Versuch, Waffensysteme zu schaffen, die Deutschland hätten wieder in die Offensive bringen können. Es steht außer Zweifel und hat nichts mit einem geschönten Geschichtsbild zu tun: Die deutschen Wissenschaftler und Techniker waren hochmotiviert und arbeiteten mit allen erforderlichen Mitteln und mit Hochdruck an den verschiedensten Projekten, die in ihrer Vielfalt und Genialität einzigartig in der Geschichte der Luftfahrt zu nennen sind. Trotz Personalmangels und einem geschichtlich betrachteten kurzen Zeitraum von nur fünf Jahren gelang es ihnen, erstaunliche wissenschaftliche und technologische Leistungen zu erbringen. Da sie nichts zu verlieren hatten, probierten sie einfach alles aus. Selbst exotische Projekte wurden realisiert – und das sogar mit Erfolg, wie die Vertreter der Siegermächte, die sich in den Nachkriegsjahren damit beschäftigten, bestätigen mußten.

Natürlich weiß man, daß einige der in Entwicklung befindlichen Waffensysteme (glücklicherweise) nie zum Fronteinsatz gelangten, denn sie hätten wahrscheinlich den Krieg verlängert und möglicherweise eine Unzahl weiterer Menschenleben gekostet. Statt dessen wurden letzte Aufgebote mit Kamikaze-Piloten zusammengestellt, um der Übermacht der alliierten Truppen entgegenzutreten.

Die Tatsache, daß einige Wunderwaffen, wie sie propagandistisch bezeichnet wurden, nur auf dem Reißbrett bzw. in Kleinserie „fertig“ waren, bot natürlich den Siegermächten später die Gelegenheit, zwischen dem, was man veröffentlichen konnte und dem, was aus eigenen taktischen und strategischen Erwägungen heraus geheimzuhalten war, zu unterscheiden. Mit an Sicherheit grenzender Wahrscheinlichkeit muß davon ausgegangen werden, daß einige technische und technologische Entwicklungen nie bekanntgegeben worden sind, weil in ihnen eine Chance für die eigene Entwicklung zur Weltmacht gesehen wurde. Insbesondere die USA haben eine Vielzahl von Versuchen unternommen, an das Wissen deutscher Ingenieure und Wissenschaftler zu gelangen (mit mehr oder weniger großem Erfolg), wobei sie auch nicht davor zurückschreckten, Tausende von Nazis in geheimdienstlichen Aktionen ins Land zu holen, um sich deren Wissen zu versichern. Die V-1- und V-2-Techniker und -Verantwortlichen sind dabei nur die – für jedermann erkennbare – Spitze des Eisberges gewesen. Diese Marschflugkörper- bzw. Raketenentwicklungen konnte man schließlich auch nicht geheimhalten, denn Hunderttausende hatten sie gesehen und Zehntausende waren aufgrund ihrer Wirkungen verletzt bzw. getötet worden. Wie sieht es aber mit den Projekten aus, die die Weltöffentlichkeit nicht zu spüren bekam?

*

Die Phantasie heutiger Techniker basiert in hohem Maße auf solch konservativen und „motivierenden“ Grundlagen wie Nutzen, Kosten, Gewinn und Sicherheit. Exotische Ideen, welche heutzutage nicht schon durch den Computer ad absurdum geführt werden, scheiden spätestens bei Windkanal-Versuchen aus. Kreativität, die eigentlich ein Muß für einen schöpferischen Geist darstellen sollte, weicht zusehens technischem Pragmatismus. Dies erklärt natürlich auch, weshalb in der öffentlichen und von solcherart selbsternannten „Experten“ beurteilten Diskussion über technologische Entwicklungen des Dritten Reiches immer wieder behauptet wird, daß gewisse Projekte zu jener Zeit „technisch nicht machbar“ gewesen seien.

Diese Aussagen resultieren jedoch aus einem eingeschränkten Blickwinkel und sind deshalb schon vom Grundsatz her falsch. Vieles – und dieses Buch wird es zeigen –, was im Zweiten Weltkrieg auf deutschen Reißbrettern entstand, wurde teilweise erst Jahrzehnte später technologisch verwirklicht.
Sie glauben mir nicht? Müssen Sie auch nicht, denn die Fakten sprechen für sich selbst, wie Sie noch sehen werden.
So entwickelten die Deutschen erstmals gesteuerte Flugkörper, welche in großer Entfernung vom Ziel aus Flugzeugen heraus gestartet werden konnten und welche dadurch nicht der wirkungsvollen feindlichen Luftabwehr ausgesetzt waren. Anfangs bestanden diese aus bereits vorhandenen und im praktischen Einsatz erprobten Waffen. Durch die Anbringung von Tragflächen und Steuerflossen konnten normale Bomben und Torpedos bis zum Aufschlag auf ihr Ziel zugleiten. Gelenkt wurden sie durch Drahtsteuerung, Funkstrahl oder die ersten passiven Radarsensoren. Vom Mai 1944 an wurden auch die sogenannten „Mistel-Bomber" eingesetzt, zu fliegenden Bomben umgebaute Kampfflugzeuge, welche, Auto-Pilot-gesteuert, ihr Ziel anfliegen konnten.
Führend waren deutsche Ingenieure und Wissenschaftler neben der Raketentechnik auch auf dem Sektor der Marschflugkörper, von denen die Fieseler Fi 103 (V-1) der erste einsatzfähige Typ seiner Art der Militärgeschichte war. Während des Fluges konnten mit Hilfe einer Kreiseleinrichtung und eines Magnetkompasses Kurskorrekturen zum Ziel selbständig ausgeführt werden.
Neben diesen offensichtlichen neuartigen Waffensystemen existierten weitere – ich erwähnte es schon –, die weit weniger oder gar nicht bekannt wurden. Darunter befanden sich die Nurflügelprojekte der Gebrüder Horten, die als Vorbild des amerikanischen Stealth-Bombers B-2 angesehen werden können ebenso wie die deutschen Flugscheiben, wie sie volkstümlich genannt werden. Letztere stellen ein besonderes Tabu-Thema dar,

denn ihre tatsächliche Existenz würde den Zusammenhang zwischen Nazi-Wunderwaffen und dem UFO-Phänomen nahelegen – eine Verbindung, die viele nicht sehen wollen bzw. nicht zu sehen wünschen. Unabhängig von diesem noch zu untersuchenden Zusammenhang haben die US-Militärs allerdings jetzt Pläne verlautbaren lassen, wonach sie an Aufklärungsflugkörpern mit Scheibenform arbeiten. Ein Schelm, der Böses dabei denkt!
Einige Projekte deutscher Techniker beschäftigten sich sogar mit Fluggeräten, die Weltraumtauglichkeit besaßen bzw. für Raumflüge vorgesehen waren. So entwickelte Dr. Eugen Sänger zwischen 1938 und 1942 einen raketengetriebenen hypersonen Gleiter, der in der Lage war, um die Welt zu fliegen. Sänger verlängerte dessen Reichweite durch „Abprallen" von der obersten Schicht der Atmosphäre, so, wie ein flach geworfener Stein über die Oberfläche des Wassers springt. Er schlug der deutschen Regierung vor, dieses Fluggerät zu bauen, da es in der Lage war, Länder auf der anderen Seite des Planeten zu bombardieren. Daher auch seine Bezeichnung: „Antipoden-Bomber". (Die zuständigen Kreise waren an diesem Projekt durchaus interessiert, denn dieses System wäre eine Möglichkeit gewesen, die in Planung befindliche deutsche Nuklerwaffe in die USA zu transportieren.) Während der 1960er Jahre entwickelten die US-Amerikaner den hypersonischen Gleiter „Dyna Soar" X-20, welcher auf demselben Prinzip beruhte und Vorläufer des heutigen Space Shuttles ist.
Auch die A-4-Rakete, die durch die deutsche Propaganda als V-2 (Vergeltungswaffe 2) bezeichnet wurde, hatte neben ihrer bekannten Konstruktionsform noch einige Modifikationen aufzuweisen. Es handelte sich dabei z. B. um eine mit pfeilförmigen Flächen versehene V-2, die in der Lage war, ihre Reichweite nicht auf ballistischem Weg, sondern durch Gleitflug beträchtlich zu vergrößern. Auch gab es ein Projekt einer bemannten Version mit Druck-Cockpit und einziehbarem Fahrwerk, die der

Armee wahrscheinlich als Aufklärungssystem empfohlen worden war.
Eine wesentlich weiter entwickelte Version hatte Deltaflügel und einen Raketenmotor für nicht-kryogenen Treibstoff. Sie war als oberste Entwicklungsstufe für die komplexe A-9/A-10 bestimmt. Dem Oberkommando des Heeres (OKH) wurde diese riesige Zweistufenrakete als „ballistischer Langstrecken-Flugkörper“ vorgestellt, welcher von seinen Startplätzen in Europa die Städte an der Ostküste der Vereinigten Staaten erreichen konnte.
Diese oberste Stufe, vergleichbar in Größe und Charakteristik mit der North American X-15, wurde Ende der 1950er Jahre gebaut und konnte außerhalb der Atmosphäre fliegen.
Nachfolgend sollen einige der als „Wunderwaffen“ bezeichnete Entwicklungen etwas ausführlicher vorgestellt werden. Aus Platzgründen ist es leider nicht möglich, alle zukunftsweisenden Fluggeräte aufzuzeigen, so daß die auf den kommenden Seiten angesprochenen Fluggeräte nur eine Auswahl darstellen.

Fieseler Fi 103 (V-1)

Eine der bekanntesten Wunderwaffen war zweifellos die V-1. Ihre ursprüngliche Geschichte reicht bis in die zwanziger und dreißiger Jahre des 20. Jahrhunderts zurück, als der Münchner Diplomingenieur Paul Schmidt das ursprünglich in Frankreich erfundene Staustrahltriebwerk weiterentwickelte. Aufgrund der erheblichen Verluste, die die deutsche Luftwaffe während der Schlacht um England erlitt, sah man sich veranlaßt, nach weniger konventionellen Angriffswaffen zu suchen. Diese sollten einerseits nach Möglichkeit unbemannt sein, andererseits wurde als Zielstellung eine schwere Neutralisierung durch gegnerische Kampfverbände vorgegeben.

Die Piloten boten eine Lösung an, bestehend aus einem kleinen, gelenkten Flugzeug. Dieses war billig in der Fertigung, schnell und in der Lage, eine relativ große Menge Sprengstoff nach London zu transportieren: das Projekt „Fernfeuer“.
Das Heer hingegen plädierte für die Entwicklung und Serienfertigung der monströsen und finanzell aufwendigen A-4-Rakete, die trotz des enormen Herstellungsaufwandes (sie bestand aus mehreren tausend Einzelteilen) Vorteile bot, die vor allem in der schwierigen Radarerfassung und Abfangbarkeit lagen.
Schließlich entschied Hitler persönlich im Juni 1942 über die Angelegenheit und erklärte beide Vorhaben als Projekte mit höchster Priorität. Die V-1 wurde aus einem neueren Typ des von Paul Schmidt geschaffenen Pulso-Schubrohr entwickelt. Die Vorrichtung bestand aus einer rohrförmigen Brennkammer, welcher von vorne durch eine Verengung verdichtete Luft zugeführt wurde, die sich dann in der Brennkammer mit Brennstoff, der aus einem Ring mit Kraftstoffzerstäubern zugeführt wurde, vermischte. Diese Mischung wurde durch eine Zündkerze zur Explosion gebracht, die Gase entwichen nach hinten aus dem Rohr und erzeugten nicht nur den notwendigen Schub, sondern saugten durch das entstandene Vakuum wieder frische Luft von vorne in das Rohr. Damit wiederholte sich der Zyklus, allerdings nicht mit konstanter Verbrennung, sondern in intermettierenden Schüben, pulsierend also, was der Vorrichtung den Namen „Pulso-Jet“ gab. Das „Schmidt-Rohr“ entwickelte einen Schub von 317 kp und wurde mit Benzin betrieben.
Das Triebwerk wurde bei der Firma Argus Motorenwerke unter der offiziellen Bezeichnung Walter-109 oder Argus-Rohr As 014 Pulso-Schubrohr in Serie gefertigt. Man profitierte dabei von den wenigen beweglichen Teilen sowie der Einfachheit der Bauweise und der Wartung.
Die Zellen für die V-1 konstruierten die beiden Fieseler-Inge-

nieure Robert Lusser und Willy Fiedler. Die Testzeit umfaßte 18 Monate, während der in Peenemünde-West 350 Prototypen gestartet wurden. Das erste Modell war am 30. August 1942 fertig und wurde am 10. Dezember 1942 von einer Trägermaschine Fw 200 Condor – noch antriebslos – gestartet. Zwei Wochen später erfolgte dann der erste Start der Fi 103 V 12 mit Antrieb von einem experimentellen Dampfkatapult aus.
Die Gesamtentwicklung dauerte lange und war wegen der vielen neuen und unvorhergesehenen Probleme äußerst schwierig. Die Startgeschwindigkeit war beispielsweise viel höher als ursprünglich angenommen, was beinahe die Grenzen der vorhandenen technischen Möglichkeiten überschritt. Beim Fliegen der Prototypen mußte man feststellen, daß der entstehende Luftwiderstand erheblich größer war als vorgesehen, was wahrscheinlich mit der einfachen Bauweise zusammenhing. Dies reduzierte die projektierte Geschwindigkeit von 900 km/h auf tatsächliche 650 bis 700 km/h, was die V-1 für alliierte Abfangjäger, die sich in einem ähnlichen Geschwindigkeitsbereich bewegten, empfindlich machte.
Auch das eingebaute Steuerungssystem funktionierte nicht fehlerfrei. Es zeigte sich, daß die Vibrationen des Motors während des Fluges die magnetische Polarität der Zelle änderten, was wiederum die Funktion des sehr empfindlichen, am Bug eingebauten Magnetkompasses negativ beeinflußte.
Bevor schließlich die endgültige serienreife Version erreicht war, mußte der Prototyp immerhin 150mal modifiziert werden. Insgesamt wurden 32 000 Einheiten hergestellt. Die Produktion war auf 50 verschiedene Firmen verteilt worden, die Montagewerke befanden sich in Nordhausen und Peenemünde (Fieseler) sowie in Fallersleben (Volkswagen).
Der Start erfolgte von einer Betonrampe von 42 m Länge, welche genau auf das Zielgebiet gerichtet war. Auf der Rampe befanden sich zwei Führungsschienen, dazwischen eine ge-

schlitzte Röhre mit einem frei in ihr laufenden Kolben mit Starthaken, an dem die V-1 befestigt wurde. Am hinteren Ende dieser Röhre befand sich ein mobiler Dampfgenerator mit zwei Tanks T-Stoff und Z-Stoff (Wasserstoffhyperoxid und Kaliumpermanganat), drei Preßluftflaschen und einer Dampfentwicklerkammer für diese Mischung.
Zum Starten wurde eine Flasche dazu benutzt, den Hochdruck-Dampf ins Rohr zu pressen und dadurch den Kolben und den Flugkörper in Bewegung zu setzen. Wenn letzterer ungefähr den halben Weg zurückgelegt hatte, was nach 0,4 Sekunden der Fall war, traten die beiden anderen Preßluftflaschen automatisch in Aktion, um den Druckverlust in der Röhre auszugleichen. Der Kolben wurde zusammen mit dem Flugkörper katapultiert und später geborgen.
Die normale Abschußgeschwindigkeit betrug 110 m/s, die Beschleunigung erreichte einen Wert von 16 bis 17 g, eine Größenordnung, die einen bemannten Einsatz dieser Waffe unmöglich machte (trotzdem wurden gegen Kriegsende einige bemannte Systeme gebaut). Nach Erreichen der erforderlichen Geschwindigkeit begann das Pulso-Schubrohr zu arbeiten und brachte den Körper in die Marschflughöhe, die bei einer Reichweite von 300 bis 400 km zwischen 300 und 2500 m lag. Die Einhaltung des Kurses übernahm der Magnetkompaß und der Autopilot. Kursabweichungen wurden durch kurze Ruderausschläge korrigiert, die ein pneumatischer Impulsgenerator erzeugte und über Servoeinheiten an die Ruder weitergab. Das Rudersystem bestand aus zwei kugelförmigen, von einem Stahlnetz umhüllten Gummibehältern.
Die Entfernung, die der Flugkörper zurücklegte, wurde mittels der Anzahl der Umdrehungen eines kleinen Propellers gemessen, der an der Bugspitze angebracht war. Nach Erreichen der eingestellten Anzahl Umdrehungen wurde der Sturzvorgang eingeleitet. Das Höhenruder war deshalb mit Spoilern versehen,

um den Ruderausschlag zu verstärken. Die Treibstoffzufuhr wurde nicht automatisch unterbrochen, sondern der Pulso-Motor schaltete ab, wenn der Sturzwinkel von 60 Grad erreicht war. Die Zündung der Sprengladung erfolgte beim Aufschlag durch zwei herkömmliche Zünder.

Der Henschel „Zitterrochen"

Bei diesem Projekt der Entwicklungsgruppe Dr. Vöpl von den Henschel-Flugzeugwerken handelte es sich um eine fliegende Bombe. Henschel projektierte dieses Gerät für den Überschallflug. Seine Zerstörungskraft beruhte in der Hauptsache auf der kinetischen Aufschlagenergie, denn die geplante Sprengladung (ca. 200 kg) war eher gering. Der Flugkörper sollte aus einer Leichtmetall-Legierung gefertigt werden, als Antrieb dienten zwei Walter-109-Triebwerke. Bei einer Länge von 3,57 m und einer Spannweite von 1,51 m betrug sein größter Durchmesser 37 cm. Als Höchstgeschwindigkeit wurde Mach 1,5 angegeben. Kurz vor dem Produktionsbeginn im Jahre 1944 wurde das Projekt gestrichen.

Ballistische Flugkörper

Bereits im Jahre 1927 war im damaligen Breslau der Verein für Raumschiffahrt (VfR) gegründet worden. Auf einem militärischen Erprobungsgelände in der Nähe von Berlin, den die Vereinsmitglieder als Raketenflugplatz bezeichneten, begann man unterschiedliche Arten von Raketen mit Flüssigkeitstriebwerken zu erproben. Damals konnte noch niemand ahnen, daß eines Tages die begonnenen Versuche in einer für das Militär nutzbaren Waffe enden würden.

Die ersten Versuche waren bescheiden und fanden mit minimalen Geldmitteln statt. 1932 wurde im Heereswaffenamt (HWA) eine besondere Abteilung für Raketenstudien geschaffen, was das Interesse der Militärs dokumentierte. 1934 stellte der Verein seine Tätigkeit ein. Einige seiner Mitglieder, beispielsweise Wernher von Braun und Klaus Riedel, fanden Anstellung als Zivilingenieure beim HWA unter dem Kommando von Hauptmann Walter Dornberger.
Im April 1937 wurden die Aktivitäten des Kummersdorfer Teams nach Peenemünde verlegt, wo sich die neue Heeresversuchsanstalt befand.
Dort wurde kurz danach die A-5 konstruiert, eine Art Erprobungswaffe, die den Weg für das anspruchsvollere A-4-Projekt freimachen sollte. Mit ihr fanden alle erdenklichen Erprobungen statt, die – insgesamt gesehen – sehr erfolgreich verliefen. Die Aufstiegshöhe der A-5-Einheit betrug etwa 10 000 Meter!
Die A-4 war die größte vom deutschen Heer verlangte Rakete, welche daraufhin entwickelt wurde, ein dreihundert Kilometer vom Startpunkt entferntes Ziel mit einer 1000-kg-Sprengladung zu erreichen. Das Triebwerk mit seinen 25 Tonnen Schub arbeitete mit flüssigem Sauerstoff und Methanol, welche mit hohem Druck in die Brennkammer eingespritzt wurden. Den dafür erforderlichen Druck erzeugten große Pumpen, die durch eine spezielle Oxidationsanlage mit Wasserstoffhyperoxid und Kaliumpermanganat angetrieben wurden.
Das Steuersystem bestand aus einer dreiachsigen Kurskreiselanlage für die Einstellung der Düsenleitschaufeln bei niedriger Geschwindigkeit, und Steuerflossen am hinteren Ende für die Flugsteuerung im Hochgeschwindigkeitsbereich.
Nach zwei Fehlversuchen im Juni und August fand am 3. Oktober 1942 der erste erfolgreiche Flug einer A-4 statt, die dabei eine Höhe von 85 km erreichte. Dieser Erfolg beeindruckte Hitler außerordentlich, so daß er persönlich die Massenproduk-

tion unter dem Namen V-2 anordnete, woraus die deutsche Propaganda-Maschinerie „Vergeltungswaffe 2“ machte.
Die Produktion begann in einer behelfsmäßigen Anlage südlich von Peenemünde unter der Leitung von Arthur Rudolph, von wo aus sie Ende 1943 in die unterirdische Anlage Nordhausen-Mittelwerke im Harz verlegt wurde. Die Gesamtproduktion belief sich auf etwa 10 000 Einheiten, wovon 4300 Stück bis März 1945 auf alliierte Ziele abgefeuert wurden.
Für den operativen Einsatz der A-4 wurde die Artillerie-Abteilung 836 aufgestellt und in Peenemünde ausgebildet. Teile dieser Einheit wurden anschließend zur Heeresartillerieschule Köslin in Pommern versetzt, wo sie als Ausbildungskader für künftige A-4-Startmannschaften arbeiteten.
Der A-4-Übungsplatz befand sich in Blizna, Polen, von wo aus in der Zeit zwischen Januar 1944 und Februar 1945 etwa 600 Starts ausgeführt werden konnten.
Vom OKH war ein Masseneinsatz der V-2 gegen England geplant, wobei 5000 A-4 in schnellstmöglicher Schußfolge gestartet werden sollten. Für diesen Zweck wurden im Nordosten Frankreichs zwei Startplätze gebaut. Der erste, in Watten gelegen, wurde am 27. August 1943 durch einen Angriff der 8. US Air Force zerstört, bevor er voll einsatzbereit war. Der zweite, in Wizernes in einem Steinbruch angelegt, befand sich unter einer Betonkuppel von einer Million Tonnen Gewicht. Diese Anlage widerstand zahlreichen Angriffen mit konventionellen Bomben, bis sie am 17. Juni 1944 bei einem Spezialangriff der 617. Bomberstaffel der Royal Air Force mit ihren »Lancasters« und deren „Tallboy“-Bomben zum Opfer fiel.
Daraufhin sah man sich gezwungen, General Dornbergers Vorschlag aufzugreifen, der erwogen hatte, 45 mobile Starteinheiten zu schaffen, die laufend ihre Position wechselten und aus der Deckung feuern konnten.
Die V-2 (oder A-4) war allerdings nicht das Ende deutscher

Projekte in Hinblick auf den Einsatz von Raketen. Nach Abschluß der Entwicklungsarbeiten teilte sich die Forschungsarbeit in zwei Richtungen. Eine Gruppe befaßte sich mit der Vergrößerung der Reichweite (Projekte A-4b, A-9/A-10), die andere mit der Entwicklung von Antrieben, die Treibstoffe verwenden konnten, welche die schwer angeschlagene deutsche Industrie leichter zu produzieren vermochte.
Zweifelsohne war die Verlängerung der Reichweite das wichtigste Ziel. Nach den einsetzenden amerikanischen Angriffen verlangte das Heer den Entwurf einer sogenannten „Amerika-Rakete", die ein gigantisches Waffensystem darstellte. Sie basierte auf den Zweistufenraketen-Projekten A-9 und A-10 und war in der Lage, New York zu erreichen.
Die A-10 war als Transportrakete gedacht, die eine komplette A-4 in 24 km Höhe bringen sollte. Dort erfolgte die Trennung: die A-4 flog weiter und konnte damit ihre Reichweite vervielfachen. Das Originalprojekt sah vor, die erste Stufe der A-10 mit sechs Brennkammern des A-4-Typs auszurüsten. Die verwendete Technologie war bereits bekannt und erprobt, so daß die Machbarkeit des Projektes außer Frage stand. In letzter Zeit tauchen sogar deutliche Hinweise auf, daß die Produktion der Fernrakete angelaufen ist, der Beweis bleibt abzuwarten.
Noch fortschrittlicher war die A-9, die die A-4 komplett ersetzen sollte. Mit einer besonderen Funkfernsteuerung versehen, sollte sie von Radarpositionen auf U-Booten gesteuert werden. Ähnlich der A-4b war auch hier eine bemannte Version vorgesehen.
Und selbst der Einsatz von Raketenwaffen von U-Booten aus ist nicht neu, sondern taucht bereits in deutschen Planungen auf: Um den amerikanischen Kontinent zu erreichen, plante man A-4-Raketen in tauchfähigen Behältern unterzubringen, die dann von neuen Klasse-XXI-U-Booten vor die amerikanische Küste geschleppt werden sollten. Dieses Projekt muß mindestens kurz

vor der Realisierung gestanden haben, denn erste Unterwasserabschüsse wurden bereits Mitte der 1940er Jahre vorgenommen.
Die Flucht des größten Teils der Belegschaft von Peenemünde unter Führung Wernher von Brauns – einige hundert Wissenschaftler und Techniker samt ihren Familien, insgesamt etwa 5000 Personen – inklusive Akten und Konstruktionsunterlagen nach Oberbayern und die Kapitulation in amerikanische Kriegsgefangenschaft wäre eine dramatische Schilderung wert. Tatsache ist, daß die kriegsmäßige Produktion von V-1 und V-2 in der unterirdischen Fabrikationsanlage von Nordhausen von diesem Exodus nicht betroffen wurde und bis zuletzt mit 4500 Arbeitern weiterlief. Die Fertigungsstraßen fielen den Alliierten unzerstört in die Hände, die darüber sehr erstaunt waren.
Die Raketenwaffe konnte den Untergang Deutschlands nicht aufhalten. Ihre Technologie und die Methoden ihres Einsatzes aber sollten alle späteren militärischen Erwägungen beeinflussen. Dies läßt deutlich werden, daß diese todbringende Erfindung zukunftsweisend und entwicklungsträchtig war. So verwundert es auch nicht, daß unmittelbar nach dem Ende des Zweiten Weltkrieges insbesondere die technologiehungrigen Amerikaner und Russen allerhöchstes Interesse hatten, die deutschen Raketentechniker und -wissenschaftler in ihre Hände zu bekommen. Von den deutschen Spitzenwissenschaftlern sollten kurze Zeit später – mit Ausnahme von Helmut Gröttrup – alle für den Westen optieren. Sie brachten eine ganze Reihe praktisch konstruktionsreifer Projekte mit, u. a. auch eine noch nicht erwähnte Dreistufenrakete mit 1250 Tonnen Schub und einer Nutzlast von 30 Tonnen. Es wurde den Amerikanern, die diese Ausbeute zu sichern hatten, klar, daß das Tor zum Weltraum von den deutschen Wissenschaftlern aufgestoßen worden war. Und nicht nur dieses.

Nurflügel-Konstruktionen

Daß Raketen und düsengetriebene Flugzeuge Entwicklungen sind, die teilweise auf deutsche Erfindungen zurückgehen, weiß heute jedes Kind. Oft wird allerdings übersehen, daß auch andere, mit der Bezeichnung „Spitzentechnologie" versehene Entwicklungen auf ältere, teils deutsche Projektentwürfe zurückgehen. Dazu gehören auch die Nurflügelflugzeuge, deren deutsche Entwicklungen mit dem Namen Horten verbunden sind.
Die aus Bonn am Rhein stammenden Brüder Reimar, Walter und Wolfram Horten interessierten sich schon sehr früh in ihrer Jugendzeit Anfang der 1930er Jahre für den Flugmodellbau. Reimar und Walter hatte es der Nurflügel besonders angetan, jene Ausführung eines Flugzeuges also, das auf den Rumpf verzichtet. Die Hortens erfanden den Nurflügler zwar nicht, konnten jedoch durch eine Reihe gelungener Konstruktionen auf die Praxistauglichkeit dieser Flugzeugkonstruktion hinweisen. Bei Nurflüglern entfällt ein Teil des Luftwiderstandes, der bei herkömmlichen Maschinen durch den Rumpf verursacht wird. Statt dessen werden alle Teile des Rumpfes in den entsprechend dicken Flügel verlagert. Ein optimal ausgelegtes Nurflügel-Flugzeug ist widerstandsärmer und bietet daher eine Reihe von Leistungsvorteilen. Das hatten natürlich einige Flugzeugkonstrukteure auf der Welt erkannt und an entsprechenden Projekten gearbeitet. Die Gebrüder Horten allerdings sollten, nicht zuletzt aufgrund des in den 1930er und 1940er Jahren in Deutschland bestehenden Bedarfes, eine Reihe flugfähiger und überzeugender Nurflügel-Maschinen konstruieren, die ihrer Zeit teilweise Jahrzehnte voraus waren. Einige Prototypen wurden zum Ende des Zweiten Weltkrieges durch die Amerikaner vernichtet oder konfisziert. Die Konstruktionsunterlagen transportierten diese als Beutegut in die USA, um sie einer Auswertung zu unterziehen.

Die Geschichte der Horten-Nurflügel-Maschinen ist lang und von manchen Tiefschlägen gekennzeichnet. Sie galten als exotische Flugzeuge, ihre Entwicklung wurde aber von Reichsmarschall Herrmann Göring, der für die deutsche Luftwaffe verantwortlich zeichnete, innerhalb eines 30-köpfigen Sonderkommandos ideell und finanziell unterstützt. Durch das Stabsamt Reichsmarschall Göring wurde im Herbst 1944 schließlich ein Vergleich mit dem Junkers-Turbinenbomber Ju 287 angeregt. Dabei sollten die ins Auge gefaßten sechsstrahligen Entwürfe der Konkurrenz folgende Vorgaben erfüllen: 4000 kg Bombenlast zum bis zu 6000 km entfernten Ziel mit einer Reserve von 1000 km zu bringen und anschließend wieder zurückzukehren. Messerschmitt und Horten legten entsprechende Entwürfe vor. Man mußte sich jedoch insgesamt eingestehen, daß eine volle Umsetzung der Forderungen nicht möglich war. Der Horten-Vorschlag allerdings erreichte eine um 60 Prozent höhere Reichweite als die eingereichten Projektvorschläge von Junkers und Messerschmitt. Die Chancen standen also gut, vom Rüstungsministerium einen entsprechenden Auftrag zu bekommen. In Kahla bei Weimar sollte der Bau für den Fernbomber in Nurflügelbauweise beginnen. Den Auftrag zum Bau der H XVIII erteilte Hermann Göring den Horten-Brüdern am 12. März 1945 persönlich und mündlich, ohne allerdings einen genauen Termin festzulegen. Wahrscheinlich glaubte Göring selbst nicht mehr an die Vollendung dieses revolutionären Flugzeugs. Die Tatsachen sollten ihm wenig später recht geben.
Trotz allem hatten die Arbeiten an der früheren H VIII nunmehr nachträglich eine reale Grundlage erfahren. Im April 1945 fanden Soldaten der US-Truppen den Nurflügel halbfertig gebaut vor, verschrotteten ihn allerdings. Offenbar hatten sie nicht begriffen, was da in ihre Hände gefallen war.
Anders hingegen erging es einer H IX V3, die Hortens letzter Luftwaffen-Nurflügel sein sollte und von der Gothaer Waggon-

fabrik bis Kriegsende so gut wie fertiggestellt worden war. Die H IX V3 war mit zwei schubstarken Jumo-004-Turbinen ausgestattet. Diese Triebwerke wurden mit einer Schräglage von 15 Grad nach links bzw. rechts außen sowie einer Neigung von 4 Grad nach vorn unten eingebaut, was man an einer Mittelstück-Attrappe erprobte. In Friedrichroda, wohin die Fertigung des Typs ausgelagert worden war, erbeuteten Angehörige des VIII. Corps der 3. US Army den Nurflügel am 14. April 1945. Das Flugzeug erhielt später die Beutenummer T2-490. Bei den Gothaer Waggon Fabriken wurden übrigens noch weitere V-Muster in verschiedenen Fertigungsstadien vorgefunden, aber keines, das auch nur annähernd soweit fortgeschritten war wie die V3.

Die Maschine wurde zusammen mit zahlreichen Konstruktionsunterlagen als Beutegut in die USA verbracht. Dort gelangte sie zuerst in die Sammlung des Air Technical Museums, wurde dann aber dem heutigen National Air and Space Museum in Washington übergeben. Dort verfrachtete man das Flugzeug schließlich in eine Außenstelle des Museums nach Silver Hill in Maryland, in der historische Maschinen auf ihre Restaurierung warten. In Silver Hill steht die Horten IX V3 noch heute in einem beklagenswerten Zustand.

Was zuständige USA-Behörden mit den Konstruktionsunterlagen taten, wissen wir nicht. Mit an Sicherheit grenzender Wahrscheinlichkeit ist jedoch davon auszugehen, daß sie nicht nur in irgendeinem Archiv landeten. Die Horten-Projekte waren ihrer Zeit um Jahre, vielleicht Jahrzehnte voraus. Die Nurflügel-Maschinen sollten nach den Vorstellungen der Gebrüder Horten eines Tages auch für Überschalleinsätze Verwendung finden können. Und sie galten schon in den 1940er Jahren aufgrund ihres Querschnitts als für Radar schwer zu erfassende Ziele. Ihre Stealth-Qualitäten, um es mit modernen Worten auszudrükken, waren außerordentlich …

Zwischenfrage: Kommt Ihnen das irgendwie bekannt vor? Richtig! Wer die Horten-Maschinen gesehen hat, wird Vergleiche zur amerikanischen B-2 ziehen, die als beinahe fliegendes Dreieck auf Nurflügelkonstruktionsprinzipien aufbaut. Jahrzehntelang behaupteten amerikanische Behörden zwar, daß Nurflügelflugzeuge für den Einsatz unter militärischen Bedingungen nicht geeignet seien (eigene Projekte wurden angeblich eingestellt), um dann aber schließlich der verblüfften Öffentlichkeit eine Wunderwaffe gleichen Typs vorzustellen! Kann man angesichts solcher offenbar werdenden Lügen offiziellen Verlautbarungen in Hinblick auf waffentechnische Entwicklungen überhaupt noch trauen? Wohl kaum, Mißtrauen ist hier in jedem Falle angebracht.

Flugscheiben – Teil 1

Nachdem die alliierten Streitkräfte nach Ende des Zweiten Weltkrieges die von ihnen erbeuteten, sehr umfangreichen Unterlagen über deutsche Geheimentwicklungen studiert und – teilweise – auch publiziert hatten, erschienen mit Beginn der 1950er Jahre zahlreiche Meldungen in der Presse, die behaupteten, daß „Flugscheiben" oder „Fliegende Untertassen" bereits von den Deutschen in den 1940er Jahren konstruiert und erprobt worden waren. Diese Berichte stießen natürlich auf ein erhebliches öffentliches Interesse, wollte man doch wissen, was an den legendären Geheimwaffenentwicklungen der Deutschen „dran" sei.

Wie sich später zeigen sollten, stammten manche Berichte auch von Wichtigtuern, die die Situation für ihre Zwecke ausnutzen wollten, damit allerdings wenig Erfolg hatten. Andere Aussagen von Zeitzeugen waren hingegen als glaubwürdig einzustufen, wenn sie sich auch in Details widersprachen. Ein paar Berichte aber waren unangenehm genau, so daß man in diesen speziellen Fällen erahnen konnte, daß die Betreffenden mehr wußten, als sie vielleicht öffentlich zugaben. (Deklassifizierte US-amerikanische Dokumente, auf die ich in einem folgenden Buch eingehen werde, belegen dies. Die amerikanische Generalität erhielt nach Ende des Zweiten Weltkrieges eine Vielzahl von Hinweisen und Augenzeugenberichten über fliegende Scheiben aus deutscher Produktion, die von Deutschen, aber auch von für deutsche Rüstungsvorhaben tätigen ausländischen Fachkräften gesehen worden waren. Die betreffenden Dokumente wurden als „secret“ eingestuft und 30 bzw. 50 Jahre unter Verschluß gehalten.)

Im deutschen Blätterwald der 1950er Jahre waren ausführliche Schilderungen von Versuchen, nach denen die Deutschen an Flugkreiseln, Flugscheiben, „fliegenden Deckeln“ und dergleichen mehr gearbeitet hatten, ein oft behandeltes Thema. Es sollte sich hierbei um Fluggeräte handeln, die durch ein um einen zentralen, starren Rumpf umlaufendes System von Rotoren arbeiteten und daher in der Lage waren, wie ein Hubschrauber senkrecht zu starten und entsprechend zu navigieren. Namen wie Schriever, Dr. Miehte, Habermohl, Bellonzo und (später) Epp tauchten in Verbindung mit diesen Projekten auf. Die Flugkreisel erreichten, so wurde weiter behauptet, phantastische Flugleistungen. Angeblich gab es einige Erprobungen, die aber sehr unterschiedliche Ergebnisse lieferten und keineswegs immer erfolgreich waren.

In den Zeitungsberichten wurden zwei verschiedene Ausführungen von Flugkreiseln sowie eine als V-7 bezeichnete Flak-Mine erwähnt. Folgt man diesen Veröffentlichungen, wurde die Schrieversche Variante eines flügellosen Gerätes im Frühjahr des Kriegsjahres 1941 geboren und ein Modellkörper ein Jahr später geflogen. Angeblich fand dann im August 1943 eine nur von insgesamt vier Personen beobachtete Vorführung eines gro-

ßen Versuchsmodells auf einem BMW-Flugplatz bei Prag statt. Das zunächst mit herkömmlichen Propellertriebwerken ausgerüstete Fluggerät wurde im Sommer 1944 auf Strahltriebwerke umgestellt. Im April 1945 galt die scheibenförmige Konstruktion als „flugfertig", konnte aber vor Kriegsende – nach Meinung von Experten – keinen Erstflug mehr absolvieren. Lediglich ein Probelauf war möglich. Anfang Mai 1945 wurde das Versuchsmuster vor den anrückenden Alliierten schließlich gesprengt, um die Erfindung nicht in fremde Hände fallen zu lassen.
Um die Anfang der 1950er Jahre einsetzende öffentliche Diskussion besser aufzuzeigen, sollen auf den nachfolgenden Seiten zwei der wichtigsten Artikel bzw. Interviews, die das Thema deutscher Flugscheiben bzw. -kreisel zum Inhalt hatten, aufgezeigt werden. Meines Erachtens befand man sich damals schon auf einer „heißen Fährte", was eine – wenigstens teilweise – Erklärung des UFO-Phänomens anbetraf, die dann aber der Methode der Verächtlichmachung weichen mußte.

Erste „Flugscheibe" flog 1945 in Prag

– enthüllt Speers Beauftragter

(WELT AM SONNTAG, Hamburg, 26. April 1953)
Interview unseres wissenschaftlichen Mitarbeiters Dr. WERNER KELLER mit Oberingenieur GEORG KLEIN

Die Nachrichten aus Kanada beweisen, daß es sich bei den „fliegenden Untertassen" nicht um Phantasieprodukte handelt. Wie hier bekannt wird, hat diese Entwicklung im Flugwesen während des letzten Krieges auch schon in Deutschland eingesetzt. Die „WELT AM SONNTAG" stellt ihren Lesern den deutschen Experten vor, der als Augenzeuge den

ersten Start einer bemannten Flugscheibe erlebt hat. Es ist Oberingenieur Georg Klein, ehemaliger Sonderberater des Reichsministeriums Speer.

Frage: Hat nach Ihrer Ansicht durch den jetzt gemeldeten Bau „fliegender Untertassen" eine neue flugtechnische Entwicklung begonnen?
Oberingenieur KLEIN: Für den Fachmann handelt es sich hierbei keineswegs um eine ganz neue Entwicklung. Konstruktionen dieser Art wurden während des letzten Krieges zumindest auch in Deutschland bereits als Versuchsmuster entwickelt. Ich selbst war am 14. Februar 1945 in Prag Augenzeuge des ersten Starts einer bemannten Flugscheibe. Diese Versuchsmaschine erreichte im Steigflug eine Höhe von 12400 m innerhalb von drei Minuten und entwickelte im Geradeausflug eine Spitzengeschwindigkeit von 2200 km in der Stunde. Bei diesem ersten Probeflug wurde also nahezu die doppelte Schallgeschwindigkeit erreicht. Das mag erstaunlich klingen; praktisch lassen sich aber mit diesem Scheibentyp auf Grund seiner geradezu idealen aerodynamischen Form sogar Geschwindigkeiten von 4000 km/h und mehr erzielen.
Frage: Solche hohen Geschwindigkeiten bringen doch sicherlich fast unlösbare technische Schwierigkeiten mit sich?
Oberingenieur KLEIN: Die enormen Geschwindigkeiten erfordern besondere Metall-Legierungen, die bisher im Flugzeugbau verwendeten Metalle würden bei der dabei entstehenden Hitzeentwicklung schmelzen. Eine solche Legierung lag vor.
Der Start in Prag war das Ergebnis einer Forschungs- und Entwicklungsarbeit, die, 1941 begonnen, Millionenbeträge verschlang. Gegen Ende 1944 waren drei verschiedene Konstruktionen fertiggestellt. Man hatte zwei grundsätzlich verschiedene Wege eingeschlagen. Den einen Typ hatte der bekannte V-Waffen-Konstrukteur Miehte entwickelt, er bestand aus einer diskus-

ähnlichen, nicht rotierenden Scheibe von 42 Metern Durchmesser. Im Gegensatz dazu drehte sich bei den Konstruktionen von Habermohl und Schriever ein breitflächiger Ring um eine feststehende, kugelförmige Pilotenkabine. Dieser Ring war durch verstellbare Flügelblätter mehrfach unterteilt und ermöglichte damit einen senkrechten Start und eine ebensolche Landung.
Frage: Was wurde aus den damals fertiggestellten Versuchsmaschinen und ihren Konstrukteuren?
Oberingenieur KLEIN: In Prag wurden die bereits erprobte Scheibe und die noch im Bau befindlichen Maschinen einschließlich aller Konstruktionspläne kurz vor dem Einmarsch der Sowjets von uns zerstört. In Breslau jedoch fielen ein Versuchsmuster von Miehte sowie die engsten Mitarbeiter des Konstrukteurs in die Hände der Russen. Von Habermohl und seinen beiden Mitarbeitern fehlt seit der Besetzung Prags jede Spur. Der Einflieger und Konstrukteur Schriever, der zuletzt bei Bremen lebte, ist vor wenigen Wochen verstorben. Miehte, der im letzten Augenblick Breslau mit einer Me-163 verließ und sich zeitweilig in Frankreich befand, ist, wie mir bekannt wurde, heute in den USA tätig.
Frage: Sind Sie auf Grund ihrer Erfahrungen der Ansicht, daß die Flugscheiben die Luftfahrtentwicklung entscheidend beeinflussen werden?
Oberingenieur KLEIN: Angesichts der ungeheuren Geschwindigkeiten, die mit diesen Typen erreicht werden, kann man sich vorstellen, daß sie für Düsenverkehrsmaschinen eine große Konkurrenz darstellen könnten. Selbstverständlich wäre es technisch ohne weiteres möglich, „fliegende Untertassen“ zu bauen, die in der Lage wären, 30 bis 50 Passagiere aufzunehmen. Bei einer Stundengeschwindigkeit von 4000 km würde ein Flug von Hamburg nach New York nur etwa 90 Minuten dauern. Eine solche Konstruktion ist jedoch völlig unrentabel, da die Scheibe dann zu große Baumaße voraussetzt. Dieser Auffassung ist auch

der mir bekannte italienische Konstrukteur Prof. Giuseppe Beluzzo.
Die bei dem Bau der „fliegenden Untertassen“ gewonnenen Erfahrungen eröffnen jedoch auf dem Gebiet der Kleinstflugzeuge hervorragende Möglichkeiten.
In den USA hat man bereits damit begonnen, Hubschrauber als „Lufttaxi“ einzusetzen. Es ist das Ziel großer Werke wie Sikorski und Hiller, Kleinsthubschrauber zum „fliegenden Auto“ für jedermann werden zu lassen. Einem Hubschrauber gegenüber besitzt aber die „fliegende Scheibe“ erhebliche Vorteile. Es lassen sich damit bedeutend größere Geschwindigkeiten erreichen. Als entscheidendes Moment kommt außerdem eine größere Flugsicherheit hinzu. Die Pläne für ein solches Scheibenteil sind ausgearbeitet.
Dafür, daß auch der Osten nicht untätig geblieben ist, dürften meines Erachtens die letzten amerikanischen Meldungen aus Korea sprechen. Dort wurden von den UNO-Streitkräften erst vor wenigen Tagen mehrere „fliegende Scheiben“ eingehend beobachtet.

Fliegende Untertassen in Deutschland erfunden

Flugkapitän Schriever: „Hätten wir weiterarbeiten können, wären sie heute bei uns wie warme Semmeln im Brotkorb zu sehen.“

(Sonderbericht der Deutschen Illustrierten, Herbst 1953)

Der Erfinder Flugkapitän Schriever war Chefpilot bei den führenden deutschen Luftfahrtunternehmen. Vier Jahre arbeitete er an der Konstruktion des Flugkreisels. Seine Pläne, um die sich die Weltmächte reißen, wurden nach der Kapitulation gestohlen.

Das friedvolle Städtchen Oloron am Fuße der Pyrenäen schreckte eines Samstags um 13 Uhr aus seiner Ruhe auf. Vom Himmel regnete es weiße Fäden. Noch ehe sich die Einwohner von ihrer Überraschung erholen konnten, gab es eine zweite, noch größere Sensation. Am wolkenlosen Himmel wirbelten in tollem, wahnwitzigen Zick-Zack-Kurs „fliegende Untertassen". Nicht eine, zwei oder drei. Nein, ein ganzes Geschwader von mindestens dreißig kreisrunden Scheiben. Während die Honoratioren der Stadt mit Feldstechern das Geheimnis der mysteriösen Himmelserscheinungen zu ergründen suchten, sammelte die lärmende Schuljugend die „Himmelswolle" paketweise auf. Ein Turnlehrer hielt ein Streichholz an eine solche rätselhafte Abwurfsendung. Sie verbrannte in Sekundenschnelle wie Zellulose. Bevor die aufgeregten Kleinstädter die Fäden weiter untersuchen konnten, verwandelten sie sich in eine geleeartige Masse, die sich verflüchtigte, ohne die geringste Spur zu hinterlassen. Sie verschwanden genau so wie die „Untertassen". Spuk, Geheimwaffen, Boten von anderen Planeten? Das sind Fragen, die die Welt sich wieder stellte.

Es gibt in Deutschland einen Mann, der zu diesem Thema viel mehr sagen kann als irgendein anderer auf dieser Erde. Um das kleine Haus, das er in Bremerhaven bewohnt, herrscht seit einiger Zeit schon geschäftiges Treiben. Da geben sich Abgesandte amerikanischer Forschungsinstitute und Universitäten, da geben sich Professoren und Ingenieure aus westlichen und östlichen Ländern gegenseitig die Türklinke in die Hand. Und das diskrete Schweigen, das sie alle wahren, dreht sich immer wieder um ein und dieselbe Sache: um die „fliegende Untertasse Nr. 1". Sie wurde zwischen 1941 und 1945 von dem Bewohner des Hauses, dem Ingenieur und Chefpiloten Rudolf Schriever, konstruiert und ging unter der Bezeichnung „Flugkreisel" in das seit sieben Jahren in alle Winde zerstreute luftfahrttechnische Arsenal der ehemaligen deutschen Luftwaffe ein.

Auf dem Tisch des Hauses liegt ein Stoß Briefe aus aller Herren Länder. Und täglich kommen neue hinzu. Das Haus Hökerstraße 28 in Bremerhaven-Lehe hat unter Fachkreisen Weltberühmtheit erlangt. Lachend aber steht Flugkapitän Schriever am Fenster:
„Warum ich nicht ins Ausland gegangen bin?"
„Dort liegen eine ganze Menge Vertragsangebote: Südamerika, USA, Ostzone ... will sagen Rußland. Aber vielleicht war ich von einem einzigen Reinfall gehörig geheilt, nachdem ich in Südamerika schlechte Erfahrungen gemacht hatte."
„Und der Flugkreisel?"
„Der ist natürlich ebenso Wirklichkeit, wie vielleicht einige der gesichteten ›fliegenden Untertassen‹ nichts anderes sind als die Auswertung meiner Pläne, die man mir am 14. Mai 1945 in Regen im Bayerischen Wald beim Landwirt Prestel freundlicherweise gestohlen hat. Dort war ich nach meiner Flucht aus Prag mit meiner Familie aufgenommen worden."
Die Idee selbst? Sie ist grundeinfach. Nicht nur das Hauptproblem, sondern auch das Hauptgefahrenmoment der Fliegerei liegt darin, daß man nur dann starten und landen kann, wenn man „Fahrt", also eine hohe Geschwindigkeit hat. Der Hubschrauber kann zwar senkrecht starten und landen, aber in der Luft ist er verhältnismäßig langsam. Warum also nicht die hervorragenden Eigenschaften der Hubschrauber- und der normalen Flugzeugkonstruktion miteinander verbinden? So kam Schriever auf die Idee, den „Rumpf" als abgeflachte Kugel in die Mitte zu nehmen und um ihn herum zahlreiche Flügelblätter, zusammengefügt wie eine Scheibe, rotieren zu lassen.
„Ich nahm am 15. Juli 1941 die ersten Entwicklungsarbeiten auf", fährt Schriever fort. „Das erste Modell des Flugkreisels wurde am 2. Juni 1942 fertiggestellt. Es flog einen Tag später, von winzigen Raketen angetrieben, und wir waren alle entzückt über seine Flugeigenschaften. Aber zur eigentlichen Konstruk-

tion und zum Bau der Großteile kam ich erst in Prag. Die Spannweite der – wenn Sie es so nennen wollen – ersten ›fliegenden Untertasse‹ betrug 14,40 Meter. Die Flugeigenschaften waren frappierend: senkrechter Start, senkrechte Landung, Stillstehen in der Luft und als Höchstgeschwindigkeit rund 4000 Stundenkilometer!"

Nach einer kurzen Pause stellt der Erfinder fest: „Hätten wir 1945 weiterarbeiten können, längst wären ›fliegende Untertassen‹ über Deutschlands Himmel wie die warmen Semmeln im Brotkorb zu sehen."

Bis heute streitet man sich darüber, ob diese z. B. von Klein und Schriever erwähnten Prototypen wirklich flugfähig waren. Während eine Reihe von mit der Thematik Befaßten das für durchaus möglich hält, gelangten andere zu dem Schluß, daß diese Vehikel technisch unmöglich seien, da die auftretenden Zentrifugalbeschleunigungen und Kippmomente die damals vorhandene Materialfestigkeit überschritten hätten. Zudem wäre die Ausrüstung mit hochwertiger Technik (Triebwerke) aufgrund allgemeinen Materialmangels unmöglich gewesen. Ein (namentlich nicht genannter) Kritiker der Flugkreisel-Thematik äußerte sich beispielsweise in einer Ausgabe der Zeitschrift „Luftfahrt International" sehr negativ über das Gesamtproblem (Nr. 9, Mai/Juni 1975). Seine technologischen Bedenken seien hier zitiert, stellen sie doch für andere Kritiker eine Art Abrechnung mit dem deutschen Flugscheibenmythos dar:

> „... Die ganze Geschichte stimmt, wie man sieht, vorn und hinten nicht. Sie ist im Gegenteil höchst unglaubwürdig und wäre vermutlich schon in den fünfziger Jahren gestorben, wenn sich damals ein Techniker etwas näher mit dem seltsamen Vogel befaßt und ein wenig gerechnet haben würde. Dabei hätte sich sehr schnell herausgestellt, daß bei den

angegebenen 1800 U/min ganz gewaltige Zentrifugalbeschleunigungen auftreten würden, die man in dieser Größenordnung (26 200 g) sonst nur in der Waffentechnik und dort auch nur bei kleinkalibrigen Geschossen erlebt. Bei einem Triebwerksgewicht von 560 kg (BMW 003) müßten zur Aufhängung der Turbine massive Bolzen aus hochfestem Stahl verwendet werden, die, gleichmäßige Kraftverteilung vorausgesetzt, bei einer Zweipunktbefestigung jeweils 142 mm, bei einer Dreipunktbefestigung immer noch jeweils 116 mm Durchmesser hätten haben müssen. Dabei hätte diese enorm schwer ausfallende Aufhängung nur für das nicht in Betrieb befindliche Strahltriebwerk ausgereicht, nicht für das laufende! Bei letzterem würden Kippmomente in der Größenordnung von 110 000 mkp auftreten. Die von Schriever konzipierte Untertasse war also in der vorgesehenen Konfiguration nicht zu realisieren. Abgesehen hiervon und von der unmöglichen Gewichtsangabe ging das auch aus anderen Gründen nicht: bei einem Fluggewicht von etwa 3 to hätten Schriever und seine Mitarbeiter etwa 2 to hochwertigen Materials, zahlreiche Instrumente und nicht weniger als fünf Strahltriebwerke beschaffen müssen. Zu jener Zeit waren Werkstoffe und Triebwerke Mangelware, die man weder für Geld noch gute Worte kaufen oder gar ›organisieren‹ konnte. Wer damals ein solches Projekt durchführen wollte, mußte offiziell seinen Bedarf mit einer entsprechenden Begründung anmelden und erhielt dann gegebenenfalls die für die Beschaffung erforderlichen Papiere. In jedem Falle erhielten die zuständigen Stellen Kenntnis von dem neuen Projekt, es wurde also ›aktenkundig‹. Trotz aller Kriegswirren sind die Unterlagen von Speers Ministerium vollständig erhalten geblieben, ebenso wie die stenografisch aufgenommenen sogenannten Milch-Gespräche (benannt nach Generalfeldmarschall Erich Milch, der damals Verantwortlicher für die Flugzeugproduktion war, Anm. d. Autors) und die peinlichst genauen Angaben über Rohstoffverteilung, Personaleinsatz, Projekt-

> fortführungen usw. enthaltenden Kriegstagebücher der verschiedenen Rüstungskommandos. Merkwürdigerweise enthält ›keine‹ dieser Dokumentensammlungen, von denen die Milchbesprechungen über 40 000 Seiten umfassen und das KTB (Kriegstagebuch, Anm. d. Autors) des RK VIII den Zeitraum vom 15. 8. 1939 bis 31. 12. 1944 lückenlos abdeckt, auch nur den geringsten Hinweis auf den Schrieverschen Flugkreisel, die Miehtesche Flugscheibe oder die Flakmine V 7. Mit anderen Worten: es hat keines dieser Geräte gegeben, sie sind weder gebaut worden, geschweige denn zum Flug gekommen." (siehe im Internet: http://www.access.ch/aas/ufo/fk.html)

Der unbekannte Autor dieses Artikels argumentiert abschließend, daß Flugscheibenberichte wohl eher Stoff für leichtgläubige Leser als für ernsthafte Interessenten seien. Angesichts seiner scheinbar massierten Faktendarlegung mag sich mancher geschlagen gegeben und das Thema deutscher Flugscheibenkonstruktionen ad acta gelegt haben.

Doch ist das wirklich der Weisheit letzter Schluß?

Bei unvoreingenommener Betrachtung der *zugänglichen* Informationen muß man einschätzen, daß einige technische Entwürfe in der Praxis hätten tatsächlich so nie realisiert werden können. Niemand kommt an physikalischen Gesetzmäßigkeiten vorbei. Doch besagt das noch lange nicht, daß scheiben- oder diskusförmige Fluggeräte prinzipiell nicht handhabbar sind. Im Gegenteil: Ein solcher Schluß wäre mehr als voreilig und würde auch den später gemachten Erfahrungen der US-Amerikaner und Kanadier auf diesem Gebiet widersprechen. Man muß auch hier wiederum differenzieren und – was der obige Autor ja auch tut – zugeben, daß die „fliegenden Deckel" *in einigen, in den Zeitungsberichten auftauchenden Konfigurationen, nur schwer oder gar nicht machbar* sind. Die pauschalisierende Aussage, daß derartige Flugkörper nie gebaut und geflogen worden sind, ist hingegen völlig falsch und unsachlich. Erstens gab es eine Vielzahl von Zeugen, zweitens ist anzunehmen, daß andere Antriebsverfahren in Form von Strahlturbinen, um nur ein Beispiel zu nennen, zum Einsatz kamen. Die Technik entwickelte sich weiter und wer weiß, was sich aus diesen Entwürfen letztlich hat machen lassen?! Einige Luftfahrtexperten behaupten, daß die Scheiben- bzw. Diskusform eines Fluggerätes das vollendete Juwel der Luftfahrttechnik sei. Und – diese Anmerkung ist nicht ganz ernst gemeint –, daß das Prinzip scheiben- oder diskusförmiger Flugkörper bestens für die Erdatmosphäre geeignet ist, beweisen doch auch die zahlreichen UFO-Demonstrationsflüge der „Außerirdischen". Oder gibt es da Zweifel? Sie werden einwenden: „Ja, erhebliche! Denn die Kriegstagebücher und andere Dokumentensammlungen beinhalten doch keine Informationen zu den Flugscheibenkonstruktionen!" – Gemach, gemach: Es ist nur die halbe Wahrheit (oder eine halbe Lüge?), die der Autor des zitierten Artikels hier veröffentlicht. Von einer Vollständigkeit der Unterlagen kann keine Rede sein. Die Alliierten haben in zahlreichen Fällen, in denen Hochtechnologie und besonders ergiebige Waffensysteme erörtert wurden, entsprechende Informationen und Querverweise getilgt bzw. Dokumente beschlagnahmt. Zahlreiche Unterlagen, die bereits in Deutschland Geheimhaltungsstufen trugen, befinden sich nach wie vor mit Klassifizierungen in Archiven der USA, Frankreichs, Großbritanniens oder Rußlands – oft genug als „Beutegut" definiert, um die Brisanz der beinhalteten Informationen nicht zu offensichtlich werden zu lassen. Ich werde dies an einem späteren Beispiel noch sehr deutlich aufzeigen. Das Argument der Beschaffung von Rüstungsgütern ohne Genehmigung oder Registrierung ist ebensfalls nicht sonderlich überzeugend. Gewiß gab es eine empfindliche Materialknappheit zu verzeichnen, als sich Deutschland im Zweifrontenkrieg befand. Doch es existierte mindestens eine Organisation im Staate, die Sondervollmachten hatte und in allen Angelegenheiten bevorzugt wurde: die SS! Und wie sich zeigen wird, war es diese Stütze des Nationalsozialismus, die auch in bezug auf Hochtechnologie-Entwicklungen ihre Hände im Spiel hatte …

Die in Deutschland bis Kriegsende laufenden Forschungs- und Entwicklungsarbeiten von Geheimwaffen unterstanden nur in sehr wenigen Fällen direkt der Wehrmacht. Prinzipiell gab selbst im Sektor von gewöhnlichen Waffenentwicklungen Koordinationsprobleme, da Heer, Luftwaffe, Marine, SS und diverse Rüstungsfirmen eigene Projekte und Zielstellungen verfolgten. Die SS dehnte schließlich ihren Einfluß auf alle wichtigen bzw. als „kriegsentscheidend" definierten Waffenentwicklungen aus, nachdem ab Mitte der 1940er Jahre mehr und mehr ruchbar wurde, daß Verrat und Sabotage in der Rüstungsindustrie zunahmen. Allein die SS konnte in zahlreichen Fällen in Verbindung mit dem Reichssicherheitsdienst den notwendigen Geheimnis- und Objektschutz sicherstellen. Das wird auch durch den Umstand dokumentiert, daß SS-Gruppenführer und General der Waffen-SS Dr. Ing. Kammler schließlich die gesamte Kontrolle über die V-Waffen-Produktion zugesprochen bekam. Ihm und seinem Stab gelang es, sensible Projekte vor den Augen der alliierten Spionagenetze verborgen zu halten. Darauf wird noch einzugehen sein.

Bekanntermaßen suchen zahlreiche am Thema „Flugscheiben" Interessierte seit Jahren nach Informationen, um die Existenz dieser Fluggeräte beweisen zu können. Vieles, was in den Jahrzehnten seit Ende des Zweiten Weltkrieges zusammengetragen wurde, hat eher den Status eines Gerüchtes als den eines Beweises. Wen wundert es, denn zahlreiche Aussagen von Zeitzeugen sprechen von verschiedenen Orten, an denen derartige Systeme gesehen wurden. Eine gewisse Konzentration von Forschungsarbeiten scheint sich allerdings im Raum zwischen Prag und Pilsen abgezeichnet zu haben, was ja auch von zahlreichen an

den betreffenden Arbeiten Beteiligten angegeben wird (Schriever, Klein, Miehte, indirekt auch Epp). Wieso gerade Prag und Umgebung? Diese Frage scheint nur auf den ersten Blick relevant zu sein, dokumentiert sie doch, daß viele über die technologischen und geschichtlichen Zusammenhänge jener Zeit so gut wie nichts wissen. Die die Geheimwaffensysteme betreffenden Arbeiten liefen großteils dezentralisiert, mußten aber zweifellos irgendwo koordiniert werden. Bis vor kurzem gab es kaum einen direkten Hinweis für ein nationalsozialistisches „Denkzentrum", das als Ideenwerkstatt für unkonventionelle Waffenprojekte hätte genannt werden können. *Und genau das ist der Knackpunkt bzw. das fehlende Bindeglied! Ohne eine solche Forschungsstätte erscheinen alle Einzelaussagen unglaubwürdig, ja die ganze Behauptung, deutsche Wissenschaftler und Ingenieure hätten an weit in die Zukunft weisenden Projekten gearbeitet, als reine Spekulation bzw. Glorifizierung.* Allenfalls die Raketenentwicklung mit Schwerpunkt in Peenemünde konnte bis heute von Kritikern als die berühmte *Ausnahme von der Norm* aufgezeigt werden. Dieses Bild ist jedoch unvollständig und läßt sich so nicht länger aufrechterhalten.
Eine weitere Diskussion über die Möglichkeit des Vorhandenseins deutscher „fliegender Untertassen" macht nur dann Sinn, wenn man sich erst einmal dem Problem der (bisher) fehlenden Verbindung zuwendet, was im nun folgenden Abschnitt erfolgen soll.

*****

Die fehlende Verbindung

Das Problem der technischen Umsetzung von Flugscheiben kann nur in Verbindung mit anderen High-Tech-Entwicklungen der damaligen Zeit betrachtet werden. Seit Jahrzehnten gibt es Gerüchte, wonach deutsche Ingenieure und Wissenschaftler verschiedene physikalische Prinzipien auf ihre Waffen- und Zukunftstauglichkeit hin untersuchten. Kritiker plappern dann als Antwort, daß man dieses und jenes entwickelt habe, im Endeffekt aber nichts dabei herausgekommen sei.

Eine solch leichtfertige Argumentation beweist eigentlich nur, daß sich diejenigen, die sie vorbringen, mit der Thematik nicht befaßt haben oder nicht befassen wollen, um statt dessen weithergeholte eigene Spekulationen zu verbreiten. Dabei weiß man es längst besser: Deutschland entwickelte seiner Zeit weit vorauseilende Technologien, die einerseits Waffensysteme betrafen (Flugscheiben, Strahlenwaffen, elektrische und elektronische Störverfahren, neuartige Flugabwehrsysteme), sich andererseits aber mit neuartigen Energieerzeugungs- und Antriebsverfahren beschäftigten.

Bei diesen Forschungsvorhaben handelte es sich um streng geheime Sonderbereiche, die von Hitler bzw. Himmler direkt der SS unterstellt wurden, die »ausgeliehene« wie auch eigene Wissenschaftler und Ingenieure beschäftigte. Das Ganze hatte nichts mit der Waffen-SS zu tun, die allenfalls für Bewachungszwecke eingesetzt wurde.

Nicht vergessen werden darf die Tatsache, daß die meisten geheimen Forschungsvorhaben in unterirdischen Anlagen absolviert wurden, um diese vor alliierten Bombenangriffen und natürlich auch vor Spionage zu schützen. Eine Konzentration von unter der Erde befindlichen Produktions- und Entwicklungsstätten befanden sich bis zuletzt im Harz, in Thüringen und in

Böhmen und Mähren. Diese Untergrundtätigkeit machte es den Alliierten später leicht, sämtliche Spuren der Entwicklung von Wunderwaffen zu beseitigen, denn es handelte sich hierbei oftmals um Installationen, die weder der Wehrmacht noch der deutschen Bevölkerung bekannt waren. Ein Beispiel dafür sind bestimmte Anlagen der Luftfahrtforschungsanstalt (LFA) in Volkmarode/Braunschweig. Zu dem System gehörte ein unterirdisch betriebener Windkanal, der 400 m lang war und dessen Ein- bzw. Ausgänge oberirdisch durch jeweils einen Gutshof getarnt waren. In dieser Anlage konnten bereits damals durch Absaugen der Luft Testbedingungen geschaffen werden, mit denen man die Eigenschaften schnell fliegender Maschinen in über 10 000 m Höhe simulieren konnte!
Die genaue Zahl der Untergrundanlagen im damaligen Deutschen Reich wurde nie bekanntgegeben. Aufschluß können lediglich Auswertungen mittlerweile freigegebener britischer bzw. amerikanischer Geheimdienst-Dokumente geben, die mir vorliegen. Allerdings ist das eine Arbeit, die sehr viel Zeit erfordert. Die wenigen in der Öffentlichkeit diskutierten Systeme stellen demnach nur die Spitze eines Eisberges dar. Manche Anlagen wurden vor Kriegsende von der SS getarnt – ihre Eingänge sind nur wenigen noch lebenden Personen bekannt, die sich jedoch davor hüten, öffentlich dazu Stellung zu nehmen. In anderen Fällen wurden Untergrundanlagen durch die Alliierten nach ihrer Untersuchung gesprengt und zugeschüttet, um eine „ungesunde Neugier“ der ansässigen Bevölkerung von vornherein zu vermeiden. Offiziell hieß es natürlich, daß diese Maßnahme aus Sicherheitsgründen erfolge. Es gab aber auch Fälle, in denen die Sieger des Zweiten Weltkrieges unterirdische Stollensysteme nicht betraten. Zu groß war die Angst, daß die Deutschen die unter Tage befindlichen Korridore waffentechnisch gesichert hatten …
So kann es nicht verwundern, daß über zahlreiche Aspekte der

Geheimwaffenentwicklung bis heute nur unvollständige Daten vorliegen. Dies wird zusätzlich durch die Tatsache erschwert, daß sich vor Kriegsende ein Teil hoher Nazi-Funktionäre und eine nicht auszumachende Zahl von Top-Spezialisten aus dem Wissenschafts- und Ingenieurbereich in andere Nationen der Welt absetzte, die einst gute diplomatische Beziehungen zu Deutschland aufrechterhalten hatten. Dieser Fakt, über den zugegebenermaßen nicht gern gesprochen wird, hat eine nicht zu unterschätzende Bedeutung. Bereits kurz nach 1941 war beispielsweise deutscherseits damit begonnen worden, große Ländereien in Südamerika aufzukaufen, was in der Regel über Scheinfirmen oder Strohmänner erfolgte. Man hatte also rechtzeitig mit der Installation von „Fluchtburgen" begonnen, um im Falle einer Niederlage Deutschlands gewappnet zu sein. Und als der Ernstfall eintrat, wurde von diesen Bastionen im Ausland auch reger Gebrauch gemacht. Und man darf sicher sein, daß bei der sprichwörtlichen Gründlichkeit der Deutschen damals mehr gerettet werden konnte, als das nackte Leben.
Der Mann, der im Auftrag des Reichsführers-SS Himmler arbeitete und aufgrund zahlreicher Sondervollmachten die volle Verantwortung für eine nicht unbedeutende Zahl von Sondervorhaben trug, war General der Waffen-SS und SS-Gruppenführer (später SS-Obergruppenführer) Dr.-Ing. Hans Kammler – spätestens seit 1943 einer der mächtigsten Männer des Dritten Reiches. Am 8. August 1944 wurde er gar zum „Generalbevöllmächtigten der V-Waffen-Produktion" ernannt. Ich stieß auf ihn im Zusammenhang mit den Recherchen zu einem angeblichen „letzten" Führerhauptquartier im Jonastal bei Arnstadt, Thüringen, bei dem es sich nach landläufiger Lesart nur um ein unterirdisches Bunkersystem schlechthin handeln soll. Allein der damit verbundene Name Kammler läßt jedoch massive Zweifel an dieser Version aufkommen, denn die von ihm geleiteten Bauvorhaben betrafen, wenn sie unterirdische Berei-

che erfaßten, in der Regel Anlagen mit großer Ausdehnung für die Erprobung und Fertigung neuartiger Waffen- und Antriebssysteme, in diesem speziellen Fall vielleicht sogar das Gegenstück des amerikanischen »Manhattan Projects«, also die Entwicklung und den Bau der deutschen Atombombe!
Kammler übernahm auch im Bereich Jonastal sämtliche Verantwortlichkeiten, um das dort anvisierte Projekt, das höchste Priorität hatte und noch heute von einem Schleier des Geheimnisvollen umgeben ist, in die Tat umzusetzen. Doch dazu später mehr.
Kammler galt als wortkarg und zurückhaltend, aber auch als fanatischer Nazi, was er u. a. bewies, als es darum ging, Vorschläge für den Ausbau von Konzentrationslagen zu unterbreiten oder das Warschauer Ghetto nach dem dortigen Aufstand dem Erdboden gleichzumachen. Er tat dies mit deutscher Gründlichkeit – nicht ein einziger der Millionen Ziegelsteine blieb zurück.
Seine organisatorischen Leistungen als Techniker und General waren unbestreitbar. Gegen Kriegsende befand sich in Kammlers Händen eine unglaubliche Machtkonzentration. Über die Köpfe von Göring und Speer hinweg und auf besondere Empfehlung von Himmler setzte ihn Hitler als Reichsgeneralbevollmächtigten für den Aufbau *eines großen deutschen Forschungszentrums in Pilsen* ein, das sich im damaligen Reichsprotektorat und Generalgouvernement Böhmen und Mähren befand. In diesem Denkzentrum sollten z. B. mit allen zur Verfügung stehenden Mitteln – und nun horche man auf – Technologien für den Antrieb von Flugzeugen und Lenkwaffensystemen entwickelt werden, und das sogar *auf atomarer Basis*! Weiterhin galt es, alternative Energiegewinnungstechnologien sowie Techniken zur Abwehr der alliierten Boden- und Lufteinheiten zu erproben. Weitere Aufgabenbereiche befaßten sich mit neuen Techniken von Strahlantrieben, dem Einsatz von Lasern (!) für Waffensteuerung und

„Todesstrahlwaffen“ sowie optischen Projekten, die – soweit bekannt wurde – Tarnungszwecken dienen sollten. Gerade in bezug auf die Laserforschung wurde nach dem Zweiten Weltkrieg eine Reihe unzutreffender Informationen verbreitet, die zu vertuschen versuchten, daß die ersten Laserwaffensysteme bereits bei Skoda erprobt und kurz vor Kriegsende einsatzbereit waren. Über ihren Verbleib gibt es keinerlei Informationen, lediglich Gerüchte.
Kammler wurde bei seiner Arbeit von einem Team erfahrener und erprobter Techniker und Wissenschaftler umgeben, die später übrigens auch von den Amerikanern während der Aktion „Paperclip“ gefangengesetzt wurden. Die amerikanischen Geheimdienste hatten kurz vor Kriegsende von dieser Denkfabrik deutscher Wissenschaft Kunde erhalten, was erklärt, warum erprobte Kampfverbände unter General Patton (der auch in bezug auf das Jonastal in Erscheinung trat) alles links und rechts ihres Weges liegen ließen, um mit höchster Eile Pilsen anzusteuern. Sie wollten mit allen Mitteln verhindern, daß die ursprünglich durch die Sowjets zu besetzende Tschechoslowakei von diesen als erste erreicht wurde.
Zwei Tage vor der Kapitulation des Dritten Reiches wurde dann das sogenannte „Kammler-Labor“ okkupiert. Bis heute ist nur sehr bruchstückhaft bekanntgeworden, welche möglicherweise teuflischen Erfindungen in die Hände der Amerikaner fielen. Allein die damit verbundene Geheimhaltung, die bis heute andauert, läßt vermuten, daß es um bedeutende Erfindungen ging, die möglicherweise höchste strategische Bedeutung für das amerikanische Militär hatten.
SS-Obergruppenführer Kammler verschwand während der Militäroperation spurlos. Bis heute ist nicht ganz klar, ob er vorher Teile des Geheimmaterials, das sich in seinen Labors befand, ebenfalls verschwinden ließ. Bei seiner Gründlichkeit ist jedoch davon auszugehen. Bis heute gibt es um seinen Verbleib jeden-

falls nur Gerüchte, zu denen auch solche gehören, die von seinem Selbstmord sprechen. Andere Rechercheure vermuten, daß er bei den Alliierten mit seinem Geheimwissen untertauchte. Daß das möglich ist, scheint angesichts bestimmter Informationen zum mysteriösen Verschwinden eines der meistgesuchtesten Nazi-Kriegsverbrecher, Martin Bormann nämlich, nicht unmöglich. Deutliche Hinweise belegen die Vermutung, daß Bormann im Mai 1945 von einigen britischen Geheimdienstspezialisten – quasi aus dem Führerbunker heraus – nach Großbritannien verbracht wurde und dort bis zu seinem Tod in den 1980er Jahren unbehelligt lebte (Christopher Creighton, Operation James Bond – Das letzte große Geheimnis des Zweiten Weltkrieges, Econ, Düsseldorf 1996). Auch er hatte einmalige Informationen zu bieten, die vor allem das Nazivermögen betrafen, das sich auf Schweizer Nummernkonten befand! (Andere Quellen vermuten, daß Bormann als Spion für Rußland arbeitete und sich dorthin absetzte.)
Doch zurück zu Kammler: Nach neueren deutschen Unterlagen verdichtet sich der Eindruck, daß er 1945 in englische Kriegsgefangenschaft gelangte und danach für die Briten und, was sehr wahrscheinlich ist, auch für die Amerikaner arbeitete. Während die Alliierten also die einen hängten, arrangierte man sich heimlich mit den anderen! Und die dafür Verantwortlichen entblöden – man verzeihe mir den einzig treffenden Ausdruck – sich bis heute nicht, ihren „Untertanen" Recht und Gesetz beibringen zu wollen ...
Kammlers Position im Dritten Reich ist wahrscheinlich von vielen nie richtig begriffen worden. Seine Person treffend zu charakterisieren ist wahrscheinlich nur dann möglich, wenn man ihn als graue Eminenz hinter Hitler sieht. Er war u. a. mit folgenden Aufgaben betraut:

- Im Jahre 1944 leitete er den Einsatz der V-1-Systeme, die gegen England, Frankreich und Belgien gerichtet waren;

- In der Folge übernahm er die Verantwortung für die gesamte deutsche Lenkwaffen- und Raketenentwicklung einschließlich der V-2-Starts von Peenemünde aus;
- Kammler baute die ersten unterirdischen Flugzeug- und Raketenproduktionsstätten, zu denen auch die Mittelwerke (Nordhausen, Harz) gehörten. Tausende Zwangsarbeiter und Kriegsgefangene fertigten hier die V-1- und V-2-Systeme sowie die Triebwerke für die legendäre Me-262. Interessanterweise fiel diese Untergrundinstallation den Amerikanern völlig unbeschädigt in die Hände. Es ist bezeugt, daß führende US-Offiziere beinahe fassungslos die unterirdische Basis begutachteten, hatten sie doch noch nie etwas ähnliches in ihrem Leben gesehen.

Als das Kampfkommando B (CCB) in die gewaltigen unterirdischen Anlagen eindrang, stellte man überrascht fest, daß sie intakt und Hunderte fertiggestellter V-1 und V-2 zurückgelassen worden waren. Das von Kammler entworfene Untergrundlabyrinth war das größte der Welt. Der weltbekannte Ozeanflieger Charles A. Lindbergh, der die Mittelwerke im Range eines Oberst inspizierte und Mitglied einer Gruppe der technischen US-Marinekommission war, schrieb dazu folgendes:

> „Hunderte ganz oder teilweise fertiger V-2-Raketen lagen am Boden, auf Rungenloren oder standen als komplette Vorderteile, Mittelrümpfe oder Heckkomponenten an den Seiten, umgeben von fremdartig-neuen Geräten. Ich kam mir vor wie auf einem anderen Planeten … Richtige Eisenbahnzüge konnten durch alle Tunnel fahren. Wir passierten Seitenstollen, voll von Maschinen, Triebwerken und Raketenteilen. Viele Meilen lang waren die Tunnel und Stollen, hier wurden V-2 gefertigt, dort Teile für Junkers Strahlturbinen. Die gewaltigen Ausmaße, die Präzision des großartigen Kammler-Tunnelkonzepts, eine riesige Werksanlage in einen Berg hineinzubauen, nötigte allen Besuchern uneingeschränkte Bewunderung ab."

In Kammlers Händen lag auch die Befehlsgewalt über die SS-Baudivisionen, die in ganz Deutschland mit besonderen Projekten betraut waren, wobei es sich nicht nur um Straßen- und Verteidigungsbauten handelte. Federführend war Kammler in der Realisation unterirdischer Forschungs- und Produktionsstätten, von denen bis heute der Öffentlichkeit nur wenige bekannt sind. Eine davon betraf ein von Hitler in Auftrag gegebenes Projekt zum Bau einer unterirdischen Abschußrampe zur Erprobung einer Fernrakete, die praktisch die erste Interkontinentalrakete der Weltgeschichte war. Kammlers Name steht auch mit dem Projekt einer deutschen Atomwaffe, einer Uran-235-Bombe in Verbindung. Dieses ultrageheime Projekt blieb geheim – man weiß so gut wie nichts darüber ...

Bis heute ist unklar, wie ein einziger Mann derart viele bedeutsame Unternehmungen in sich vereinigen konnte. Eine wesentliche Rolle mag dabei der Einfluß Himmlers gespielt haben, der möglicherweise von zahlreichen Historikern stark unterschätzt wird. Die SS kochte im Dritten Reich, um es einmal bildhaft auszudrücken, oft ihr eigenes Süppchen. Gerüchte besagen sogar, daß einige Geheimprojekte, die Kammler leitete, nicht einmal Adolf Hitler bekannt gewesen sein sollen ... Und es wäre – zumindest theoretisch – denkbar, daß das, was in Pilsen und in den Skoda-Werken, auf die ich gleich zu sprechen kommen werde, geschah, der Nummer 1 des Großdeutschen Reiches tatsächlich nicht in allen Einzelheiten bekannt war.

Skoda, heute als Automobilhersteller bekannt, gelangte nach dem berüchtigten Münchner Abkommen zwischen Hitler, Mussolini, Chamberlain und Daladier im Zuge der „Heimholung" des Sudetenlandes an das Deutsche Reich an den Krupp-Konzern, der die größte deutsche Waffenschmiede darstellte. Das Management blieb teilweise in tschechischer Hand, doch war natürlich klar, daß die Deutschen nur einen Landsmann als Generaldirektor und Präsidenten der Skoda-Werke duldeten. Und dieser

Mann hieß Dr. Wilhelm Voss, der später mit Kammler zusammenarbeiten sollte. Beide gingen daran, die als modernste militärische Hochtechnologie-Forschungseinrichtungen bezeichneten Großlabors bei Skoda aufzubauen. Mit Genehmigung von Hitler und Himmler konnten diese Einrichtungen schließlich als Tarnunternehmen für die Waffen-SS arbeiten. Es gab eine enge Zusammenarbeit mit Krupp, wobei man sich auf diesem Gebiet vor allem mit der Bewertung und/oder Erprobung von gegnerischen Beutewaffen befaßte, die dann mit zahlreichen Verbesserungen versehen nachgebaut wurden. Damit war diese SS-Forschungsgruppe bereits der ersten Generation von Geheimwaffen voraus.

Womit befaßte man sich nun darüber hinaus? Diese Frage zu beantworten, ist alles andere als leicht. Über einige Projekte konnte bis heute nur ansatzweise recherchiert werden, während andere in allen Einzelheiten bekannt wurden. Die Projekte, an denen die geheime SS-Forschungsabteilung arbeitete, kommen uns allerdings alle irgendwie vertraut vor. Und es scheint tatsächlich so, daß die Grundlagen moderner Waffentechnologien in dieser Zeit gelegt wurden und teilweise so visionär waren, daß man seither nur Verbesserungen daran hat vornehmen können.

Besondere Aufmerksamkeit galt folgenden Vorhaben:

- Entwicklung und Bau eines atomgetriebenen U-Bootes,
- Nutzung der Atomenergie für Raketen- und Flugzeugantriebe,
- Forschungen mit Laserstrahlen (zu jener Zeit häufig als „Todesstrahlen" bezeichnet), die als Waffe eingesetzt werden sollten,
- Bau neuer Raketen mit Zielsucheinrichtungen,
- Neuartige Abwehrsysteme für die Luftverteidigung.

Die Aufzählung allein dieser Schwerpunktprojekte läßt natürlich jeden kritischen Verstand die Frage stellen, ob die bisher

bekanntgewordenen Informationen zur deutschen Atomforschung der Wahrheit entsprechen. Wenn man sich jahrelang mit atomaren Antrieben für die Luftfahrt befaßte, mußte es doch sehr ernstzunehmende theoretische Ansätze schon *weit vor dieser Zeit* gegeben haben. Angesichts dieser Überlegung nimmt es nicht Wunder, wenn davon ausgegangen wird, daß es eine unter SS-Regie stehende, streng geheime Atomforschung gab, die möglicherweise nichts oder nur wenig mit jenen Wissenschaftlern zu tun hatte, die bei der »Operation Epsilon« von amerikanischen Truppen festgesetzt wurden. 1945 erklärte ein bekannter deutscher Atomwissenschaftler, der gesamte deutsche Uranvorrat sei nicht größer als eine Walnuß gewesen. Recherchen alliierter Wissenschaftler erbrachten jedoch den Nachweis, daß die Deutschen in der Lage waren, je einen ansehnlichen Zweitonnenvorrat schweren Wassers (Deuteriumoxid) und U-235 anzulegen. Letzteres wurde sogar zu einem gewissen Prozentsatz, zusammen mit diversen Forschungsunterlagen, in einer Geheimaktion nach Japan gebracht, wo ebenfalls eine Atomforschung lief. Zum Ärger der US-amerikanischen Atomexperten wurden die in Japan erbauten Zyklotrone 1945 durch amerikanische Invasionstruppen zerstört.
Tatsache ist, daß die Forschungsaktivitäten der SS bei Skoda teilweise ohne das Wissen von Göring, Speer oder anderer Forschungszentren vorgenommen wurden. Selbst die V-1- und V-2-Waffenproduktion hatte keine Ahnung von der Existenz dieser geheimen Sonderorganisation. Als die Alliierten nach dem Zweiten Weltkrieg nachrichtendienstliche Berichte der Deutschen recherchierten, zeigte sich, daß Lichtpausen, Zeichnungen, Konstruktionsunterlagen, Berechnungen jeglicher Art und andere damit in Verbindung stehende Materialien und Dokumente in der von der SS beherrschten Denkfabrik in Pilsen von einem dreifachen Ring aus SS-Abwehrspezialisten kontrolliert und somit hermetisch abgeriegelt wurden. Himmler hatte diesen

Abwehrring unter persönlicher Verantwortung von Gestapo-Chef Müller („Gestapo-Müller") eingesetzt, um die Forschungsbereiche und alles, was damit zusammenhing, gegen Unterwanderung, Sabotage, Spionage und andere die Sicherheit gefährdenden Aspekte zu schützen. Die Bezeichnung dieser speziellen Abwehreinheit lautete „Kammler-Gruppe" oder „Kammler-Stab".
Die Finanzierung der SS-Vorhaben in Pilsen wurde über Voss abgewickelt, der somit tiefreichende Einsichten hatte. Er war Himmler direkt unterstellt und durfte nur an diesen berichten. Es gab bei einigen Projekten sogar eine Zusammenarbeit mit der offenen Forschungs- und Entwicklungsabteilung bei Skoda, was die Tarnung der Geheimgruppe sogar noch erleichterte, die übrigens aus deutschen und tschechischen Ingenieuren und Wissenschaftlern bestand. Einige Deutsche hatten vorher sogar in den USA gearbeitet, um sich mit den dortigen Gegebenheiten vertraut zu machen.

*

Seit die deutsche Luftwaffe 1943 ihre Luftüberlegenheit eingebüßt hatte und es trotz der am Himmel auftauchenden, beinahe schallschnell fliegenden Me-262-Strahljäger keine Anzeichen für deren Wiedererlangung gab, bestanden im westalliierten Lager keine Zweifel mehr darüber, daß Erfolg oder Fehlschlag der eigenen geplanten Invasion von Kammlers Vermögen abhing, genügend Raketen zur Zerstörung der alliierten Invasionshäfen einzusetzen, ehe deren vereinigte Flotten und Armeen auf dem Kontinent Fuß fassen und massiert angreifen konnten. In seinem Buch „Crusade of Europe" schrieb General Dwight D. Eisenhower erstaunlich freimütig, wie schmal der Weg und wie dünn der Faden war, an dem Europas Schicksal hing:

> „Wäre es den Deutschen gelungen, diese neuen Waffen sechs Monate früher zu perfektionieren und einzusetzen,

> wären die Normandie-Landung extrem schwierig, vielleicht sogar unmöglich geworden. Hätten Sie den Raum um die Verladehäfen Portsmouth und Southampton zu ihrem Hauptziel gemacht, hätte die Operation ›Overlord‹ abgeblasen werden müssen."

Diese Lageeinschätzung ließ die alliierten Kommandeure zur Überzeugung gelangen, daß die V-Waffenbedrohung zuallererst und mit höchster Priorität ausgeschaltet werden müsse. Es handelte sich dabei um ein Element, in dem die Deutschen überlegen waren und das damit eine unkalkulierbare Gefahr darstellte. Zudem war nicht vorhersehbar, was sich in deutschen Labors noch in Entwicklung befand. Und dieser Zustand der Unwissenheit mußte unbedingt beseitigt werden.

Als die Nachricht von den sensationellen Funden in Nordhausen bei der Raketenabteilung des Waffenkorps in Washington eintraf, die schon von der Existenz des V-2-Werks gehört hatte, wurde Oberst Holger Toftoy, Chef der waffentechnischen Nachrichtenauswertung in Paris, beauftragt, einhundert V-2-Raketen samt zugehöriger Ausrüstung nach White-Sands, dem amerikanischen Versuchsgelände, zu verschiffen. Das widersprach zwar den Abmachungen, wonach die Russen allein über die in diesem Gebiet vorgefundenen Anlagen und Ausrüstungen verfügten durften, aber in diesem Moment scherten sich die Amerikaner einen Dreck darum. Sie hatten Lunte gerochen und wollten die Technologie um jeden Preis haben. In einer Folgeanalyse der erbeuteten deutschen Aerodynamik-Dokumente durch General Henry Arnold, dem Chef des Gemeinsamen US-Generalstabs, und Prof. Theodor Kármán, stellte General Arnold fest:

> „Wir sind hinter diesen Entwicklungen auf einer Reihe von Forschungsgebieten sehr weit zurück. Wenn wir diese Gelegenheit nicht nutzen, die erbeutete Ausrüstung und die Männer, die sie entwickelt haben, sofort für uns weiterarbeiten

> zu lassen, werden wir viele Jahre verlieren und wahrscheinlich weiter an bereits von den Deutschen gelösten Problemen arbeiten.“

Damals begriff der amerikanische Geheimdienst, daß die Sowjets weder große Raketen mit genügend Schubkraft, noch Strahlflugzeuge oder elektrisch angetriebene U-Boote (um nur einige fortschrittliche Waffensysteme zu nennen) besaßen. Die Deutschen aber hatten das alles schon und die Sowjets versuchten mit allen erdenklichen Mitteln, an Prototypen, Zeichnungen und Experten heranzukommen. Dem hieß es zuvorzukommen.
In Nordhausen erkannte US-Major James Hamill, als waffentechnischer Offizier mit der Vorbereitung der Verschiffung von Raketen und Strahltriebwerken beauftragt, sofort die Bedeutung der hier gefundenen ungeheuren technologischen Goldader für sein Land. Im Auftrag Washingtons und entsprechend den mit der US-Stabsdirektive 1067 erlassenen Weisung vom 24. April 1945 – zur Verhinderung der Zerstörung und Übernahme der Kontrolle über sämtliche Berichte, Pläne, Bücher, Dokumente, Papiere, Ordner sowie wissenschaftlichen, industriellen und anderen Informationen und Daten über die deutschen, an der militärischen Forschung beteiligten Organisationen – beeilte er sich sehr, diesen wichtigen Auftrag auszuführen, ehe die vereinbarte Übergabe der Nordhausener Mittelwerke an die Rote Armee erfolgte. Hamill ahnte zu dieser Zeit vielleicht schon, daß ein beginnender Kalter Krieg mit den Russen bevorstand, den es durch einen technologischen Vorsprung zu bestehen galt.
Kammlers Untergrundanlage blieb so noch weitere zweieinhalb Monate in US-amerikanischer Hand, ehe die Rote Armee sie erreichen konnte. Genau vier Wochen nach der Einnahme Nordhausens durch das Kampfkommando B und unmittelbar bevor das US-Waffentechnische Nachrichtendienstteam mög-

lichst viele V-2 und Turbinentriebwerke aus den unterirdischen Werken wegschaffen konnte, kam das Ende des Dritten Reiches.
Das Einsammeln, Verpacken und Verladen aller relevanten Fundstücke wurde in einem Zehn-Tage-Programm durchgeführt. Hamill konnte einhundert V-2-Systeme samt Zubehör nach Antwerpen bringen. Diese Ladung füllte 314 Eisenbahnwaggons und in Antwerpen schließlich 15 »Liberty«-Frachter.
Anhand des hier stellvertretend ausführlich beschriebenen Beispiels der Nordhausener Mittelwerke ist zu erkennen, daß die Amerikaner mit allen Mitteln versuchten, die deutsche Hochtechnologie und die damit verbundenen Personen in ihre Hände zu bekommen. Die Geschichte zeigt, daß dies gelang, wenn auch nicht vollständig. So gerieten auch die deutschen Atomforschungseinrichtungen Haigerloch und Stadtilm unter amerikanische Hoheit. Selbst eine unterirdisch betriebene Atomforschungseinrichtung bei Lehesten, Thüringen, deren Standort selbst Historikern bis heute unbekannt ist, konnte sichergestellt werden, wie US-Archivdokumente belegen. Nicht so erfolgreich war man scheinbar in bezug auf die SS-Denkfabrik bei Skoda. Ende April 1945 war Prag noch fest in der Hand von Generalfeldmarschall Ferdinand Schörners SS-Divisionen. Der ostwärts der tschechischen Hauptstadt aufgehaltenen Roten Armee gelang es erst zwei Tage nach Inkrafttreten der deutschen Kapitulation, die Stadt an der Moldau zu besetzen. Mit Blick auf Kammler blieben auch die Skoda-Werke in Pilsen noch bis zum völligen Durchbruch der Sowjets in deutscher, später amerikanischer Hand. Pilsen und die Skoda-Werke wurden vom Kampfkommando B (Combat Command B, CCB) der 3. US-Panzerdivision eingenommen, demselben Verband, der auch Nordhausen am 11. April 1945 besetzt hatte.
Die Nachricht von der vorübergehenden Besetzung der Skoda-Werke durch die US-Armee begeisterte die westlichen Militärs

und Rüstungsindustrien gleichermaßen. Sofort schickten sowohl die Amerikaner als auch die Briten Rüstungsexpertenteams nach Pilsen, um die erbeuteten Geheimunterlagen zu sichten, ehe die Rote Armee sie in die Hände bekam. Dieses Unternehmen wurde natürlich ohne Beteiligung der Öffentlichkeit durchgeführt, deshalb gab es auch keinerlei Informationen darüber, was man hier alles vorfand. Diese einmalige Gelegenheit, die durch die Kriegswirren natürlich begünstigt wurde, ermöglichte erstaunliche Einblicke hinter die Kulissen der langjährigen Zusammenarbeit Skodas mit dem deutschen Stahl- und Waffenriesen Krupp.

Angesichts der bevorstehenden Einverleibung der Skoda-Werke in die sowjetische Rüstungsindustrie waren die nachrichtendienstlichen Erkenntnisse der beiden westalliierten technischen Expertengruppen von allergrößtem Interesse. Dabei hatten die Nachrichtenexperten zunächst überhaupt keine Ahnung von den streng geheimen waffentechnischen Forschungen unter der Leitung der SS, die unter dem Deckmantel allgemeiner Skoda-Forschung liefen. Die Sowjets wußten auch nichts konkretes darüber, hatten aber gewisse Vermutungen. Der dreifache Sicherheitskordon der militärischen, industriellen und politischen SS-Spionageabwehr war nicht zu durchdringen gewesen. Und gerade diesen Umstand der absoluten Geheimhaltung machten sich die eindringenden Nachrichtenexperten und Geheimdienstleute nun zunutze, indem man einen Großteil dessen, was man bei Skoda vorfand, weiterhin unter strengster militärischer Geheimhaltung beließ. Dies hatte, wie bereits erwähnt, auch einen ganz naheliegenden Grund: Als die US-Nachrichtendienstleute ihre Arbeit bei Skoda aufnahmen, zeichnete sich bereits der folgende Kalte Krieg mit dem sich über Europa senkenden Eisernen Vorhang immer deutlicher ab.

Die wenigen Informationen, die zum Ablauf der damaligen Bergung von Geheimdokumenten erhältlich sind, verdichten

den Eindruck, daß die amerikanischen Truppen zwar einen Großteil der Unterlagen sicherstellen und übernehmen konnten, dabei jedoch im Laufe der Zeit von russischer Seite massiv behindert wurden. Durch einen unglaublichen Zufall geriet sogar während der Bergungsaktion eine LKW-Ladung mit hochbrisanten Dokumenten, über deren Inhalt sich die zuständigen amerikanischen Behörden bis heute ausschweigen, in russische Hände. Dieser Vorfall wurde seitens der Militärbehörden und Geheimdienste der USA nachweislich über 40 Jahre lang vertuscht, denn es war ein wichtiger Grund dafür, daß die Sowjetunion nach dem Zweiten Weltkrieg technologisch mit den USA Schritt halten konnte.
Als der ehemalige Generaldirektor der Skoda-Werke, Voss, von amerikanischen Abwehroffizieren verhört wurde und von den von ihm und Kammler installierten Forschungs- und Entwicklungseinrichtungen der SS-Denkfabrik zu sprechen begann sowie das Fehlverhalten eines amerikanischen Offiziers im Mai 1945 zur Sprache brachte, bei dem die eben erwähnten wichtigen Forschungsunterlagen über fortgeschrittene Arbeiten an der zweiten V-Waffen-Generation in die Hände der Russen gelangten, schlug diese Enthüllung verständlicherweise wie eine Bombe ein. Von nun an nahm ein höherer Offizier vom Stab des US-Militärgouverneurs, Generalleutnant Lucius D. Clay, an den Gesprächen teil, um sicherzustellen, daß alle Informationen über den Verlust der Geheimnisse an die Sowjets einerseits vertraulich blieben und andererseits garantiert werden konnte, daß die „restlichen“ Informationen über geheime Waffensysteme nunmehr ausschließlich in die USA gelangten.
Unabhängig davon bleibt festzuhalten, daß wir bis heute nicht wissen, was an geheimen und zukunftsweisenden Technologieunterlagen bei Skoda tatsächlich vorgefunden wurde. Die manche Waffenprojekte umgebende völlige Geheimhaltung der SS wurde von den amerikanischen Militärs und Geheimdien-

sten lückenlos übernommen und hält bis heute an. Dafür muß es Gründe geben.

Gerüchte besagen beispielsweise, daß die Miniatur-Atombrennzellen in verschiedenen modernen US- und sowjetisch/russischen Satelliten zur Energieerzeugung für ihre Bordradar- und elektronischen Einrichtungen allgemein als Folgeprodukt der damals bei Skoda auf diesen Feldern vorangetriebenen Forschungen anzusehen sind. Das streng geheime, auf amerikanischer Seite mit dem Codenamen NEPA (Nuclear Energy Propulsion Aircraft) bezeichnete Programm wurde später auch als LEXINGTON-Projekt bekannt. Es wurde als Folge der seinerzeit ausgewerteten amerikanischen Beuteberichte mit einem Multimillionen-Dollar-Etat versehen. Ausschlaggebend dabei waren die von deutschen Wissenschaftlern bei Skoda, den Junkers-Flugzeugwerken in Dessau und bei anderen Instituten und Firmen im Krieg erarbeiteten Grundlagen ebenso wie die neuesten Spionageerkenntnisse über die letzten sowjetischen Fortschritte bei Nuklearantriebstechnologien für Raketen und Flugzeuge. Projektleiter war Walter G. Whitman, Chef der Chemieabteilung des Massachusetts Institute of Technology. Seine Empfehlungen faßte er danach im sogenannten Lexington-Bericht zusammen, der allerdings nie publiziert wurde und bis heute – trotz mehrerer Anfragen auf der Grundlage des Gesetzes zur Freiheit der Information – nicht freigegeben wurde.

Wenngleich die deutsche militärische Überlegenheit im Laufe des Zweiten Weltkrieges völlig zerschlagen werden konnte, hatten die Errungenschaften deutscher Wissenschaftler und Ingenieure auf beiden Seiten des einstigen Eisernen Vorhangs überlebt. Die Alliierten haben damit das deutsche Technologieerbe angetreten, wenn auch unberechtigterweise. Alles, was an Informationen in Form von Zeichnungen, Plänen, Dokumenten, Modellen, Patenten usw. irgendwie verwertbar schien, wurde als „Beutegut“ definiert und konfisziert, völkerrechtswidrig

übrigens. Lester Walker, ein amerikanischer Journalist, berichtete in einer Ausgabe von „Harper's Magazine" (10/1946) über die Arbeit eines Spezialkommandos, daß sich deutschen zivilen und militärischen Erfindungen bemächtigen sollte. 150 000 Tonnen Akten wurden allein in die USA gebracht, etwa ein Drittel davon befaßte sich mit den verschiedenen Flugzeug- und Raketenprogrammen. Der geistige Diebstahl, der ja auch nicht militärisch verwertbare Erfindungen betraf, ist nur schwer in Geld auszudrücken. Man schätzt den materiellen Schaden, der der deutschen Wirtschaft entstand, auf mehrere Billiarden US-Dollar nach damaliger Währung. Der Marshall-Plan war demnach also alles andere als eine menschliche Geste, sondern vielmehr der Zins dafür, daß die amerikanische Wirtschaft mindestens zehn, in manchen Branchen bis 20 Jahre Entwicklungsarbeit durch die deutschen Entwicklungen und Patente gespart hatte. Es dauerte viele Jahre, ehe die Welt begriff, daß die spöttisch als die „deutschen Jungs aus den Hinterzimmern" bezeichneten Technologieexperten des Dritten Reiches sehr viel mehr getan hatten, als man ihnen allgemein zutrauen mochte. Alliierte Fachleute räumten dies allerdings erst ein, als sie bei der Auswertung der deutschen wissenschaftlichen und militärischen Forschungsergebnisse eines Besseren belehrt wurden, vor allem, als sie feststellten, wie außerordentlich nahe die Deutschen an der Entwicklung und Lösung der Atombombengeheimnisse waren und im Wettrennen mit den Amerikanern bis zum Schluß daran hart arbeiteten, vielleicht sogar gleichzogen!
Doch ist das nur die eine Seite der Münze, müssen wir doch davon ausgehen, daß in den SS-Labors auch an zahlreichen anderen, teils exotischen Systemen gearbeitet wurde, die möglicherweise so revolutionär waren, daß die Alliierten den Schleier des Geheimnisvollen bis heute nicht gelüftet haben.
Am Ende der Nürnberger Prozesse sagten Göring wie Speer übereinstimmend aus, daß die Gefahren für die Welt nicht aus-

zudenken wären, wenn irgend jemand all diese Terrorwaffen jemals einsetzen würde. Görings, vor seinem Selbstmord in seiner Gefängniszelle auf einem handschriftlichen Zettel hinterlassene Warnung, war eine seiner Hiobsbotschaften. Seine letzten Mitteilungen wurden vom US-Kommandanten des Kriegsverbrechergefängnisses beim Nürnberger Tribunal, Oberst Burton C. Andrus, unter Verschluß genommen – in den USA sind sie es bis heute noch. Welche brisanten Informationen sind zu schützen? Bedenkt man zudem, daß Göring in die Projekte der SS-Denkfabrik bei Skoda nicht einmal involviert war, so kann man nur erahnen, welch fortgeschrittene Technologie hier entwickelt worden sein muß.
Es steht außer Zweifel, daß die weitreichenden Projektentwicklungen bei Skoda teilweise technisch umgesetzt wurden. Darauf deuten auch zahlreiche ungewöhnliche Beobachtungen hin, die von Deutschen wie Alliierten gleichermaßen über europäischen Kriegsschauplätzen, vor allem aber deutschem Territorium, gemacht wurden. Der nun folgende Abschnitt soll darüber berichten.

Geisterjäger und „Motorstoppmittel"

Nach einigen Berichten des inzwischen verstorbenen Journalisten Frank Edwards richteten die Briten 1943 eine kleine Dienststelle unter der Leitung von Generalleutnant Massey ein, die Beobachtungen von kleinen, anscheinend ferngesteuerten Geräten nachgehen sollte, über die alliierte Flugzeugbesatzungen berichtet hatten und in denen man eine neue Geheimwaffe Hitlerdeutschlands vermutete. Gerüchte besagten, daß eventuell auch die Japaner eine neue Waffe entwickelt hätten, um die Zündsysteme von Bombern zu stören und diese damit zum Absturz zu bringen. Da die Foo-Fighter, wie die Objekte schließlich genannt wurden, jedoch nie direkt in Kampfhandlungen einzugreifen schienen, zumindest lagen darüber keine offiziellen Berichte vor, hielt man sie für Mittel der psychologischen Kriegsführung. Das im folgenden Jahr offiziell beendete Massey-Projekt stellte abschließend fest, daß die Foo-Fighter nicht deutscher Herkunft waren und daß die Deutschen selbst eine ähnliche Organisation aufgebaut hatten, um Beobachtungen, die von ihren Luftwaffenpiloten berichtet wurden, nachzugehen und zu untersuchen. Das deutsche Projekt lief unter der Bezeichnung „Sonderbüro 13“ und wurde von Prof. Georg Kamper geleitet, der von einem Team von Luftwaffenoffizieren, Flugzeugingenieuren und wissenschaftlichen Beratern unterstützt wurde (Sunday Dispatch, London, 21.09.1952).

Das ist aber nur die halbe Wahrheit: Die Beobachtung der Foo-Fighter-Phänomene war nur eine untergeordnete Aufgabe von mehreren wichtigen Forschungsprojekten, die sich u. a. mit neuartigen Flugabwehrsystemen beschäftigten, wie sich noch zeigen wird. Das Sonderbüro 13 war möglicherweise sogar an der Urheberschaft der Foo-Fighter-Phänomene beteiligt, so daß das Studium der damit verbundenen Beobachtungen nur als Ablenkungsmanöver betrachtet werden kann. Doch dazu später.

Die folgenden Beispiele sind typisch für jene Meldungen von Flugzeugbesatzungen, die Begleitung durch Foo-Fighter erhielten.

Lieutenant Schlueter von der 415. US Night Fighter Squadron berichtete, in der Nacht des 23. November 1944, als er gerade dabei war, den Rhein zu überfliegen, von zehn kleinen rötlichen Feuerkugeln begleitet worden zu sein. Die Piloten Henry Giblin und Walter Cleary erklärten, daß sie in der Nacht des 27. Septembers 1944 in der Gegend von Speyer durch ein großes, brennendes Licht geblendet wurden, das mit einer geschätzten Geschwindigkeit von 400 km/h über ihrem Flugzeug flog.

Auch der ehemalige US-Luftwaffenoffizier William Coleman,

der u. a. auch als Sprecher für das UFO-Projekt „Blau-Buch" der US Air Force arbeitete, konnte sich sehr gut an diese Objekte erinnern:

> „Es waren große, leuchtende Diskuskörper, die aber keineswegs feste Formen aufwiesen, sondern mehr wie atmosphärische Leuchtphänomene wirkten. Sie begleiteten häufig unsere Bomberstaffeln. Wenn wir auf sie zuflogen, wichen sie aus. Kehrten wir zurück, dann waren sie wieder da. Die Dinger beunruhigten uns mehr und mehr, doch keiner von uns fand eine Erklärung für die Herkunft und die Flugtechnik dieser ›Apparate‹."

Am 27. November 1944 begegneten die beiden US-Piloten Henry Giblin und Walter Cleary auf einem Einsatz einem enormen orangefarbenen Licht in der Umgebung von Speyer. Es bewegte sich mit einer geschätzten Geschwindigkeit von rund 380 km/h über ihr Flugzeug hinweg. Während dieser Zeit fiel das Bordradar aus und die Motoren der Maschine begannen zu stottern, so daß sich die Besatzung entschloß, zu ihrer Basis zurückzukehren. Die Piloten wurden später verhört und ein Bericht verfaßt, der auch die unglaubliche Schilderung über das „Licht" enthielt. Die Zeugen waren nach der Beobachtung Zielscheibe zahlreicher Witze und unqualifizierter Bemerkungen.
Kein Wunder, daß viele andere Piloten über ähnliche Erfahrungen keinen Bericht abgaben bzw. entsprechende Eintragungen in ihren Logbüchern unterließen. Sie scheuten einfach das Risiko, für nicht normal gehalten zu werden. Diese Reaktion gegenüber Zeugen scheinbar ungewöhnlicher Ereignisse war also schon im Vorfeld der klassischen UFO-Ära an der Tagesordnung.
Zu denen, die sich aus derartigen Bemerkungen wenig machten, gehörten die beiden Piloten McFalls und Bäcker, deren Bericht dafür sorgte, daß sich die Abwehreinheiten der amerikanischen Luftstreitkräfte etwas intensiver mit dem Phänomen der Foo-

Fighter befaßten. Am 22. Dezember 1944 waren sie über Hagenau in etwa 3000 Meter Höhe zwei sehr hellen Lichtern begegnet, die vom Boden aufgestiegen waren. Diese positionierten sich auf Höhe des Flugzeughecks und waren über zwei Minuten lang deutlich sichtbar. Die Piloten beschrieben sie als orangefarben und scheinbar unter intelligenter Kontrolle stehend. Während der Beobachtung gab es Probleme mit dem Bordradar, die erst nachließen, nachdem die Lichter abdrehten und aus dem Sichtbereich verschwanden.

Nur zwei Tage nach diesem Zwischenfall erlebte dieselbe Besatzung bei einem Einsatz über dem Rhein eine weitere Konfrontation mit einem fliegenden rotleuchtenden „Ball", der aus südlicher Richtung auf das Flugzeug zuraste, einen Bogen um die Maschine machte und sich anschließend hinter die rechte Tragfläche „klemmte" – wie die Piloten aussagten.

Ein früherer Vorfall wurde von Lieutenant Roman Sobinski berichtet, dem späteren Kommandanten eines Bombers der 301. RAF-Staffel: Seine Besatzung und er beobachteten am 25. März 1942 eine rundliche Scheibe, die orangefarben glühte und die dem Bomber gegen Mitternacht auf dem Rückflug von einem Bombenangriff auf Essen folgte. Man befand sich während dieser Zeit über der Zuidersee in Holland. Das seltsame Objekt war zunächst vom Heckschützen entdeckt worden, der nach Rücksprache mit dem Bomberkommandanten auf dieses zu feuern begann. Die Schüsse zeigten keinerlei Wirkung, obwohl man das Objekt zweifellos getroffen haben mußte. Der Abstand zwischen ihm wurde auf 100 bis 200 Meter geschätzt, seine Geschwindigkeit mit rund 300 km/h angegeben. Nach fünf Minuten „Begleitflug" verschwand die Erscheinung mit hoher Geschwindigkeit in der Ferne.

In der Presse erschienen erst relativ spät, ab Ende 1944, Meldungen über die Foo-Fighter. Eine Meldung von Associated Press (AP) über dieses Phänomen wurde beispielsweise im

„Washington Star“ abgedruckt. Auch die „New York Times“ berichtete in ihrer Ausgabe vom 14. Dezember 1944 darüber. In den relativ kurzen Berichten wurde die Auffassung vertreten, daß von deutscher Seite nunmehr ein neues Kampfmittel eingesetzt werde, daß die Form fliegender Kugeln habe und von zahlreichen alliierten Besatzungen beobachtet worden sei. Über den Zweck dieser Waffe konnte man allerdings nur Spekulationen anstellen, man vermutete in ihr eine neue Luftabwehrwaffe oder – später – ein Mittel psychologischer Kriegsführung. Den Verantwortlichen war dabei keineswegs wohl zumute, denn ungefähr zur selben Zeit hatte die deutsche Propagandamaschine den Einsatz neuer Geheim- und Wunderwaffen angekündigt, die den Kriegsverlauf beeinflussen sollten. Angesichts dieser neuen, wenig positiv klingenden Informationen behauptete der Wissenschafts-Redakteur der Associated Press, Howard H. Blakeslee, in einer Radioansprache am 1. Januar 1945, daß die von den Piloten beobachteten Feuerbälle nichts anderes als St.-Elms-Feuer bzw. Büschelentladungen seien, weshalb diese Lichter auch durch Radar nicht registriert werden könnten. Diese Erklärung löste bei den mit dem Phänomen konfrontierten Besatzungen allerdings nur ungläubiges Kopfschütteln aus.
Eine der erstaunlichsten Zwischenfälle mit den Foo-Fightern ereignete sich während eines Bombenangriffs alliierter Streitkräfte auf Schweinfurt, um die dort befindlichen und für die deutsche Rüstungsindustrie wichtigen Kugellagerfabriken zu treffen. Während des Kampfeinsatzes flogen mehrere diskusförmige Körper in die Bomberstaffel hinein, um sich den Maschinen an die Fersen zu heften. Alle Versuche der Piloten, die Geisterjäger abzuschütteln, schlugen fehl. Jedes Kursmanöver wurde von den seltsamen Objekten mit der Korrektur ihres eigenen Kurses beantwortet. Einige Piloten gerieten daraufhin in Panik und manövrierten wild durcheinander, so daß sich zum Schluß eine der Maschinen, eine B-17 „Fortress“ (Flugnummer

O-26) auf direktem Kollisionskurs mit einem der Foo-Fighter befand. Das Ausweichmanöver schlug fehl und die Besatzung glaubte, ihr letztes Stündlein sei gekommen, als die rechte Tragfläche des Bombers teilweise in eines der Objekte eintauchte, ohne daß dabei eine wie auch immer geartete Beeinflussung oder Zerstörung zu bemerken war! Dieser Umstand schockierte den Bomberpiloten derart, daß er dieses Erlebnis als das Unheimlichste seiner gesamten Laufbahn bezeichnete.

Im Zusammenhang mit den Bomberangriffen auf Schweinfurt geisterte in den 1950er Jahren auch das Gerücht durch die Presse, daß einige der amerikanischen Bomber durch flugscheibenförmige Flugzeuge abgeschossen worden seien. Trotz intensiver Bemühungen konnte ich allerdings bis jetzt keine eindeutigen Beweise für diese Geschichte finden.

Über eine interessante Foo-Fighter-Beobachtung informiert uns der amerikanische Autor Harold T. Wilkins in seinem 1967 erschienenen Buch „Flying Saucers on the attack“ (Ace Books, Inc., New York). Er berichtet darin von einem ehemaligen Piloten der 415. Nachtjäger-Staffel, der sich bei einem seiner Nachteinsätze einer Formation Foo-Fighter gegenübersah. Wahrscheinlich reagierte er bei diesem Einsatz anders als sonst, denn er faßte das Vorhandensein der seltsamen Leuchtobjekte als Bedrohung auf, wendete seine Maschine und flog mit voller Kraft auf das unheimliche Schauspiel zu. Beim Näherkommen wurden die Gebilde allerdings immer dunkler und waren schließlich überhaupt nicht mehr zu sehen. Daß er keiner Halluzination zum Opfer gefallen war, begründete der Pilot damit, daß er beim Durchfliegen der Stelle, an der sich die Objekte befanden, einen deutlichen Luftdruck spürte, der eigentlich nur von Propellern der nun unsichtbaren Fluggeräte herrühren konnte. Die Objekte wurden übrigens nicht auf Radar verzeichnet.

Bemerkenswert ist die Tatsache, daß auch deutsche Piloten und Bodenmannschaften von den fliegenden Kugeln irritiert wurden. Dies erweckt den Eindruck, daß das neue Abwehrmittel in aller Heimlichkeit eingeführt wurde, ohne die regulären Truppen davon zu unterrichten. Ergibt das aber einen Sinn? Ja, wenn man bedenkt, daß diese neue Abwehrmaßnahme unter dem Gesichtspunkt psychologischer Kriegsführung eingesetzt wurde. Ein offiziell eingeführtes neuartiges Waffensystem hätte einerseits zwar die Moral der eigenen kämpfenden Truppe verstärkt, andererseits jedoch auch die Alliierten gezwungen, effektive Gegenmaßnahmen zu ergreifen. Das verdeckte Operieren einer anfänglich vielleicht nur psychologisch wirkenden Waffe, die nicht aktiv in das Kampfgeschehen eingriff, war solange effektiv, als sie für nicht machbar und als nicht vorhanden definiert wurde. Und wenn man dann selbst noch so tat, als sei das Leuchten am deutschen Himmel etwas Unerklärliches, würden auch die hartgesottensten alliierten Verantwortlichen das Problem eher unter den Teppich kehren wollen, als es denn als neuartiges und gefährliches Instrument der deutschen Abwehr anzusehen. Und wie die Geschichte zeigt, funktionierte dieser psychologische Trick besser als erwartet. Der damit verbundene Vorteil hatte jedoch keinerlei strategische Wirkung.

Natürlich versuchten die alliierten Geheimdienste nach Ende des Zweiten Weltkrieges herauszufinden, auf welches System die Foo-Fighter zurückzuführen seien. Allgemein heißt es, daß man nichts herausgefunden habe, was in Richtung der Geheimwaffen-These interpretierbar wäre (Vincent Gaddis, Mysterious Fires and Lights, Dell Book, New York 1968). Einer der führenden amerikanischen UFO-Forscher, Major Donald Keyhoe, versuchte unabhängig davon, in den Akten des Pentagon Aufschluß über die Vorfälle zu erhalten. Die Einsicht der betreffenden Unterlagen wurde ihm allerdings verwehrt, da diese der Geheimhaltung unterlagen.

Wie auch immer: Die von den Piloten stammenden Berichte stimmten in wenigstens zweierlei Hinsicht überein: Die Kugeln

aus Feuer schienen jedesmal vom Boden her aufzusteigen und führten in einer nicht unerheblichen Zahl von Fällen zu Ausfällen in der Zündanlage des betreffenden Flugzeuges. Andere, von den Alliierten nicht bestätigte Berichte, lassen den Eindruck entstehen, daß diese Zündstörungen kein Zufall waren und bei einer Reihe von Maschinen zu Abstürzen führten. So existiert z. B. der Bericht eines amerikanischen Fliegers, der 1944 über der Straße von Burma (Pazifik) eingesetzt war, wo er gegen die Japaner kämpfte. Als er während eines Routinefluges über einige kleine Inseln flog, stoppten plötzlich alle Motoren und die Maschine flog antriebslos durch die Luft. Da der Pilot die Ursache des Motorenausfalls nicht lokalisieren konnte, sah er sich in der Gegend um und entdeckte über sich eine Art Diskus, aus dem ein Strahlenkegel hellen Lichts austrat und der seine Maschine einhüllte. Als das Objekt verschwand, funktionierten die Flugzeugmotoren wieder einwandfrei.
Demnach ist zu vermuten, daß es zwischen dem Auftauchen der Feuerbälle und den Motorstörungen einen direkten Zusammenhang gab, der nicht nur zufällig, sondern bewußt herbeigeführt wurde. Natürlich haben eine Reihe von Autoren zur UFO-Problematik immer wieder versucht, die damaligen Ereignisse so erscheinen zu lassen, daß dieser Zusammenhang schwer erkennbar wird. Lieber wollte man den Lesern Glauben machen, daß in der Zeit massiver militärischer Auseinandersetzungen über dem Gebiet Deutschlands verstärkt unidentifizierte Erscheinungen auftraten, die möglicherweise sogar außerirdische Flugmaschinen darstellten, deren Insassen direkt vor Ort das Geschehen verfolgen wollten und sich zusätzlich noch einen Jux daraus machten, Piloten beider Seiten zu verwirren. Man muß schon über sehr viel Phantasie und wenig gesunden Menschenverstand verfügen, wenn man solches akzeptieren will. Leider hat die in bezug auf das UFO-Phänomen im engeren Sinne postulierte und favorisierte außerirdische Hypothese so-

viel Schaden angerichtet, daß manche Untersucher unidentifizierter Objekte gar nicht mehr sehen wollen oder können, daß es hier ganz andere Ursachen geben muß, die allein aus den Kriegswirren heraus zu verstehen sind und das Foo-Fighter-Problem ausreichend erklären.

Die Führung der 8. US-Armee ordnete jedenfalls eine genaue Untersuchung der Beobachtungen an, konnte (oder wollte?) jedoch zu keinem endgültigen und zufriedenstellenden Ergebnis gelangen. Anfänglich nahm man an, daß es sich bei diesen Objekten um elektrostatische Aufladungen handeln würde, sprach dann von deutschen Geheimwaffen, um letztendlich die Geschichten der Piloten für das Produkt einer Massenhalluzination auszugeben. Dabei waren amerikanische Fachleute in Zeitungen und Magazine vorher sehr wohl der Meinung, daß es sich um Geheimwaffenentwicklungen der Achsenmächte handeln müsse. Merkwürdig auch, daß die Erscheinungen kurz vor Kriegsende in Deutschland verschwanden! Dafür tauchten die Objekte anschließend über dem pazifischen Kriegsschauplatz auf. Über Truk, im mittleren Pazifik und über Japan erlebten Besatzungen der dort eingesetzten B-29-Bomber, wie Feuerkugeln von unten (!) heraufflogen, über den Leitwerken der Bomber schwebenblieben und dabei die Farben von Rot über Orange, Weiß und wieder nach Rot wechselten. Auch hier waren keine direkten Angriffsabsichten erkennbar. Die seltsamen Erscheinungen verwirrten allerdings die Piloten um so mehr und sorgten auch hier für Probleme mit den Motoren.

Wahrscheinlich hatten die amerikanischen Luftwaffenverantwortlichen erst sehr spät bemerkt, daß ihnen hier eine neuartige Luftabwehrwaffe gegenüberstand. Ihr Auftauchen über den pazifischen Kriegsschauplätzen war auch nicht verwunderlich, gab es doch bis zuletzt zwischen Japan und Deutschland einen sehr regen Technologieaustausch. Da man allerdings das genaue Funktionsprinzip der Waffe nicht kannte, schien es besser,

die Phänomene als Produkt des Geistes zu definieren. Hätte man zugegeben, daß Deutsche und Japaner tatsächlich eine neue Waffe in ihrem Luftraum einsetzten, gegen die es im Augenblick wenig Verteidigungsmöglichkeiten gab, hätte dies die Moral und Kampfkraft der Truppe nicht gerade verbessert. Freilich kann man an dieser Stelle vortrefflich darüber spekulieren, daß die deutsche Luftverteidigung neue Abwehrmaßnahmen ergriff, solange man keine konkreten Informationen anbieten kann. Aber ist das tatsächlich der Fall? Gibt es nicht doch sehr konkrete Hinweise auf Waffensysteme, die die amerikanischen Piloten beobachteten und in Ermangelung eines besseren Wissens als Foo-Fighters (Geister-Jäger) bezeichneten?
Es gibt sie! Es handelt sich zum einen um recht einfache Ballon-Systeme, zum zweiten um das Projekt „Feuerball", dessen Wirkungsprinzip mit Ionisationseffekten zu tun hatte und das in der Nähe von Flugzeugen zum Ausfall der Triebwerke führte. Nach den vorliegenden Quelleninformationen und aufgrund eigener Recherchen ergibt sich folgendes Bild: In Gebieten mit besonderer Sensitivität oder dort, wo sich deutsche Jäger und alliierte Bomber zu begegnen drohten, wurden fluoreszierende Ballons in großer Zahl aufgelassen, um die Piloten der alliierten Begleitjäger zu verwirren. Diese verließen dann ihre ursprüngliche Position zum Schutz der schweren Bomber, so daß in die freiwerdenden Bereiche deutsche Jagdflugzeuge eindringen konnten, um ihrerseits die Bomber zu attackieren. Darüber hinaus startete man von deutscher Seite immer wieder schwarz angemalte Ballons, aus denen während feindlicher Bombenangriffe große Mengen von Aluminiumfolien herabfielen, die das alliierte Radar massiv zu stören vermochten. Letzteres erklärt natürlich nicht die Foo-Fighter, sondern höchstens damit in Verbindung stehende Radaranomalien. Die eigentliche Lösung aber bietet wahrscheinlich das Projekt „Fliegende Schildkröte" (benannt nach seiner äußeren Form) an. Es wurde nach den

offiziellen Quellen erst Anfang 1945 begonnen, was zunächst einen offensichtlichen Widerspruch zu den Zeitangaben der beobachteten Foo-Fighter-Sichtungen darstellt. Dabei muß jedoch berücksichtigt werden, daß damit verbundene praxisorientierte Experimente andernorts (Zossen, Ohrdruf) stattfanden und die Entwicklungen in Wiener Neustadt nur offizielle Folgeprojekte geheimer SS-Waffenentwicklungen waren, die bereits sehr viel früher absolviert wurden. Entwickelt wurde die „Fliegende Schildkröte" in den Flugzeugwerken von Wiener Neustadt und in der Flugfunkforschungsanstalt von Oberpfaffenhofen. Verantwortlich für das Projekt zeichnete Albert Speer, der Reichsrüstungsminister des Dritten Reiches.
Die »Fliegende Schildkröte« war ein rundes, senkrecht startendes Düsenflugzeug, das über eine Panzerung verfügte und per Funkfernsteuerung ins Zielgebiet gebracht wurde. Danach übernahm ein Infrarotsensor, der auf die heißen Triebwerksabgase der Flugzeugmotoren ansprach, die weitere automatische Navigation. (Dieses modern anmutende Verfahren wurde übrigens auch bei der deutschen Flugabwehrrakete „Enzian" eingesetzt und ist keine Erfindung späterer Jahrzehnte!) Der Antrieb des Flugkörpers erfolgte mit einem speziellen Turbojet-Triebwerk, das im Flug einen gewaltigen Halo leuchtender Flammen produzierte, der durch spezielle Treibstoffbeimischungen und chemische Zusätze, die die Umgebungsluft zu ionisierten vermochten, wobei wiederum Lichteffekte entstanden, verursacht wurde. Das Ergebnis war ein scheinbar selbständig navigierender, fliegender „Feuerball", dessen Zentrum (die eigentliche „Schildkröte") nicht zu erkennen war.
Die nicht zufällig auftretenden Ionisationseffekte hatten natürlich beträchtliche elektrische Störfelder zur Folge. Durch in die „Schildkröte" eingebaute und speziell abgeschirmte Klystron-Röhren wurden außerdem starke elektromagnetische Pulse erzeugt, was nicht nur Radaranlagen massiv stören konnte, son-

dern auch in der Nähe befindliche herkömmliche (Flugzeug-) Motoren zum Ausfall brachte.

Nachdem die Front immer näher rückte und die Russen sich der österreichischen Grenze näherten, wurden alle weiteren Arbeiten in unter der Erde befindlichen Fabriken der Zeppelinwerke im Schwarzwald fortgeführt. Die benötigten Klystron-Röhren wurden von der Forschungsanstalt der Deutschen Reichspost in Aach bei Radolfszell geliefert (Combined Intelligence Objectives Subcommittee, Establishments of the Forschungsanstalt der Deutschen Reichspost, Report Nr. XXX-1, London, H.M.S.O., 1946).

Es gibt darüber hinaus Hinweise, daß das Modell der „Fliegenden Schildkröte“ verbessert wurde und als Folgeprodukt ein scheibenförmiger Flugkörper mit der Bezeichnung „Kugelblitz“ entstand, der ebenfalls senkrecht starten konnte und von einem Düsentriebwerk angetrieben wurde. Angeblich bezog man sich bei dieser Weiterentwicklung auf Pläne der deutschen (bemannten) Flugscheibenentwicklung. Der „Kugelblitz“ wurde, so berichtet der Autor Renato Vesco, erstmals erfolgreich über einem unterirdischen Produktionskomplex bei Kahla in Thüringen erprobt. Damit sind höchstwahrscheinlich die Anlagen der „REIMAHG“ (= „Werke Reichsmarschall Hermann Göring“) gemeint, in denen u. a. Hochleistungsflugzeuge hergestellt wurden. Es steht mittlerweile außer Zweifel, daß auch in Thüringen wichtige Waffensysteme gebaut wurden.

Inwiefern der weiterentwickelte „Kugelblitz“ noch unter Frontbedingungen zum Einsatz kam, ist leider nicht zu erfahren. Die im Umfeld existierenden Gerüchte beziehen sich ausschließlich auf Geschwindigkeit und Bewaffnung. Man munkelte, daß das Gerät Schallgeschwindigkeit erreichen konnte und mit einer speziellen Gasturbine angetrieben wurde. Die für dieses Waffensystem notwendigen Vorarbeiten liefen in Spandau (Berlin) und in einem unterirdischen Produktionskomplex bei Wittringen nahe Stuttgart, wurden später allerdings in das bereits erwähnte Kahla verlagert. Die Bewaffnung bestand ursprünglich aus Systemen, die man von der „Fliegenden Schildkröte" her kannte. Da sich die Wirkung allerdings nicht schnell genug vervielfachen ließ, weil die dazu benötigten Einrichtungen nicht entsprechend rasch miniaturisiert werden konnten, wurden die wenigen gebauten „Kugelblitze" mit Sprengladungen ausgerüstet, die innerhalb alliierter Bomberverbände gezündet werden sollten. Ein Hauptproblem der „Schildkröten"-Entwicklung war, nahe genug an die gegnerischen Bomber heranzukommen, um den entscheidenden Effekt der Motorstörung bzw. -deaktivierung zu erzielen. Man schätzt, daß die letztgenannte Wirkung durch Systeme, die sich in der „Schildkröte" befanden, in einem Umkreis von 30 bis 50 Metern möglich war, es gibt jedoch Hinweise, daß dieses Verfahren wesentlich verbessert werden konnte, diese Neuerung allerdings nicht mehr innerhalb des Modells „Feuerball" eingesetzt worden ist. Statt dessen errichtete man bodengestützte Anlagen, von denen sich beispielsweise eine, wie wir später sehen werden, auf dem Truppenübungsplatz Ohrdruf befand. Alle damit verbundene Untersuchungen waren Teil einer Strategie, sogenannte Todesstrahlwaffen zu entwickeln, mit denen im weitesten Sinne des Wortes durch „Fernwirkung" mittels Energie technische Systeme, die auf herkömmlicher Antriebsbasis funktionierten, deaktiviert werden konnten, was für die damalige Zeit revolutionär gewesen wäre. Sämtliche motorbetriebenen Fortbewegungsmittel ohne entsprechende Abschirmung hätten stillgelegt werden können, was – im Zeitalter der Fahrzeuge und unter Kriegsbedingungen – zum Stop jeglicher Offensive hätte beitragen können. Schließlich wurden in allem möglichen Kriegsgerät Motoren eingesetzt, sei es für Flugzeuge, Panzer, Autos, Motorräder oder auch als Servomotoren bei der Flak. Die Fähigkeit, all diese Maschinen nach Belieben anzuhalten, würde bedeuten, daß der Gegner längere

Zeit nicht mehr in der Lage ist, die Schlacht fortzusetzen. Seine Flugzeuge würden vom Himmel fallen, seine Panzer bewegungslos stehenbleiben, der Transport von Bodentruppen mittels LKW wäre unmöglich.
Dieses „Motorstoppmittel" ist auf Basis zweier physikalischer Wirkungsprinzipien denkbar. Erstens kann ein herkömmliches Zündsystem durch eine hohe Konzentration von Mikrowellen behindert werden, die den Widerstand in Zündspule, Drähten und anderen Bestandteilen erhöhen, was den Fluß von Elektronen reduziert und zu einem Systemausfall führt. Die zweite denkbare Methode benutzt die die Motoren umgebende Luft, die normalerweise ein Nichtleiter ist. Durch von außen zugeführte Energie und damit verbundene Ionisationseffekte wird die Luft leitfähig, was den Fluß elektrischer Spannung im Motor-Zündsystem unterbricht und dieses damit aktiviert. Das deutsche Techniker und Wissenschaftler auf diesem Sektor aktiv geforscht haben, steht außer Frage – ich werde auch darauf zurückkommen. Leider werden wir aber nie erfahren, *wie weit man wirklich gekommen ist.* Einzig und allein anhand von Zeugenberichten läßt sich die Wirkung der Systeme erahnen.
Leonhard H. Stringfield, bekannt geworden als einer der prominentesten Erforscher des UFO-Phänomens in den USA, tat im Zweiten Weltkrieg Dienst in der amerikanischen Luftwaffe. Während eines Fluges am 28. August 1945 von Le Sima zum Stützpunkt Iwo Jima befand er sich zusammen mit acht anderen Mitgliedern einer Spezialeinheit an Bord eines Transporters C-46. Nachdem etwa die halbe Strecke zurückgelegt worden war, traten plötzlich Schwierigkeiten mit dem linken Motor auf, die scheinbar keine zu erkennende vernünftige Ursache hatten. Als die Maschine an Höhe verlor, schaute Stringfield durch eines der kleinen runden Fenster auf der linken Seite. Dort bemerkte er überrascht drei tropfenförmige Lichter, die sehr hell strahlten und einen parallelen Kurs zur C-46 flogen.

Stringfield vertraute seinem Tagebuch an, daß kurz nach dem Moment, als die Maschine abgefangen wurde, die drei Lichter verschwanden. Offenbar gab es einen Zusammenhang zwischen ihrer Anwesenheit und dem Motorproblem.

Daß das Prinzip der Störung von Verbrennungsmotoren durch elektromagnetische Strahlung bzw. daraus resultierende Ionisationseffekte gezielt eingesetzt wurde, ist als sicher anzunehmen. Einige dieser Störsysteme arbeiteten nicht nur flugkörpergestützt, sondern wurden auch am Boden installiert. In diesem Zusammenhang kann z. B. die auf dem Truppenübungsplatz Ohrdruf befindliche Nachrichtenzentrale, das sogenannte „Nachrichtenamt 10“, genannt werden. Über seine wahre Bedeutung streiten sich bis heute die Experten, doch war es ohne Zweifel mehr als eine reine, der Nachrichtenverbindung und Kommunikation dienende Einrichtung. Nachdem amerikanische Einheiten das Gebiet im April 1945 unter ihre Kontrolle gebracht hatten, bekamen einige wenige US-Soldaten das Innere dieses „Nachrichtenamtes“ zu sehen. Verwunderung löste nicht nur die topmoderne Ausstattung aus, sondern die Tatsache, daß sich in einem großen Raum eine Reihe von Generatoren befanden, die – so wurde seitens der zuständigen Offiziere erwähnt – genügend Energie liefern würden, um eine Großstadt wie Berlin damit zu versorgen. Die Anlagen wurden später demontiert und abtransportiert. Es steht außer Frage, daß die Ausstattung dieses „Nachrichtenamtes“ etwas mit den Bemühungen zu tun hatte, alliierte Flugzeugverbände durch eine im Volksmund als „Motorstoppmittel“ bezeichnete neue Waffe aufzuhalten. Die Tarnung als Nachrichtenamt war dabei logisch und zweckmäßig, denn die Forschungseinrichtungen der Reichspost waren bei diesen Unternehmungen involviert.

Hinweise für bodengestützte Versuchsanlagen dieser Art lassen sich auch andernorts finden: Bereits 1938 ging ein „Sender“ auf dem Brocken im Harz in Betrieb, der über eine merkwürdige

Antennenform verfügte. Ein ähnliches System wurde auf dem Feldberg errichtet, das gegen Kriegsende durch alliierte Bombenangriffe zerstört wurde. Darüber hinaus befanden sich dort voll entwickelte Anlagen zur elektronischen Kriegsführung, womit die Industriezentren von Ruhr und Saar geschützt werden sollten. Augenzeugen berichteten, daß beim Betrieb dieser Anlagen Automotoren stehenblieben. Wachmannschaften der Luftwaffe erklärten dann, daß es keinen Sinn habe, weitere Startversuche zu unternehmen.

Gerüchte über den Einsatz dieser Waffe wurden auch im Umfeld von Zossen bekannt, wo sich ein großer Übungsplatz und ein Bunkersystem des Oberkommando des Heeres befand. Es gab immer wieder Fälle, wo Autos aus unerfindlichen Gründen auf in der Nähe befindlichen Straßen stehenblieben.

Die theoretischen Grundlagen für dieses streng geheime Verfahren wurden wahrscheinlich bereits im Ersten Weltkrieg gelegt und schon vor dem Zweiten Weltkrieg umgesetzt. Eine Ausgabe der Zeitschrift „Waffenrevue“ (Januar 1983) befaßte sich mit diesem, ihrer Meinung nach geheimsten Waffensystem, und wies darauf hin, daß es nur unter schwierigsten Bedingungen möglich gewesen sei, die für den Bericht notwendigen Unterlagen zusammenzutragen. Allein das weise auf die Bedeutung dieser Abwehrwaffe hin. Diese sollte, wie wir bereits gesehen haben, der Deaktivierung gegnerischer Systeme dienen, die mit einem Verbrennungsmotor ausgestattet waren. Interessanterweise war das System längst einsatzbereit, als die Hildesheimer Firma ELEMAG im November 1944 einen Vorschlag zur „Störung der Funktion elektrischer Geräte als Mittel der Kampfführung“ unterbreitete, der vom persönlichen Stab des Reichsführers SS an die verschiedenen Stäbe und Forschungsstellen des Reiches zur Begutachtung und Stellungnahme verteilt wurde. Mit allerlei Ausflüchten wie „Arbeitsüberlastung“ oder „technisch zur Zeit nicht machbar“ wurde der Vorschlag von einigen zurückgewiesen, während andere Forschungseinrichtungen darauf verwiesen, daß diese Methode nicht neu sei. Was doch zumindest indirekt zeigt, daß man das Prinzip kannte (einige Dokumente des Schriftverkehrs findet der interessierte Leser auf den nachfolgenden Seiten).

Schlußendlich ist noch zu bemerken, daß selbst das US-Militär über derartige fernwirkende Waffen zu verfügen scheint. Diesbezügliche Gerüchte kursieren in bezug auf den Einsatz amerikanische Einheiten im Golfkonflikt.

Und selbst die Polizei versucht dortzulande, diese physikalischen Zusammenhänge auf ihre Weise zu nutzen. Vor einigen Jahren wurde der Vorschlag geprüft, mit PKWs flüchtende Verbrecher durch ein an Bord eines Hubschraubers befindliche „Motorstoppmittel" zu stellen, in dem durch bewußte Deaktivierung des PKW-Motors die Flucht unterbunden werden sollte. Leider gab es keine weiteren Informationen, was aus diesem interessanten Projekt wurde.

Bemerkenswerterweise sind auch in all den Jahrzehnten der Beobachtung unidentifizierter Flugobjekte immer wieder Motorstörungen und der Ausfall elektrischer Systeme beobachtet worden. Gibt es hier einen direkten oder indirekten Zusammenhang?

Rolf Engel, einer der führenden Köpfe der deutschen Raketenentwicklung und ehemaliges Mitglied im Reichsforschungsrat, erinnert sich noch an ein weiteres spektakuläres Gerät zur Flugabwehr, das – zumindest indirekt – von Interesse ist.

Ein gewisser Prof. Ortmann, wissenschaftlicher Beauftragter im Reichsluftfahrtministerium, hatte die Idee, gelenkte Raketen in einen Bomberpulk zu steuern, wobei diese Raketen explosionsartig eine chemische Verbindung ausstoßen sollten, die den Triebwerken den Sauerstoff nehmen und Korrosionsschäden an den Motoren der Flugzeuge herbeiführen sollte. Eine weitere Variante dieses Projektes sah vor, die betreffende chemische

Persönlicher Stab Reichsführer-SS
Schriftgutverwaltung
Akt. Nr. Geh. 1360/14

ELEMAG Elektro-mechanische Apparatebaugesellschaft m. b. H.

HILDESHEIM

Ihr Zeichen: Ihre Nachricht vom: Unsere Zeichen: Gr/Wie. Tag: 28.10.1944

Betrifft:

Störung der Funktion elektrischer Geräte als Mittel der Kriegsführung.

Es wird angestrebt, auf der Feindseite eine Ausschaltung derjenigen Kampfmittel herbeizuführen, deren Einsatzfähigkeit auf der Funktion elektrischer Geräte beruht.

Unter diese Kampfmittel fallen:
Luft- und Landfahrzeuge mit einem Verbrennungsmotor mit Kerzenzündung als Antriebsmittel, das gesamte Nachrichtenwesen, sowie einige artilleristische Einrichtungen.

Zur Erreichung dieses Zieles wird eine Fernbeeinflussung der Funktic elektrischer Geräte auf folgende Basis vorgeschlagen.

Der Aufbau elektrischer Geräte setzt sich aus zwei Grundelementen zusammen, aus Spannungsleitern und Isolatoren. Störungen an elektrischen Geräten und Maschinen sind grundsätzlich auf Unterbrechungen in Spannungsleitern oder Überbrückungen von Isolatoren zurückzuführen.

Eine Überbrückung von Isolatoren z.B. durchbricht die Blockierung der Spannungswege und führt zur Bildung von Kriechströmen oder Kurzschlüssen, und verursacht als Auswirkung der letzteren Unterbrechungen in Spannungsleitern, sei es infolge durchschmelzen von Sicherungen und Zuleitungen, oder durch Zerstörung der Verbraucher selbst.

Durch Überbrückung von Isolatoren ist also die Möglichkeit gegeben jedes elektrische Gerät außer Betrieb zu setzen.

Es erwächst nun die Aufgabe einen, beim Aufbau sämtlicher elektrischer Geräte in Erfüllung ausreichend wichtiger Funktionen Anwendung findenden Isolierstoff durch Fernbeeinflussung unwirksam zu machen.

Auf der Suche nach einem hierfür geeigneten Stoff wurde gefunden, daß die Atmosphäre die erforderlichen Voraussetzungen in ausreichendem Maße erfüllt.

Der Isolierstoff Atmosphäre findet zwar als Solcher infolge der Natürlichkeit dieses Zustandes im Algemeinen keine besondere Beachtung, er bildet aber letztendes die isolatorische Grundlage der gesamten Elektrotechnik, und es steht fest, daß eine Aufhebung der isolierenden Wirkung der Atmosphäre den Betrieb irgend eines elektrischen Gerätes, bekannter Konstruktion und Ausführung unmöglich macht.

Der gegenwärtige Stand der Technik bietet die Möglichkeit eine Beeinflussung des Isolierstoffes Atmosphäre im Sinne der zu lösenden Aufgabe durchzuführen.

Es ist bekannt, daß ultrakurze- elektrische Schwingungen bestimmter Frequenzen unter Anderem auch die Eigenschaft entwickeln die von Ihnen durchdrungenen Atmosphäre zu ionisieren, und damit eine umgekehrte elektrische Reaktion auslösen; das heißt mit anderen Worten, den Isolierstoff Atmosphäre in einen Spannungsleiter zu verwandeln.

Bemühungen zur wirtschaftlichen Nutzbarmachung dieser Erkenntnis ließen sich vor dem Kriege beobachten, und zwar handelte es sich hierbei

ELEMAG Elektro-mechanische Apperatebaugesellschaft m. b. H.

HILDESHEIM

Unsere Zeichen: Tag:

<u>Blatt 2</u>

hierbei um das Problem der drahtlosen Übertragung elektrischer Energien. Wenn vorwiegend aus patentrechtlichen Gründen auch keine ausführlichen Veröffentlichungen hierüber erfolgt sind, so kann die physikalische Grundlage dieses Problemes heute doch im wesentlichen als gelöst angesehen werden.

Bei einer Auswertung dieser Erkenntnis zur Realisierung des vorgeschlagenen Kampfmittels kann zu einem großen Teil auf diese Unterlagen zurückgegriffen werden. Es istdaher zweckmäßig zunächst Ermittlungen darüber anzustellen, welche Frequenzbereiche hinsichtlich ihrer yonisierenden Wirkung bereits näher untersucht, und welche Ergebnisse dabei erzielt worden sind.

Im Einzelnen sind für jeden infragekommenden Frequenzbereich möglichst unter Zugrundelegung verschiedener Sendeenergien folgende Feststellungen zu treffen:

1. Welcher Leitwert wurde ermittelt. a) Bei Wellenbündelung
   b) " Rundstrahlung
2. Welche wirksame Reichweite wurde erzielt.
   a) Bei Wellenbündelung
   b) " Rundstrahlung
3. Welche Raumstreuung wurde bei Wellenbündelung beobachtet,(auszudrücken durch Angabe der Bündelquerschnitte in den Entfernungen X_a bis X_s von Richtstrahler.)
4. Welche Leitwertänderungen wurden bei zunehmender Streuung in den Abständen X_a bis X_s festgestellt.
5. Einfluß der Leitwertänderungen auf den Kontakteffekt pro Kontaktflächeneinheit.

Nach Klärung dieser 5 Punkte, sei es durch Ermittlung bereits vorliegender Ergebnisse oder durch Eigenversuche, kann ein zusammenfassender Überblick über den Umfang der Wirkung und Anwendbarkeit dieses Kampfmittels gegeben werden.

Da eine Klärung dieser Punkte unter den gegenwärtigen Verhältnissen mit privaten Mitteln nicht durchführbar ist, im Interesse der Landesverteidigung jedoch von großer Wichtigkeit sein kann, wird nachgesucht, die erforderlichen Mitteln durch das Reich zur Verfügung zu stellen.

Persönlicher Stab Reichsführer-SS
Schriftgutverwaltung
Akt. Nr. Geh. 1960/14

PROFESSOR Dr.-Ing. WERNER OSENBERG
LEITER
DES
PLANUNGSAMTES DES REICHSFORSCHUNGSRATES

NORTHEIM/HANN., den 7. Februar 1945
POSTSCHLIESSFACH

FERNRUF: KATLENBURG 263/266
NORTHEIM
FERNSCHREIBER.

Durch Boten!

An den
Persönlichen Referenten
des Reichsführers SS

SS Standartenführer Dr. B r a n d t

Feldquartier des Reichsführers SS

IHRE ZEICHEN:

IHRE NACHRICHT VOM:

MEINE ZEICHEN: 03/5 Dr.O/Ec.

Geheim!

Betreff: Störung der Funktion elektrischer Geräte als Mittel der Kriegsführung (Vorschlag der Elektromechanischen Apparatebaugesellschaft m. b. H. Hildesheim, Goschenstraße 16)

Vorgang: Mein Vortrag beim Reichsführer SS am 8.1.45

Standartenführer!

Die Prüfung des mir vom Reichsführer SS gelegentlich meines Vortrags am 8.1.45 übergebenen Vorschlages der Elemag Hildesheim für die Störung der Funktion elektrischer Geräte durch Jonisierung der Luft mit Hilfe von ultrakurzen elektrischen Wellen hat zu dem Ergebnis geführt, daß dieser nach dem augenblicklichen Stand der Technik nicht zu verwirklichen ist. Die Ausführungen der Elemag selbst lassen jedes tiefere Verständnis für die behandelten technischen und physikalischen Vorgänge vermissen, so daß es nicht empfohlen werden kann, diese Stelle mit der Durchführung entsprechender Forschungsarbeiten zu beauftragen.

Tatsächlich wird an der drahtlosen elektrischen Energieübertragung und deren Anwendung für militärische Zwecke seit Jahrzehnten eifrigst gearbeitet, bisher jedoch ohne greifbaren Erfolg.

Da ähnliche Anregungen immer wieder vorgebracht werden, habe ich einige namhafte Wissenschaftler um eine grundsätzliche Stellungnahme zu den angeschnittenen Fragen gebeten. Leider haben sich infolge der schwierigen Post- und Verkehrsverhältnisse die angeforderten Berichte verzögert, so daß ich Ihnen als Vorbescheid zunächst eine Beurteilung des Vorschlages der Elemag durch Herrn Prof. Dr. Meißner (Anlage 1), der auf dem Gebiet der elektromagnetischen Wellen über besondere Erfahrungen verfügt, sowie eine Stellungnahme des Leiters meiner Erprobungsabteilung, Dr. Badstein, (Anlage 2) vorlege.

Nach Eingang der noch ausstehenden Gutachten werde ich Ihnen einen umfassenden Überblick über den augenblicklichen Stand der Entwicklung auf diesem Gebiet geben.

Mit verbindlichsten Empfehlungen und

Heil Hitler!

W. Osenberg

10. FEB 1945
2 Anlagen

Prof. Dr. A. Meißner
AEG FORSCHUNGS-INSTITUT

Persönlicher Stab Reichsführer-SS
Schriftgutverwaltung
Akt. Nr. Geh. 1360/14

Berlin-Reinickendorf/Ost 1, den 1.2.1945

Ergänzung zum Gutachten vom 27.1.1945 zum Erfindungsvorschlag der "Elemag", Elektro-mechanische Apparatebaugesellschaft m.b.H., Hildesheim, Goschenstr.16

Die hier gemachten Vorschläge sind insbesondere im ersten Teil nicht für den Fachmann bestimmt, sondern nur für den Laien. Es ist übrigens nicht zum erstenmal, daß in dieser Art eine Erfindung gemacht wurde, durch Fernübertragung elektrische Apparate unwirksam zu machen. Die Grundlage sollte auch damals sein, daß "die Atmosphäre in außerordentlichem Maße die erforderlichen Voraussetzungen besitzt, daß sie durch Fernbeeinflussung als Isolierstoff ausgeschaltet werden kann." Im vorigen Krieg (-1916) mußten auf höheren Befehl trotz heftigen Einspruchs der Fachkreise mehrere Stellen an der Aufgabe arbeiten, durch Röntgen- oder irgendwelche anderen Strahlen ("Todesstrahlen") die Zündung in Flugzeugen unwirksam zu machen.

Die im Text erwähnten Dokumente der ELEMAG mbH Hildesheim (auf den Seiten 95 und 96 abgebildet) beweisen, daß man sich im Zweiten Weltkrieg mit der Frage der Deaktivierung von Verbrennungsmotoren durch Ionisationseffekte beschäftigte. Wenn auch die „offiziellen" Einschätzungen hierzu teilweise negativ waren (S. 97), so steht doch außer Zweifel, daß derartige Projekte schon im Ersten Weltkrieg untersucht wurden (ergänzendes Dokument, S. 98). Die Anwendung im Dritten Reich erfolgte schließlich längst vor der Zeit des hier erwähnten ELEMAG-Vorstoßes. Alle Dokumente: »Waffenrevue«, Nr. 48, Januar 1983.

Substanz so auszuwählen, daß sie mit der atmosphärischen Luft eine hochexplosive Verbindung einging. Die sich entfernende Rakete sollte dieses Gemisch zünden, worauf sämtliche in einem bestimmten Abstand befindlichen Flugzeuge durch die Explosion des Gemisches zerstört würden. Es gibt keinerlei konkrete Hinweise, ob diese Waffe tatsächlich zum Einsatz gelangte. Es wäre jedoch denkbar, daß ein Teil jener Maschinen auf das Konto dieser Entwicklung geht, die aus unbekannten Gründen als vermißt gemeldet werden mußten.
Nur der Vollständigkeit halber sei erwähnt, daß deutsche Waffentechniker auch an anderen neuartigen – meist bodengestützten – Abwehrsystemen arbeiteten: Gas-, Gebläse-, Wind- und Elektrokanonen seien hier nur stellvertretend genannt. Ihre Wirkung beschränkte sich auf den Einsatz gegen tieffliegende feindliche Maschinen, die oft mit herkömmlicher Technik (Flak) nur schwer zu erfassen waren. Wenngleich einige dieser hochmodernen Systeme auch tatsächlich eingesetzt und später von den Alliierten erbeutet bzw. zerstört wurden, hatten sie letztlich nur eine untergeordnete Bedeutung.

Flugscheiben – Teil 2: Und sie flogen doch!

Nur wenige Wochen vor dem Ende des Zweiten Weltkrieges beobachteten zwei Militärangehörige in Livorno, Oberitalien, ein scheibenförmiges Fluggerät. Der Kavallerist Donato Luigi führte damals eine Bar im Hotel Terminus-Carallo, das in den letzten Wochen des Krieges von den amerikanischen Truppen besetzt war. Von der Terrasse aus beobachtete er kurz vor dem Abendessen ein ihn irritierendes Licht in der Ferne. Es stand nicht still, sondern bewegte sich, allmählich größer werdend, auf ihn zu. Schließlich waren die Konturen des „Lichtes“ deutlich zu sehen: Es war ein schwirrender Kreisel, der mit hoher

Geschwindigkeit den Ort des Geschehens passierte. Auf dem scheibenförmigen Rumpf war deutlich eine Kuppel zu sehen, aus der ein schwach-grünes Licht hervorzutreten schien. Der Augenzeuge Luigi berichtete weiter, daß das seltsame Objekt 50 bis 60 m über dem Boden geflogen sei und daß es die Größe eines Autobusses gehabt hätte.
Der Bericht Luigis wurde durch einen namentlich nicht bekannten US-amerikanischen Soldaten bestätigt, der den Körper ebenfalls – aus höherer Position allerdings – gesehen hatte. Beide wurden später durch offizielle amerikanische Dienststellen zu dem Fall vernommen, ohne jedoch irgendeine Aufklärung über das Geschehene zu erhalten.
Derartige Berichte waren im Zeitraum von 1943 bis zum Ende des Zweiten Weltkrieges keineswegs selten und legen den Verdacht nahe, daß einige der Wunderwaffen in Einzelfällen tatsächlich noch zum Einsatz kamen, es sei denn, man ist bereit daran zu glauben, daß ein paar lebensmüde Außerirdische während dieser Ära der Weltgeschichte verstärkt Inspektionsflüge durchführten. Eine Zivilisation, die in der Lage ist, Raumfahrt über kosmische Distanzen zu betreiben, dürfte sicherlich fähig sein, unerkannt die von ihr benötigen Informationen zu beschaffen. Wozu also derart auffallende Einsätze?
Die eben angedeutete Vermutung klingt – wie man bei genauer Überlegung zugeben muß – wenig wahrscheinlich. Zu derselben Schlußfolgerung gelangte offensichtlich auch ein US-amerikanischer Offizier, der während des Zweiten Weltkrieges in einer Aufklärungsabteilung der 8. US-Luftwaffeneinheit Dienst tat und ungenannt bleiben wollte. Er gab später in einem Interview gegenüber Vertretern der New Yorker Presse zu, daß es sehr wohl möglich sei, daß die „fliegenden Untertassen" bereits in der Endphase des Zweiten Weltkrieges von den Deutschen eingesetzt worden seien. Er selbst habe bei einigen Einsätzen merkwürdige Geräte gesehen, bei denen es sich mit Sicherheit

um keine herkömmlichen deutschen Jagdmaschinen handelte, die er kannte. Letztere wurden zwar aus Gründen der besseren Zielerfassung mit starken, die alliierten Besatzungen blendenden Scheinwerfern ausgerüstet, so daß man sie oftmals beim Angriff nur als „Lichter“ ausmachen konnte. Das Ganze hatte aber nichts mit jenen beobachteten Objekten zu tun, über die zahlreiche Bomberbesatzungen sprachen, die damit konfrontiert worden waren. Er glaube, daß amerikanische Wissenschaftler nach dem Krieg die neuartigen Waffenentwicklungen der Deutschen perfektioniert haben, um sie für eigene Offensiv- und Defensiv-Systeme zu nutzen …

Interessant klingt auch ein Bericht, wonach es deutschen Technikern gelang, eine in der Literatur als Vergeltungswaffe 7 oder V-7 definierte Flugscheibe zu erproben. Dieses Gefährt hatte erstaunlich große Ähnlichkeit mit der klassischen Untertassenform späterer UFOs und war unter der Leitung einer Gruppe von Konstrukteuren um den Ingenieur und Oberst der Pioniertruppen, Heinrich Richard Miehte, entstanden. Nach der Erprobung eines Prototyps der V-7, so behaupten nicht überprüfbare Gerüchte, erhielt Hitler einen persönlichen Bericht Miehtes über die Möglichkeiten dieses neuen Waffensystems. Darin wird u. a. behauptet, daß es sich bei der V-7 um einen Überschall-Hubschrauber handeln würde, der mit 12 Triebwerken vom Typ BMW-028 ausgerüstet sei. Beim ersten Testflug wurde eine Höhe von über 20 000 m erreicht, beim zweiten Mal konnte man diesen Rekord sogar auf über 24 000 m steigern! Nach den Angaben Miehtes erreichte das Gerät am Boden eine Schubleistung von 2600 Kilopond, als Hauptbestandteil des Treibstoffes diente Helium. In Peenemünde, so Miehte weiter, erfolgte der Start von einem vertikalen Turm aus, wobei man eine Zusatzrakete verwendete. Miehte schloß seine Ausführungen mit der Bemerkung, daß man sein Luftfahrtgerät prinzipiell auch mit einem Antrieb auf atomarer Basis ausrüsten könne…

Angesichts derart weitreichender Überlegungen muß jeder, der mit beiden Beinen fest im Leben steht, die Frage, ob es einen militärischen Stimulus für das UFO-Phänomen, insbesondere die immer wieder beobachteten Scheiben gibt, zumindest mit einem zögerlichen „Ja“ beantworten.
Wo sich die Entwicklungsstätten für diese Flugscheiben befanden, wurde natürlich untersucht. Die V-7-Entwicklung erfolgte in Werkstätten der 10. Armee in Essen, Dortmund, Stettin und Peenemünde (Marcello Coppetti, UFO – arma segreta, Edizione Mediterranee, 1979). Flugscheiben von Schriever und Habermohl entstanden in Prag bzw. im Raum zwischen Prag und Pilsen, der aus heutiger Sicht als Hochtechnologie-Zone definiert werden muß. Miehte arbeitete zuletzt in einem Werk in Breslau, das den vorrückenden Russen in die Hände fiel. Diese waren für ihren Technologiehunger bekannt und verschleppten drei beteiligte Ingenieure und eine unbekannte Zahl von klassifizierten Dokumenten sowie den Inhalt des Werkes in einer Eilaktion nach Kubischew an der Wolga. Dieser Umstand war später für amerikanische Militärs ein gewichtiger Grund, in den auftauchenden UFO-Meldungen russische Geheimwaffen zu sehen, denen deutsche Technologie zugrunde lag. Hatte man damit unbeabsichtigt etwas Licht auf das große Geheimnis fallenlassen, um es später mit dem Gerede über außerirdische Besucher wieder zuzudekken? Handelte man damals getreu dem Motto: „Was ich selber denk und tu’, das trau ich auch dem andern zu“?!
Miehte selbst konnte sich dem russischen Zugriff entziehen, indem er sich in einer waghalsigen Aktion mit einer Messerschmidt-Maschine absetzte. Seine Flucht endete erst in Kairo, wo er Aufnahme in der Arabischen Liga fand. Doch auch das war nur eine Zwischenstation. Wie es heißt, ging er später nach Israel, um Beziehungen zum dortigen Geheimdienst aufzunehmen. Während eines späteren Interviews verriet er einige Details zum Bau der V-7, woraufhin er kurze Zeit später ein

Angebot von dem bedeutenden nordamerikanischen Unternehmen A.V. Roe de Comp erhielt, das beabsichtigte, eine Neukonstruktion der V-7 zu finanzieren.
Der bekannte deutsche UFO-Forscher Illobrand von Ludwiger, der sich in einem der Standardwerke der UFO-Forschung ebenfalls mit dem V-7-Problem beschäftigt und sich dabei auf Angaben des Italieners Marcello Coppettis stützt, läßt uns noch folgendes dazu wissen:

> „Leider konnten westliche Raketenexperten die Existenz dieses Projektes nicht bestätigen, wie Marcello Coppetti, italienischer Journalist und Historiker des faschistischen Geheimdienstes, herausgefunden hat.
> ... Wie Miehte berichtet, waren die Motoren der V-7 eine Weiterentwicklung der BMW-028-Maschinen, die ihrerseits vom axialen Turboreaktor M-018 abstammten. Die V-7-Motoren besaßen einen sechsstufigen Kompressor, eine ringförmige Verbrennungskammer und eine Spezialturbine, die für Stratosphärenflüge entwickelt worden war. Die inneren Turbo-Propeller waren mit Einrichtungen zur Nachverbrennung ausgelegt. Diese Aggregate, die von einem der Mitarbeiter Miehtes in einer Werkstatt in Berlin-Baasdorf aufgebaut und getestet wurden, fielen ebenfalls den Sowjets in die Hände.
> Als Treibstoff für die Turboraketen diente eine komprimierte Mischung verschiedener Stoffe auf der Grundlage von Helium. Die externen Gasbehälter unter dem Flugkörper hatten eine besondere Panzerung erhalten, ähnlich wie bei der Junker 287, die mit sechs Raketentriebwerken ausgerüstet war. Einer der Mitarbeiter Miehtes, der gegen Kriegsende in russische Gefangenschaft geriet, kannte auch die Einzelheiten der Bewaffnung der Flugscheibe. Außer einer Vielzahl kleinerer Bomben waren insgesamt 16 bis 18 Kanonen vom Kaliber 20 mm vorgesehen. Bei voller Bewaffnung aber war die Scheibe so schwerfällig, daß sie nur in geringer Flughöhe operieren konnte. Ohne diese Ausrüstung betrug

> ihr Aktionsradius 66 Kilometer bei einer maximalen Steighöhe von 20 000 Metern. Der Durchmesser des Apparates lag bei 42 Metern. Die zentrale Kabine konnte eine Drei-Mann-Besatzung aufnehmen.
> Ein innerer Metallring, auf dem in gleichen Abständen die zwölf Turbinen angeordnet waren, drehte sich wie ein Gyroskop um den zentralen feststehenden Teil. Wegen der hohen Reisegeschwindigkeit und der großen Flughöhe, die dieser Apparat erreichte, bestand er aus hitzebeständigem Leichtmetall, das in besonderer Weise thermisch isoliert war. Zur Starthilfe diente eine Flüssigkeitsrakete, die mit flüssigem Sauerstoff und Äthylalkohol betrieben wurde. Im Prinzip konnte die Flugscheibe jedoch auch wie ein Hubschrauber starten und landen. (Coppetti 1979)“
> (Illo Brand, Hrsg., MUFON-CES, Ungewöhnliche Eigenschaften nichtidentifizierbarer Lichterscheinungen, Bericht von der Herbsttagung 1978, 1978)

Wie wir sehen, sind einige der Angaben, die mit der V-7 in Verbindung gebracht werden, ziemlich konkret, was darauf schließen läßt, daß es sich nicht nur um eine Erfindung handeln kann. Daß westliche Raketeningenieure nichts darüber wußten, wundert aufgrund der vorerwähnten Geheimhaltungspolitik der verschiedener Entwicklungsabteilungen und der zuständigen (SS-)Institutionen nicht sonderlich, insofern man den Aussagen dieser Experten Glauben überhaupt schenken kann.

Die Flugscheiben des Joseph Andreas Epp

Die Auflistung der Arbeiten zu deutschen Flugscheibensystemen wäre unvollständig, wenn man nicht den Namen Joseph Andreas Epp in diesem Zusammenhang nennen würde. Er wurde am 11. Mai 1914 als Sohn eines Artistenehepaares in Cuxhaven geboren und interessierte sich bereits früh für den Modellbau und die Luftfahrt, die damals noch ein Abenteuer war. Bis zu seinem Tod im Jahre 1997 war sein Name mit dem Projekt der Konstruktion von Flugscheiben und dem von ihm entworfenen „Omega-Diskus" verbunden. Im Gegensatz zu allen anderen mit dem Thema verbundenen Personen war Andreas Epp nicht untergetaucht, verschwunden oder arbeitete für ausländische Mächte. Er wohnte in Rosenheim, wenn auch unter ärmlichen Verhältnissen.

Während seiner in den 1930er Jahren erfolgten Ausbildung zum Techniker absolvierte er ein Praktikum bei den Dornier-Werken. In dieser Zeit erfand er bereits Doppelleitwerke und das erste versenkbare Seitenleitwerk der Welt.

Als 1938 die berühmte Fliegerin Hanna Reitsch ihren Schauflug mit einem als betriebssicher geltenden Hubschrauber vom Typ Focke-Wulf Fa 61 absolvierte, kam ihm beim Betrachten der Rotoren dieses Fluggerätes die Idee zur Konstruktion einer Flugscheibe, bei der die bei einem Hubschrauber freiliegenden und damit stets gefährdeten Rotorenblätter unterhalb der Pilotenkabine angeordnet werden sollten.

Nach Ausbruch des Krieges versuchte sich Andreas Epp an zahlreichen Flugscheibenkonstruktionen, die zunächst Modellcharakter hatten. Auch an die Konstruktion eines geeigneten Strahltriebwerkes wagte er sich heran. Seine ingenieurtechnischen Überlegungen verglich er stets mit aktuellen Erfahrungen, kam er doch Ende 1940 als Bordmechaniker zu einem Kampfgeschwader nach Norwegen. Im selben Jahr schicke er – nach mehreren Probeläufen – sein erstes funktionstüchtiges Flugscheibenmodell nach Berlin ins dortige Reichsluftfahrtministerium. Wie sich zeigte, sollte dieses Modell u. a. als Basis für die späteren deutschen Flugscheibenkonstruktionen und -versuche dienen, die durch keine Geringenen als Ernst Udet und Hermann Göring protegiert wurden. Letzterer hatte auf-

grund der verlorenen Luftschlacht um England erheblich an Prestige eingebüßt und forderte daher die Entwicklung nicht nur besserer und schnellerer Flugzeuge, sondern auch die Verwirklichung ungewöhnlich erscheinender Luftfahrtkonzepte, insofern diese einen strategischen Vorteil versprachen.
Nach den Worten von Andreas Epp sollte die Flugscheibe als strategisches Waffensystem eingesetzt werden und die geplante deutsche Atombombe transportieren. Sie war damit keine technische Spielerei der damaligen Zeit, sondern vielmehr eine zu den Raketenprojekten existierende Alternative für den Langstreckeneinsatz. Aufgrund zahlreicher ad-hoc-Entscheidungen der damaligen deutschen Führung wurden jedoch nicht alle Projekte gleich behandelt, was sich später bemerkbar machen sollte. Für Hitler waren die Flugscheiben weniger wichtig als die Raketenwaffe. Deshalb wartete Göring mit dem Bau des erstgenannten Systems, um es dann doch – ausgestattet mit einem schmalen Budget – in die Tat umzusetzen. Unter äußerster Geheimhaltung wurde mit dem Bau von Flugscheiben, die als Geheimwaffe eingesetzt werden sollten, in den Letow-Werken bei Prag begonnen, die in die berühmten Skoda-Werke integriert wurden. Beteiligt waren daran der bereits erwähnte Flugkapitän und Ingenieur Rudolf Schriever sowie – in anderen Projektarbeitsgruppen – die Konstrukteure Habermohl, Miehte und Bellonzo.
Andreas Epp wies darauf hin, daß bereits 1943 Werke zur Produktion der Flugscheibensysteme in Letow und Dresden vollständig eingerichtet waren. Die notwendigen aerodynamischen Versuche waren vorher in den Flugzeugwerken in Minden unter Leitung des Ingenieurs Peschke abgeschlossen worden. Epp war in der Lage, weitere fehlende Informationen offenzulegen. Demnach wurden die Einzelteile für die Flugscheiben beispielsweise nicht in Dresden produziert, sondern kamen von folgenden Zulieferfirmen:

- Junkers, Werk Oschleben, Bernburg;
- Fa. Kieler Leichtbau, Neubrandenburg;
- Wilhelm-Gustloff-Werke, Weimar;
- Skoda, Prag.

Die Ersatzteilversorgung übernahm die Firma 1/III-Finow LZA in Eberswalde. Ebenfalls wurden Lieferanten für Motorenersatzteile sowie hinzugezogene Berater genannt, die als Spitzeningenieure der damaligen Zeit galten (J. Andreas Epp, Die Realität der Flugscheiben – Ein Leben für eine Idee, EFODON e. V., 2. Auflage 1995).

Bei den Erprobungen der Flugscheiben gab es – wie bei allen neuartigen Fluggeräten – eine Reihe von Problemen. Epp selbst war in deren Vorort-Konstruktion nicht involviert, wurde aber immer wieder konsultiert, wenn einige der auftretenden Schwierigkeiten nicht sofort beseitigt werden konnten. Wie er bemerkte, wurden sämtliche Projekte später durch die SS und den Sicherheitsdienst (SD) argwöhnisch beäugt bzw. letztlich in den Verantwortungsbereich der SS integriert. Dies zeigt einerseits ihre Bedeutung auf, weist aber auch direkt auf die erst Anfang der 1990er Jahre offiziell bekanntgewordenen Parallelen zu der im Prager Raum installierten und durch die SS-Denkfabrik in Prag bzw. Pilsen kontrollierte Geheimwaffen-Forschung hin.

Andreas Epp bestätigte, daß es im Zusammenhang mit dem Bau der Flugscheiben tatsächlich einen Oberingenieur Klein gab, der von Speer Sondervollmachten erhalten hatte. Er wurde nach Übernahme der Kontrolle durch die SS dem SS-Obergruppenführer Hans Kammler unterstellt.

Über die letzten Tage vor dem Einmarsch der russischen Truppen in Prag läßt uns Andreas Epp als Zeitzeuge folgende Details wissen:

> „Nervöse Stimmung breitete sich bei dem Flugscheibenteam in Prag aus. Ingenieur Habermohl ermöglichte durch

seine technischen Kenntnisse die rasche Beendigung der Testphasen. Die Flugkreisel, wie Schriever die Flugscheiben nannte, erreichten unter seiner Leitung zunächst eine Geschwindigkeit von 1200 km/h. (...)
Göring war begeistert. Die Atombombe von Professor Hahn war theoretisch fertig. Es mangelte jedoch an genug Material – schwerem Wasser – und an Fertigungsmethoden für die vorgesehene deutsche Atombombe. Wegen dem schnellen Vormarsch der Alliierten und der nicht fertigen Atombombe herrschte Kopflosigkeit.
Am 14.02.1945, um 6.30 Uhr, fand in Prag der erfolgreiche Start der Flugscheibe unter Habermohl und Schriever statt. Sie erreichte eine Flughöhe von 12400 Metern innerhalb von nur drei Minuten. Die horizontale Geschwindigkeit wurde mit 2200 km/h festgestellt. Alle Mitarbeiter brachen in großen Jubel aus! Miehte und Bellonzo gratulierten tief beeindruckt. Deren Konstruktionen wurden in den Prager Cesko-Moravska-Werken – nahebei – entwickelt und produziert.
Die Russen näherten sich Prag, deshalb wurde in letzter Minute eine Spezial-Facharbeitergruppe aus dem VW-Werk, Abt. Flugzeugbau, aus Neudeck bei Karlsbad nach Prag befohlen. Sie traf am 5. Mai 1945 dort ein. Es war zu spät, denn der Prager Staatsminister Frank und der SS-Obergruppenführer Kammler hatten sich während der Kämpfe um Prag bereits abgesetzt.
Habermohl und Schriever wie auch Miehte und Bellonzo sprengten ihre Flugscheiben und verbrannten alle Pläne und das vorhandene Material. Oberingenieur Klein vernichtete alle Filme und Dokumente, die er als Beauftragter erarbeitet hatte. Auch er wollte – nach der Sprengung der Flugscheiben und der Vernichtung der Pläne – entkommen, wurde jedoch von den Russen gestoppt und in eine Sammelstelle eingewiesen, die in dem Prager Kino ›Echo‹ eingerichtet war.
Miehte konnte sich mit einer Me 163 von Breslau aus in Sicherheit bringen. (...) Auch Schriever entkam mit seiner

Familie in einem Wagen nach Westen. Was mit Bellonzo passiert ist, weiß niemand. Von ihm fehlt jede Spur.
(...) Die deutschen Konstrukteure und das Technikerteam der deutschen Flugscheiben, die sich nicht rechtzeitig in Sicherheit bringen konnten, unter ihnen Ingenieur Habermohl, wurden von den Russen verhaftet und mitsamt den Fragmenten und angebrannten Konstruktionsplänen nach Rußland deportiert. Man hat nie mehr etwas von ihnen gehört."
(J. Andreas Epp, Die Realität der Flugscheiben – Ein Leben für eine Idee, EFODON e.V., 2. Auflage 1995)

Andreas Epp konnte übrigens auch eine Flugscheibe bei der Erprobung fotografieren. Die zwei noch existierenden Aufnahmen wurden 1995 in der oben zitierten Quelle veröffentlicht. Nach dem Krieg hatte es Andreas Epp schwer, seinen Lebensunterhalt zu sichern. Die von ihm geplante Weiterentwicklung seiner Lieblingsidee, der Flugscheibe, war nur in aller Heimlichkeit möglich, war doch die Konstruktion und der Bau derartiger Geräte aufgrund eines alliierten Kontrollratsgesetzes strengstens verboten.
Alle Versuche, einen Finanzier für die von Epp entwickelten Flugscheibenkonstruktionen, die bereits zahlreiche entscheidende Verbesserungen aufwiesen, zu finden, schlugen fehl. Entweder wurden die entsprechenden Vorstöße ignoriert oder man ließ die übermittelten Unterlagen ohne Antwort verschwinden. In anderen Fällen tauchten Sowjetagenten auf, die Epps Wissen und Pläne kaufen wollten. Auch spätere Verhandlungen mit Walter Dornberger, der das V-2-Projekt in Peenemünde geleitet hatte, blieben ohne Ergebnis. Es schien, als sei das Wissen eines technischen Genies ohne Belang. Joseph Andreas Epp verstarb, ohne je eine Ehrung für seine Erfindungen erfahren zu haben, 1997. Sein Traum, nochmals eine flugfähige Scheibe bauen zu können, erfüllte sich leider nicht. Er fragte sich bis zuletzt, was

aus den revolutionären Erfindungen seiner Zeit geworden sei. Das UFO-Phänomen hielt er, wer kann es ihm verdenken, für eine Lüge derjenigen, die den Einsatz scheibenförmiger Fluggeräte nach dem Zweiten Weltkrieg leugnen wollten. Er vermutete Geheimbasen und Forschungszentren jener irdischen Technologie übrigens nicht in den USA, sondern in Kanada, da dieses Land über entsprechend große und wenig besiedelte Testräume verfüge.

Die Entwicklung deutscher Flugscheiben war sicherlich alles andere als Spielerei oder Fiktion, wie manche UFO-Forscher von heute behaupten. Diesen Personen mag es nur recht sein, daß seit dem Ende des Zweiten Weltkrieges viele Jahre vergangen sind und somit die Zahl der noch lebenden Zeugen, schon allein aus rein biologischen Gründen, immer geringer wird. Allein deswegen sollte es Verpflichtung sein, die zugänglichen Informationen zu sammeln und für die Vervollständigung unseres Geschichtsbildes zu dokumentieren. Vielleicht bewegt dieses Buch den ein oder anderen noch lebenden Zeugen, sein Wissen zu offenbaren?!

Mitunter bewirkt die Veröffentlichung von kritischen Artikeln auch, daß das ursprünglich damit verbundene Ziel unterminiert wird. In einem in der Zeitschrift „UFO-Kurier" (Januar 1996, Kopp Verlag) veröffentlichten Beitrag zum Thema „Flugscheiben im Dritten Reich" wurde die Existenz dieser Fluggeräte, zumindest in der von den ehemaligen Ingenieuren und Konstrukteuren angegeben Form, in Frage gestellt. Dem Autor waren allerdings, was offenbar wurde, die Forschungseinrichtungen der SS im Prager Raum unbekannt. In der Folge dieses Artikels schrieben zwei Leser an die Redaktion, die zu anderen Schlußfolgerungen gelangten und u. a. erwähnten, daß eine ihnen bekannte Dame, die auch dem Autor dieses Buches keine Unbekannte ist, den Flugkapitän Schriever nochmals zu Gesicht bekommen habe – und zwar 1964 oder 1965. Doch konnte das der Realität entsprechen? Behauptete doch die gesamte mit der Materie befaßte UFO-Forscherschaft, daß Schriever 1953 verstorben sei! Hatte die betreffende Dame einen Geist gesehen? Nein, denn ihre Aussage konnte von einem zusätzlichen Zeugen bestätigt werden.

Nicht alle Angaben zu den Flugscheibenprojekten sind so konkret wie die von Andreas Epp. Es gab, wie die Recherchen ergaben, durchaus eine Reihe von Zeugen, die vorher nichts von diesen Fluggeräten wußten und – meist zufällig – mit ihnen konfrontiert wurden, was teilweise völlige Verblüffung verursachte und sich tief in das Gedächtnis der betreffenden Personen einprägte. Ein solcher Bericht stammt beispielsweise von einem Flugzeugführer einer Ju-52, der im letzten Kriegsjahr zahlreiche Einsätze flog (der Bericht wurde freundlicherweise von Herrn Horst Schuppmann aus Hannover zur Verfügung gestellt). Der hier relevante Start erfolgte von einem Einsatzflugplatz (einer großen Wiese) aus, der sich damals im Raum zwischen Brest-Deblin und Lublin befand. Es sollte Richtung Westen gehen, damals im Juli 1944. Der Flug war mit 3,5 Stunden Dauer vorausberechnet worden und verlief ohne Störungen, was seinerzeit durchaus keine Normalität war. Nachdem ein Großteil der Strecke zurückgelegt worden war und sich die Ju-52 über dem Stettiner Haff befand, ging es an die Vorbereitungen zur Landung. Das Ziel, wiederum eine Wiese mit einem großen weißen Landekreuz, war bald heran und die Maschine begann den Sinkflug.

Die Landung verlief normal, die Maschine rollte in Richtung einer Gruppe von hohen Büschen aus, wo sie gegen Blicke gut geschützt war. Während der Mechaniker, der Co-Pilot und der Zeuge die strenge Order, das Flugzeug nicht zu verlassen, befolgten, war der Funker plötzlich verschwunden.

Es verging eine Stunde, in der man vergeblich auf seine Rückkehr wartete und so meinte der Pilot, den Fehlenden nun endlich

suchen zu müssen. Auf dem Flugplatz selbst konnte er niemanden entdecken, der ihm hätte Auskunft geben können. Außer einem seltsamen Hangar war auch kein Gebäude auf dem Flugfeld zu sehen. Immer Deckung suchend, begab sich der Pilot zu dem Hangar, öffnete die schmale, hohe Schiebetüre und hoffte, hier eine Auskunft zu erhalten. Doch kein Mensch war zu sehen. Statt dessen sah er drei oder vier (dieser Umstand blieb ihm nicht genau in Erinnerung) Teleskopstangen, die etwa 6 Meter hoch waren und auf denen oben eine sehr große, runde dunkle schalenförmige Metallkonstruktion ruhte, die einen Durchmesser von etwa 12 bis 15 Metern hatte. Der Pilot verglich sie mit einem riesigen Suppenteller. Aus dem Halbdunkel trat plötzlich ein Wachsoldat auf ihn zu, der ihn barsch aufforderte, sofort zu verschwinden, andernfalls würden sie beide den nächsten Tag nicht mehr erleben ... Der Zeuge erschrak derart, daß selbst nach mehr als 50 Jahren die Erinnerung daran nicht verblaßte.
Freilich stellte sich der Augenzeuge immer wieder die Frage, worum es sich bei diesem auf Teleskopstangen stehenden Objekt wohl gehandelt haben mochte. Er persönlich hielt es für eine sogenannte „Magnetscheibe", eine Bezeichnung für ein Fluggerät, über das – nach seinen Angaben – seit dem Sommer 1944 Gerüchte in Pilotenkreisen kursierten. Diese Gerüchte waren es wohl auch, weshalb zahlreiche Zeitungen und Zeitschriften Anfang der 1950er Jahre hinter dem UFO-Phänomen Geheimwaffenentwicklungen zu erkennen glaubten. Lag diese Vermutung doch wesentlicher näher als die Auffassung, das Phänomen sei außerirdischen Ursprungs. Merkwürdig nur, daß die betreffenden Redakteure später scheinbar ohne große Probleme einen Meinungsumschwung vollzogen und spätestens mit dem Beginn der 1960er Jahre von einem außerirdischen Stimulus sprachen.

*****

GEHEIM-
TECHNOLOGIEN

Gab es das Sonderbüro 13 wirklich?

Eine besonders geheimnisvolle, aber auch wichtige Rolle bei der Registrierung des Foo-Fighter-Phänomens von deutscher Seite einerseits und für die Herausbildung neuartiger Technologien andererseits spielte scheinbar das immer wieder genannte Sonderbüro 13. Hier liefen alle Berichte über seltsame Beobachtungen von Luftphänomenen zusammen, die deutsche Piloten meldeten. Zahlreiche UFO-Untersucher, die sich mit dieser Spezialabteilung befaßten, kamen zu dem Schluß, daß sie eigens für die Auswertung damaliger UFO-Berichte geschaffen wurde. Dieser Eindruck täuscht jedoch. Ihr wahrer Zweck war ein vollkommen anderer. Man muß sogar, wenn man die Hintergründe kennt, davon ausgehen, daß diese Organisation als Wolf im Schafspelz fungierte und die Berichte sammelte, die durch ihre eigenen Entwicklungen inspiriert worden waren. Will heißen, daß das Sonderbüro 13 einen Großteil jener geheimnisvollen Waffensysteme in theoretischer Form entwickelte, die dann später durch andere Abteilungen technisch umgesetzt wurden und in der Folge zu den irritierenden Sichtungen beitrugen. Mit dieser Verschleierung der Tatsachen war es möglich, die durch die eigenen Waffenentwicklungen entstandenen Phänomene zu vertuschen und vor allem die Spionagetätigkeit der Alliierten ad absurdum zu führen. Letzteren wurde Glauben gemacht, daß die deutsche Seite genausowenig über die Feuerbälle wisse wie der Gegner selbst und daß man sogar gezwungen war, eine eigene Untersuchungsgruppe einzurichten. Tatsache war indes, daß man sehr genau wußte, wer der Urheber dieses Phänomens war. Durch ein geschicktes Täuschungsmanöver und gezielte Desinformation ließ sich das ausbauen, was man unbedingt brauchte

– ein technologischer wie auch zeitlicher Vorsprung, der allerdings – wie die Geschichte letztlich zeigte – nur von kurzer Dauer war.
Bevor wir einen Blick hinter die Kulissen werfen und uns der Frage zuwenden, was das Sonderbüro 13 wirklich tat, soll noch darauf hingewiesen werden, daß seine Identifizierung äußerst schwierig war. Zahlreiche für die Entwicklung und den Einsatz von Raketen bzw. Strahlflugzeugen zuständige Experten und Militärs des Dritten Reiches (unter ihnen die Generäle Galland und Kammhuber) wußten nichts von dieser Abteilung. Auch das Bundesmilitärarchiv in Freiburg zeigte sich uninformiert. Selbst eine Anfrage bei General Wehnelt, der bis 1976 Stellvertretender Befehlshaber der Alliierten Luftstreitkräfte in Mitteleuropa war, erbrachte keinerlei Hinweise auf das Sonderbüro 13, so daß alles eher auf eine Erfindung hindeutete.
Umfangreiche Recherchen zeigten dann aber auf, daß es doch einige Spuren in diesem Fall gab. Ein gewisser Ingenieur Carl G. Hinze, Fachschriftsteller für Militärluftfahrt und Wehrtechnik, hatte im Laufe seiner beruflichen Tätigkeit zumindest von den Foo-Fighter-Meldungen deutscher Piloten Kenntnis erhalten. Das Sonderbüro 13 war ihm allerdings gänzlich unbekannt. Ein Stuttgarter Professor, der im Zweiten Weltkrieg bei der Abwehr unter Canaris tätig war, wußte hingegen von Prof. Georg Kamper, der die Spezialabteilung Sonderbüro 13 oder U-13 aufgebaut hatte. Er wies darauf hin, daß der eigentliche Zweck dieser Gruppe ein anderer war. Die Bewertung unidentifizierter Himmelserscheinungen war eher eine Art Nebenbeschäftigung, die aus dem möglichen Gesichtspunkt resultierte, daß es sich dabei um Neuentwicklungen gegnerischer Mächte handeln konnte.
Auch der Raketeningenieur Rolf Engel wußte von der Existenz der gesuchten Abteilung, konnte aber deren Zweck nicht angeben. Schließlich berichtete der Franzose Henry Durrant, daß das

Sonderbüro 13 unter der Tarnbezeichnung „Operation Uranus" tätig war und aus einer Reihe von Luftwaffenoffizieren, Ingenieuren und Wissenschaftlern bestand, die sich direkt mit aeronautischen Entwicklungen und wissenschaftstheoretischen Problemen befaßten.

Welcher Art waren nun diese wissenschaftstheoretischen Probleme? Alle Fragestellungen, die zu untersuchen waren, hingen mehr oder weniger mit der Kriegsführung und daraus resultierenden Problemen bzw. der Suche nach Auswegen zusammen. Deutschland litt unter einer empfindlichen Treibstoff- und Energieknappheit, die sich aufgrund alliierter Bombardements verschärfte. Doch selbst als es noch keinen Mangel zu verzeichnen gab, suchte man schon nach alternativen Verfahren, um sich beispielsweise vom Rohöl, das schon damals die Basis einer funktionierenden Wirtschaft bildete, unabhängig zu machen. Deutschen Spezialisten war sehr wohl bekannt, daß es theoretische und praktische Ansätze (Stichwort Tesla-Technologie) gab, um dieses Ansinnen realisierbar werden zu lassen. Das Sonderbüro 13 versuchte daher, Lösungen zu folgenden Problemen zu erarbeiten:

- Schutz und Antrieb eigener Fluggeräten durch entsprechend starke elektromagnetische Felder, Bekämpfung und Deaktivierung gegnerischer technischer Systeme durch Nutzung des gewonnenen Wissens,
- Energiegewinnung durch alternative Verfahren, konkret Erzeugung von Energie aus dem Magnet- bzw. Gravitationsfeld der Erde durch Einsatz entsprechender technologischer Systeme; breite Anwendung dieser Verfahren für die Wirtschaft des Dritten Reiches zur Umgehung eventuell notwendiger Rohstoffimporte, damit weitestgehende Unabhängigkeit von anderen Nationen,
- Einsatz von elektromagnetischen Feldern für Raumfahrtantriebe und auf dieser Basis arbeitender Systeme zur techni-

schen Umsetzung des Hyperraum-Gedankens, um die seinerzeit von Einstein postulierte Lichtgeschwindigkeit zu umgehen.

Diese Forschungsfelder, deren Untersuchung heute jedem wissenschaftlichen Experten zur Ehre gereichen würde, wurden bereits in den 1930er und 1940er Jahren erforscht. Dies scheint mehr als phantastisch zu sein, weil es an den Grundfesten unseres heutigen wissenschaftlichen Weltgebäudes rührt, denn einige der damals erörterten Probleme gehören eher zum Aufgabenbereich wissenschaftlicher Denker der heutigen Zeit, als zum vierten Jahrzehnt des 20. Jahrhunderts.
Freilich streiten die Gemüter darüber, ob diese in jedem Fall theoretisch aufgenommenen Planungen auch eine praxisbezogene Umsetzung erfuhren oder ob alles eine wissenschaftliche „Seifenblase" war. Die Frage läßt sich in Hinblick auf die praktische Realisation der „Fliegenden Schildkröte" und der erwähnten „Motorstoppmittel" mit einem vorsichtigen „Ja" beantworten. An diesen beiden Beispielen wird deutlich, daß die Überlegungen weit über die Theorie hinausgingen.
Daraus wurde durch eilfertige Autoren der (theoretische) Schluß gezogen, daß auch alle anderen Forschungsvorhaben umgesetzt werden konnten. Dies gilt besonders in Hinblick auf die nichtkonventionelle Flugscheibentechnologie, auf die an dieser Stelle kurz eingegangen werden soll. Gemeint sind die sogenannten Vril- und Haunebu-Projekte, die angeblich ausschließlich unter SS-Aufsicht liefen und dort von einem gewissen Dr. Schumann koordiniert wurden. Über diese Geräte sind eine Unmenge von Spekulationen im Umlauf, die allerdings in den meisten Fällen quellenmäßig nicht dingfest zu machen sind. Und gerade dieser Umstand stellt ein erhebliches Problem dar, wenn es um die Glaubwürdigkeit der damit verbundenen Aussagen geht. Denn das, was uns berichtet wird, erscheint wie Science Fiction: So

wird behauptet, daß mittels dieser in mehreren Modifikationen vorliegenden SS-Flugscheibenkonstruktionen, die nichts mit ihren Vorgängern, die auf herkömmlichen Antriebsverfahren basierten, zu tun hatten, enorme Geschwindigkeiten erreicht und sogar Teile des Weltraums beflogen werden konnten. Diese Behauptungen gipfeln in dem Hinweis, daß deutsche Wissenschaftler, Techniker und Piloten mit diesen Geräten auf dem Mond landeten und dort die erste menschliche Niederlassung außerhalb des Planeten Erde errichteten. Fürwahr eine außerordentlich utopische Spekulation!

Zweifellos waren deutsche Experten die Wegbereiter der Raumfahrt, doch gingen ihre Leistungen in russische und nordamerikanische Planungen ein. Aufgrund eigener Recherchen und der Nachforschungen einer Reihe von Personen, die seit langem auf diesem Gebiet tätig sind, bleibt beim momentanen Stand der Dinge festzustellen, daß die Existenz sogenannter reichsdeutscher Flugscheiben (Vril, Haunebu) nur gerüchteweise nachweisbar ist. Alle bisherigen Versuche, *eindeutige Quellen* für den Nachweis dieser hier zur Diskussion gestellten technischen Systeme ausfindig zu machen, endeten bisher erfolglos. Allgemein heißt es, daß die Daten, Schnittzeichnungen und Fotos aus SS-Geheimarchiven kämen, die allerdings nicht lokalisierbar sind. Selbst einige mit diesen Spekulationen verbundene Autoren wissen nichts genaues, wenn man sie nach *eindeutigen, nachprüfbaren Quellenbelegen* befragt. Sie müßten eigentlich zugeben, daß ihre Darstellungen bloße Behauptungen sind, doch scheint das ihren finanziellen Zielsetzungen zuwiderzulaufen. Auch fällt auf, daß die mit den hypothetischen Vril- bzw. Haunebu-Projekten in Verbindung stehenden theoretischen Erwägungen teils widersprüchlich oder gar nicht nachprüfbar sind, was sie deshalb letztendlich unbrauchbar werden läßt.

Die von mir getroffenen Aussagen bedeuten nicht, daß man das Thema generell ad acta legen sollte. Es gibt nämlich durchaus

Hinweise, die in Richtung eines neuartigen Flugscheibenantriebs zu interpretieren sind. Diese Verbesserung der Faktenlage war aber nur durch intensive Recherchen möglich und nicht durch Aufstellen anekdotenhafter Behauptungen! (Ich werde bei passender Gelegenheit darauf zurückkommen.) Es wäre begrüßenswert, wenn *überprüfbare* Quellen auftauchen würden, denn damit würde der letzte Baustein in das Puzzle der Geheimtechnologien eingefügt werden können. Wenn aber die bisherige Argumentation auf so schwachen Füßen steht, wie sie das im Moment tut, kann nicht erwartet werden, daß das Thema eine Anerkennung erfährt, seien die damit verbundenen theoretischen Erwägungen oder praktischen Möglichkeiten auch noch so interessant!

Unabhängig von der Diskussion über Vril-Antriebe scheint es dabei vom theoretischen Ansatz her denkbar, daß es in einer Zeit, als exotische Fluggeräte und Antriebsverfahren auf ihre Brauchbarkeit hin untersucht wurden, auch Versuche gab, völlig neuartige Mechanismen zu schaffen, die in der bei U-13 erwähnten Anwendung von elektromagnetischen Feldantrieben gipfelten. Insbesondere die Konzepte von (Elektro-)Gravitationsantrieben scheinen technisch machbar zu sein, wie die noch zu erwähnenden Versuche des Amerikaners Townsend Brown, aber auch anderer Forscher, überzeugend dokumentieren. Dabei fällt gleichzeitig auf, daß alle Versuche unabhängiger Forscher, scheibenförmige Fluggeräte einerseits und theoretische und praktische Erwägungen zur (Elektro-)Gravitation andererseits zum Durchbruch zu verhelfen, mit eisigem Schweigen seitens zuständiger Expertengremien, Universitäten und Forschungseinrichtungen bedacht werden. Dieses Verhalten ist nicht nur absolut widersinnig, weil fortschrittshemmend und vielleicht sogar (umwelt-)vernichtend, sondern auch unlogisch. Es sei denn, man nimmt an, daß diese Technologien längst im Einsatz sind, was natürlich nur innerhalb geheimer und aus schwarzen

Quellen finanzierter, militärischer Forschungsvorhaben möglich ist.
Bei genauer Betrachtung der wissenschaftlichen Entwicklung der letzten Jahrzehnte muß zudem festgestellt werden, daß eine eigenartige Stagnation eingetreten ist. Die wissenschaftlichen Institutionen arbeiten vorwiegend an industrienahen und – im Endeffekt – konsumfördernden Innovationen, während über einige andere Bereiche kaum etwas zu vernehmen ist! Die Raketen- wie die Antriebstechnologie erfuhren in den Jahren seit dem Ende des Zweiten Weltkrieges zwar zahlreiche Verbesserungen, jedoch gab es keine wirklich sichtbaren Fortschritte, die zu einem völlig neuartigen Antriebssystem geführt hätten. Warum nicht? Sind die heute in der Luft- und Raumfahrt verwendeten Triebwerke wirklich der Weisheit letzter Schluß, der Edelstein ingenieurtechnischer Meisterschaft? Mir erscheint dies außerordentlich zweifelhaft, zumal beinahe mit Ende des letzten großen Krieges ein Phänomen die Aufmerksamkeit der Öffentlichkeit erregte, das – oft totgesagt – bis heute für Verwirrung sorgt: das der UFOs nämlich! Vieles deutet darauf hin, daß die neuen – im Geheimen genutzten Technologien – völlig andere sind als die von Otto Normalverbraucher verwendeten und daß die Grundlagen für erstere von Nikola Tesla geschaffen wurden, dem wir Heutigen u. a. den Wechselstrom zu verdanken haben. Dieses wissenschaftliche und ingenieurtechnische Genie arbeitete allerdings an weit mehr Nutzanwendungen, von denen die meisten heute nur langsam aus dem Dunkel der Vergessenheit aufsteigen. Tesla vertrat solch revolutionäre und visionäre Ideen wie die der Energiegewinnung aus der irdischen Atmosphäre, was dazu geführt hätte, daß Energie in ausreichender Menge und für jedermann kostenlos zur Verfügung gestanden hätte! Und genau das waren auch die Zielstellungen weitreichender Forschungsvorhaben im Dritten Reich, die ihre theoretischen Ansätze beispielsweise in der Arbeit der sogenannten

Vril-Gesellschaft fanden und von dem Sonderbüro 13 weiterentwickelt wurden.
Als Tesla seinen für die o. g. Anwendung geschaffenen Konverter seinem Finanzier, dem Bankier Morgan vorstellte, trennte sich dieser von ihm, ahnte er doch, daß damit weit weniger Geld zu verdienen sei, als wenn man die Energieerzeugung monopolisieren würde. Bis heute schlagen wir uns daher mit dem Problem der Energieerzeugung auf traditioneller Basis herum, die gleichzeitig – quasi als schlimmstem Nebeneffekt – unsere gesamte Umwelt ruiniert. Diejenigen, die heute über die Energie verfügen und gleichzeitig ihren Preis bestimmen, sind die wahren Mächtigen dieser Erde. Das Brechen ihres Monopols würde der Menschheit völlig neue Wege aufzeigen und den Wert des Geldes, das als Goldenes Kalb fungiert, vehement schwinden lassen. Wir werden allesamt, und das ist keine Verschwörungstheorie, mit althergebrachten Energieerzeugungstechnologien unter dem Diktat derjenigen gehalten, die schon seit Jahrzehnten wissen, daß es auch anders geht. Diese tun natürlich auch alles, um alternative Entwicklungen zu unterdrücken und damit verbundene Forschungen als „Pseudowissenschaft“ abzutun – eine Methode, die seit den dreißiger Jahren des 20. Jahrhunderts, insbesondere auch in bezug auf die bekanntgewordenen Forschungen deutscher Wissenschaftler, Methode hat.
Doch zurück zur technologischen Entwicklung. Will man wissen, was wirklich hinter der Bühne in den Jahren des Zweiten Weltkrieges und den Jahrzehnten nach seinem Ende ablief, muß man den Vorhang manipulierter Informationen beiseite schieben. Meines Erachtens ist die Art und Weise, wie sich das UFO-Phänomen präsentiert (und die damit verbundene Entwicklung der Geheimtechnologien) das Maß aller Dinge und Betrachtungsweisen. Wir bekommen hier das derzeit technisch Machbare vorgeführt, das logischerweise irgendwann entwickelt wor-

den sein muß. An der Metamorphose dieses Phänomens seit Ende der 1940er Jahre wird sichtbar, welche Fortschritte technologischerseits möglich waren und praktisch umgesetzt worden sind.
Bemerkenswert ist dabei die Tatsache, daß sich das UFO-Phänomen, zumindest was den technischen und technologischen Hintergrund angeht, nicht sonderlich über das hinaus entwickelt hat, was wir verstehen und bei einer konzentrierten Massierung aller zivilen Forschungskapazitäten innerhalb von zehn bis zwanzig Jahren nachvollziehen könnten. Nach wie vor werden in einer Vielzahl von Fällen Lichter, Feuerbälle, fliegende Scheiben bzw. Disken, zigarrenförmige Objekte und Dreiecke beobachtet, die den Zeugen mitunter erstaunlich scheinende Manöver durchführen. Unsere offiziellen technischen Entwicklungsprogramme nähern sich dem UFO-Phänomen dabei immer mehr an: Flugzeuge werden leistungsfähiger, schneller, bleiben unsichtbar für Radar und werden – wollen wir wetten? – in einigen Jahrzehnten zu einem gewissen Teil die Flugleistungen der UFOs nachahmen können. Irgendwie ist das doch seltsam, oder? Scheinbar ist der Technologievorsprung der UFOs also doch nicht so groß, wie manche glauben (kann es sich denn dann auch nur im entferntesten um außerirdische Technologie handeln?). Und dieses Argument wird zusätzlich untermauert, wenn man sich einmal das physikalische Erscheinungsbild des Phänomens und die heutigen Möglichkeiten zu seinem theoretischen Verständnis und seiner möglichen praktischen Umsetzung ansieht. Viele behaupten, die UFO-Technologie verstoße gegen die Naturgesetze. Das ist jedoch eine völlig wider- und schwachsinnige Behauptung, die nur aufzeigt, daß eine ganze Reihe von „Experten“ nicht in der Lage ist, logisch zu denken und bereits bekannte Informationen miteinander zu verbinden. Eine traurige Folge des heute in unserer Gesellschaft überall anzutreffenden Fachidiotentums!

Es sei mir erlaubt, an dieser Stelle erst einmal zu jenen technologischen Entwicklungen zurückzugehen, die möglicherweise die Basis für das irdische UFO-Phänomen bildeten. Das erwähnte Sonderbüro 13 spielte hierbei, wie wir erkennen konnten, eine nicht unerhebliche Rolle. Die Quintessenz wäre jedoch die praktische Nutzanwendung der von dieser Abteilung betriebenen wissenschaftstheoretischen Forschungen gewesen. Existieren hierzu Hinweise und sei es auch nur andeutungsweise? Ja, vielleicht. Die damit verbundenen Informationen werden allerdings zukünftig weiterer Recherchen bedürfen, denn aus verschiedenen Gründen stehen wir hier erst ganz am Anfang.
Was theoretische Erwägungen zur Ausbildung einer auf anderen Prinzipien beruhenden, mehr mit den Gesetzen der Natur in Einklang stehenden und auch esoterische Elemente enthaltenden Wissenschaft in der Zeit des Nationalsozialismus in Deutschland anbetrifft, so empfehle ich allen Interessierten dringend das Werk von Peter Bahn und Heiner Gehring „Der Vril-Mythos – Eine geheimnisvolle Energieform in Esoterik, Technik und Therapie“, Omega-Verlag, Düsseldorf 1997, ISBN 3-930243-03-2, das die betreffenden Hintergrundinformationen aufzeigt. Eine ansatzweise Darstellung des Buchinhalts in Kurzform scheint mir aus mehreren Gründen hier nicht sinnvoll, da durch die – aus Platzgründen – nicht zu vermeidende Weglassung von wichtigen Zusammenhängen eher Mißverständnisse entstehen, als eine Aufklärung betrieben werden könnte.
Hinweise für die Entwicklung von herkömmlichen High-Tech-Energiegewinnungsverfahren sowie die Umsetzung – heute sogenannter – alternativer Methoden auf Basis der Freien Energie beispielsweise, gibt es einige im Dritten Reich. Letztere befaßten sich beispielsweise mit der praktischen Umsetzung von Teslas Forschungsergebnissen. Anfang der 1940er Jahre hatten deutsche Forscher das in Belgrad befindliche Tesla-Institut geradezu überschwemmt. 1941 nahm es die SS unter ihre Kontrol-

le, um alle verfügbaren theoretischen und praktischen Arbeiten Teslas auf ihre Eignung für deutsche Wissenschaftsvorhaben zu untersuchen. Das den Deutschen dabei in die Hände gefallene Wissen war bedeutend und wurde, was außer Zweifel steht, begutachtet und bei Eignung (ansatzweise) praktisch umgesetzt. Die daraus resultierenden technischen Systeme, so behaupten bisher nur gerüchteweise auftauchende Informationen, hätten eines Tages das Rückgrat einer neuartigen Technologie bilden können. Leider sind im deutschsprachigen Raum so gut wie keine Informationen zugänglich, während beispielsweise in den USA tätige Forscher sehr viel mehr Ergebnisse zusammentragen konnten.

Hochtechnologiezone Jonastal–Ohrdruf

Ich bin mir bei der nun folgenden Aneinanderreihung von Informationen und Indizien der Tatsache bewußt, daß das Vorhandensein von Resten dieser gesuchten Hochtechnologie in traditioneller oder alternativer Art bisher nur ansatzweise dokumentiert werden kann. Wie bereits betont, befinden sich die Recherchen hierzu erst am Anfang, könnten allerdings die in Umlauf befindlichen Indizien eines Tages bis zur Gewißheit verdichten helfen. Die Anlagen, in denen möglicherweise die von dem Sonderbüro 13 gewonnenen Ergebnisse wissenschaftlicher Forschung umgesetzt wurden, gehören ebenfalls zum Komplex deutscher Untergrundinstallationen. Konkret handelt es sich hierbei um das bei Arnstadt in Thüringen liegende Gebiet des Jonastals und seiner Umgebung (u. a. Truppenübungsplatz Ohrdruf), das vor allem unter Schatzsuchern einen Namen hat, wurde dort doch beispielsweise eines der möglichen Verstecke für das berühmte Bernsteinzimmer vermutet. Offiziell heißt es, daß im Jonastal das letzte Führerhauptquartier Hitlers errichtet

werden sollte. Bei genauer Betrachtung zeigt sich jedoch, daß diese Behauptung allein nicht richtig sein kann, sondern daß hier weitaus mehr passiert sein muß, als viele zuzugeben bereit sind.
Es gibt eine Reihe merkwürdiger Vorgänge um das Gebiet, die vor allem den Zeitraum seiner Einnahme durch US-amerikanische Truppen betreffen und bis heute der Geheimhaltung unterliegen. In diesem Zusammenhang taucht erneut der Name General Pattons, aber auch der des SS-Obergruppenführers Hans Kammler auf. Was wurde hier gegen Ende des Zweiten Weltkrieges entwickelt und verborgen? Handelte es sich nur um ein Schatzversteck oder doch um eine Geheimtechnologie, die so brisant war, daß sie uns Heutigen unter allen Umständen vorenthalten werden muß?
Wie auch immer, fest steht, daß im Umfeld dieses Gebietes seit Jahren merkwürdige atmosphärische Erscheinungen beobachtet werden, die zu vielerlei Spekulationen Anlaß geben. Sie wurden nicht nur von den Bewohnern umliegender Gemeinden beobachtet, sondern auch von Personen, die nicht im direkten Umfeld dieses Terrains leben und arbeiten.
Wie sich schon bei anderer Gelegenheit gezeigt hat, wird es natürlich auch nicht an Versuchen mangeln, die nun folgenden Informationen und Vermutungen zu diskreditieren bzw. zu verleugnen. Das wird allerdings nichts an der Tatsache ändern, daß die vorliegenden Fakten eines Tages eine Bestätigung in der einen oder anderen Form erfahren werden, weil einfach mittlerweile zu viele Personen in die Ereignisse involviert sind. Und da offizielle Stellen oftmals leider den Eindruck hinterlassen, an der Thematik nicht interessiert zu sein, weil damit unangenehme Belange deutscher Geschichte verbunden sind, ist der Kreis von Enthusiasten, Forschern, Abenteurern und Schatzsuchern erst recht gefordert, in seinen Bemühungen, das Rätsel aufzulösen, nicht lockerzulassen. Selbst US-amerika-

nische Forscher verstehen bis heute nicht, warum deutsche Historiker und Behörden den Eindruck erwecken, lieber Gras über die Sache wachsen lassen zu wollen, statt sich um eine Aufklärung der tatsächlichen Bedeutung dieses Gebietes und der Ereignisse der letzten Kriegstage in dieser Region zu bemühen. Sie verstärken damit nur unbewußt den Eindruck, daß es etwas zu verbergen gibt, das möglicherweise Teile der regionalen Geschichte in einem ganz anderen Licht erscheinen lassen könnte. Und dieser Verdacht ist nicht einmal unbegründet, denn die letzten zehn Jahre haben zahlreiche neue Informationen, insbesondere über den Zweiten Weltkrieg als Ganzes erbracht, die sehr wohl dokumentieren, daß nicht alles stimmt, was man der Öffentlichkeit als „verbürgte geschichtliche Tatsache" unterschieben wollte. Und dies kann in bezug auf das Jonastal-Thema ebenso der Fall sein.
Das Jonastal, nur wenige Kilometer von Arnstadt entfernt gelegen, und auf der Straße von Grawinkel dorthin zu erreichen, liegt in einer – insbesondere im Sommer – reizvollen landschaftlichen Gegend. Viele, die die etwas holprige und kurvige Straße heutzutage passieren, wissen nur wenig über die Geschichte jenes Teil Thüringens, der mit fieberhaften Aktivitäten der Nazis im Untergrund und mit dem Tod tausender Häftlinge verbunden ist, die von ihren Bewachern bis zur physischen Vernichtung zur Arbeit angetrieben wurden, um die dort geplanten baulichen Projekte zu realisieren. Heute zeugt nur noch ein Denkmal in unmittelbarer Nähe der Straße von dem einstigen Martyrium der Geschundenen. Einen ersten Hinweis auf den Ort der Aktivitäten im Kriegsjahr 1944 und den damit verbundenen Arbeiten entlang der Straße gibt ein etwa ein Kilometer langes, steil aufragendes Hangstück im Jonastal, das durch einen spärlichen Pflanzenbewuchs und helles Gestein auffällt. Hier sollte nach offizieller Lesart ein sogenanntes Führerhauptquartier entstehen, ein unterirdisch angelegter

Bunker- und Festungsbau mit über 20 in den Berg führenden Stollen, der für die deutsche Führungsspitze vorgesehen war.
Dazu wurde 1944 der relevante Platz in eine Großbaustelle verwandelt. Man legte eine planierte Fläche an, von der aus der Vortrieb erfolgte. Schienen einer Feldbahn, die den Abraum beseitigte, führten bis an die Stollenmünder heran, später in sie hinein. Aus dem Inneren des Berges hörte man immer wieder das Donnern explodierender Sprengladungen und das monotone Dröhnen von Kompressorhämmern. Alles deutet also auf eine bergbautechnische Erschließung des Areals hin. Draußen, in unmittelbarer Stollen- bzw. Straßennähe, befinden sich Zementmischmaschinen und einige große Kompressoren, deren Schlauchleitungen in die künstlich geschaffenen Tunnel hineinführen. Die Arbeiten werden von SS-Wacheinheiten beaufsichtigt, die ohne viel Federlesens die ihnen ausgelieferten Häftlinge zur Arbeit antreiben. Es ist nur eine Frage der Zeit, wann für letztere aufgrund des hohen Arbeitstempos und der wegen der allgemeinen Kriegslage miserablen Versorgung das letzte Stündlein schlagen wird. Das aber ist den SS-Wachmannschaften gleichgültig. Es heißt, einen Termin zu halten. Und das ist der 20. April 1945, der 56. Geburtstag des Führers Adolf Hitler. Angesichts derartig wichtiger Termine werden keinerlei Rücksichten genommen.
Bei der Sonderbaumaßnahme S III im Jonastal kamen zeitweilig zwischen 25 000 und 30 000 Gefangene vom Ohrdruf-Außenlager des KZ Buchenwald zum Einsatz. Zumindest sind dies die offiziellen Angaben. Es gibt Vermutungen, daß deren Zahl höher lag, doch sind diese nur schwerlich zu beweisen. Viele der eingesetzten Häftlinge mußten dieses Projekt mit ihrem Leben bezahlen.
Die Leitung der Bauarbeiten oblag mehreren größeren Baufirmen, die einen Mitarbeiterstab von etwa tausend Personen beschäftigen, worunter sich auch Ingenieure, Architekten,

bergbautechnisch erfahrenes Personal und diverse Zulieferer befanden. Aufgrund des Termindrucks intervenierten die Baufirmen bei der SS, um zahlreiche an der Front befindliche Mitarbeiter vom dortigen Einsatz zurückzuholen. Diesen Ersuchen wurde in den meisten Fällen stattgegeben, was auf die außerordentliche Wichtigkeit der Baumaßnahme hindeutet.
Obwohl die Alliierten auf dem Vormarsch waren und der Ausgang des Zweiten Weltkrieges so gut wie feststand, wurde man nicht müde, deutscherseits den „Endsieg" in Aussicht zu stellen. Sicherheitshalber verlegte man alle wichtigen Produktionsanlagen unter die Erde und plante Ausweichquartiere für die deutsche Führung. Thüringen kam dabei als sogenanntes „Schutz- und Trutzgau" im Herzen des Dritten Reiches eine besondere Stellung zu, die oft übersehen wird. Gauleiter Sauckel, der in Weimar saß, erkannte bereits früh die strategische Bedeutung des von ihm verwalteten Gebietes, und die Umkehr des Traums von einem Tausendjährigen Reich in einen Alptraum der deutschen Nation sollte ihm recht geben. Thüringen wurde plötzlich Rückzugsgebiet und „Igelstellung". Ein Teil der deutschen Führung glaubte ernsthaft, von dieser Bastion aus mit einer von ihr vertreteten Politik der Stärke gegenüber den Alliierten agieren zu können. Wir wissen natürlich, daß dieses Vorhaben nicht aufging. Die Alliierten wollten keinen Waffenstillstand, sie wollten die bedingungslose Kapitulation Deutschlands.
Schließlich begann man mit den Vorbereitungen für die Verlegung wichtiger Ämter und Stäbe. Die Amerikaner wußten zu dieser Zeit bereits, wohin sich die Führung in Berlin absetzen wollte. Unter strengster Geheimhaltung liefen aber auch andere Verlegungen an, die Thüringen als Ziel haben sollten. Beutegut aus einst besetzten Gebieten, Kunstgüter aller Art aus den Berliner und anderen Museen sowie die aus Gold, Papiergeld und Devisen bestehenden Schätze der Deutschen Reichsbank mußten in Sicherheit gebracht werden. Daß Thüringen als „Hauptein-

lagerungsgebiet" herhalten mußte, steht dabei aufgrund seiner strategischen Lage und der zahlreichen hier vorhandenen unterirdischen Produktionsstätten und Bergwerksanlagen, die für Einlagerungen genutzt werden konnten und den Führungsstäben bereits im Vorfeld bekannt waren, außer Frage. Bis heute weiß niemand genau zu sagen, was alles nach Thüringen verfrachtet wurde. Es gibt zahlreiche Hinweise und Vermutungen, denen immer wieder nachgegangen wird. Viele davon stehen in Verbindung mit dem nun schon legendär zu nennenden Bernsteinzimmer. Kein Wunder also, daß das „Grüne Herz Deutschlands" zu einem Eldorado der Schatzsucher wurde, insbesondere als die beiden Teile Deutschlands die Wiedervereinigung vollzogen hatten.
Doch nicht nur Waffen, Personal und wie auch immer geartete Schätze wurden vor der nahenden Front evakuiert. Auch zahlreiche technologische Entwicklungen und Forschungsabteilungen sollten dem Zugriff der alliierten Truppen entzogen werden. Kürzlich freigegebene US-amerikanische Militärdokumente bestätigen Annahmen, wonach z. B. in Stollenkomplexen im thüringischen Lehesten V-1- und V-2-Triebwerkserprobungen stattfanden, die auf persönlichen Befehls Görings dorthin evakuiert worden waren. Darüber hinaus kam eine Abteilung der deutschen Gruppe für Atomforschung um Dr. Kurt Diebner und Prof. Walter Gerlach nach Stadtilm, wo sie in den Kellergewölben der dortigen Mittelschule ihr Forschungslabor einrichteten. Trotz der mit der Verlagerung verbundenen Umständlichkeiten setzte man in Stadtilm die begonnenen Arbeiten fort, selbst eine Art kleiner selbsterregender Reaktor war dort zum Schluß angeblich vorhanden, der allgemein als die zweite deutsche Entwicklung dieser Art gilt. Der andere befand sich in Haigerloch und wurde später, ebenso wie der in Stadtilm, von amerikanischen Truppen erbeutet. Während die Forschungsanlage Haigerloch später publizistisch ausgewertet

wurde, wurde Stadtilm eher stiefmütterlich behandelt. Absicht?! Vielleicht, denn im Zusammenhang mit einer Anfrage bei der US Air Force über das Thema Jonastal unter Berufung auf das Gesetz zur Freiheit der Information (FOIA) stellte sich heraus, daß noch eine weitere unterirdische Atomforschungsanlage bei Lehesten existierte, die bis dato völlig unbekannt war. Weitere, mit der deutschen Atomforschung verbundene Arbeiten liefen außerdem vermutlich in Peenemünde und in Floridsdorf, Österreich. Bei diesen Neuentdeckungen waren die Arbeiten an der Raketenentwicklung mit den Atomforschungen koordiniert worden. Ist das ein erster deutlicher Hinweis, daß die geplante deutsche Atomwaffe mit Raketen transportiert werden sollte und die betreffende technische Umsetzung bereits lief? War die Entwicklung weiter fortgeschritten als gedacht? Die Indizien sprechen dafür, doch eine präzise, abschließende Aussage ist hierzu noch nicht möglich. Interessant aber ist, daß diese neuen Standorte in bezug auf die deutsche Atomforschung darauf hindeuten, daß verschiedene Informationen einfach unterdrückt wurden, um den tatsächlichen Stand der Forschungen nicht offenbaren zu müssen.

Doch zurück zu den Ereignissen im Raum Jonastal. Bereits ab dem Herbst des Jahres 1943 war der Ohrdrufer Bahnhof zur Anlaufstelle von Zügen, die mit Baumaterial, Häftlingen und – zum Teil in Kisten verpackten – Gütern eintrafen und hastig entladen werden mußten, geworden. Die gesamte Aktion hinterließ den Eindruck höchster militärischer Dringlichkeit, so als ob man hier eine letzte uneinnehmbare Festung errichten wollte. Tatsächlich bot die Gegend um Ohrdruf alles, was dafür nötig war. Der dortige Truppenübungsplatz, der schon im Ersten Weltkrieg existierte, befand sich auf einem Kalksteinberg, und wenn man in dessen Hang Stollen vortrieb, war auch die Luftsicherheit gegeben. Der weiche Kalkstein war gut bearbeitbar und die Lage des Tals bot gute Verteidigungsmöglichkeiten.

Mitte Oktober 1944 verkündete der Kommandant des Truppenübungsplatzes Ohrdruf, General von Göckel, daß auf allerhöchsten Befehl das Gelände durch die Wehrmacht zu räumen sei. In den nächsten Wochen würden hier Einheiten der SS Quartier beziehen. Daß mehr hinter den Truppenverschiebungen steckte, sollte sich alsbald zeigen. Im September 1944 wurde der Arnstädter Bürgermeister Huhn zu Gauleiter Sauckel nach Weimar befohlen. Dort trat er einigen SS-Offizieren gegenüber. Nach einer entsprechenden Erklärung und dem Hinweis, daß über das Gesagte absolutes Stillschweigen zu bewahren sei, wurde ihm mitgeteilt, daß das Jonastal dazu ausersehen sei, Hauptquartier des Führers und anderer hoher deutscher Dienststellen zu werden. Beinahe zur selben Zeit hatten Spezialkommandos der SS bestimmte Personen in Ohrdruf aufgesucht, von denen sie wußten, daß sie über geologische Kenntnisse verfügten. Darunter befand sich auch Studienrat Julius Böttcher. Auch er wurde über das beabsichtigte Bauvorhaben informiert. Sein Hinweis, daß sich in der Nähe von Ohrdruf ausgedehnte Gänge eines ehemaligen Manganerzbergwerkes befänden, die dafür möglicherweise geeignet seien, wurde von den Offizieren dahingehend kommentiert, daß dies bekannt, aber nicht praktikabel sei.

Böttcher erinnerte sich später in diesem Zusammenhang noch an eine andere Begebenheit, die das „Nachrichtenamt 10" betraf und damals bereits mehrere Jahre zurücklag. Wie sich die Leserschaft erinnern wird, fiel die Bezeichnung „Nachrichtenamt 10" bereits im Zusammenhang mit geheimen Waffenerprobungen auf dem Truppenübungsplatz Ohrdruf und dem berüchtigten „Motorstoppmittel". Julius Böttcher dazu:

> „Als das unterirdische Nachrichtenamt geschaffen wurde, da hat man mich auch um meinen Rat befragt. Das vor allem, als hier der Tiefbrunnen für das ›Amt10‹ in Angriff genommen wurde. Ich sagte damals, hier stoßen sie nicht auf Wasser. Aber die Leute ließen sich nicht beirren und

meinten, sie müßten unbedingt Wasser finden, und wenn es noch so tief wäre. Die Grube, die zu dieser Zeit schon vorhanden war, hatte etwa die Ausmaße zwanzig mal sechzehn Meter. Für mich war diese Stelle sehr interessant, weil hier eine Menge Versteinerungen gefunden wurden. Ja, ich glaube, man hat die Bohrung auf zweihundert Meter niederbringen müssen, um überhaupt auf Wasser zu stoßen. Aber wissen wir wirklich, welche Bewandtnis es mit diesem Tiefbrunnen hatte? – Es war an einem schönen, wolkenlosen Sommertag. Die Leute, die die Sache hier leiteten, wollten sich über einen Spaß halbtot lachen, den sie sich mit dem Landrat erlaubt hatten und den ich selber miterlebte. Mein Freund, er war Adjudant des Generals von Göckel und auch geologisch interessiert, sorgte immer dafür, daß ich den Platz betreten durfte. Nun, an diesem bewußten Tag, fuhr der Landrat mit seinem Wagen über den Platz. Plötzlich lief der Motor nicht mehr. In voller Fahrt setzte er aus. Wie ich hörte, geschah dies durch ein elektromagnetisches Feld, das von einer unterirdischen Anlage erzeugt worden war. Das könnte man auch bei Panzern so machen, habe ich dann noch gehört. Wissen Sie denn, warum während des gesamten Zweiten Weltkrieges keine Bombe auf den Truppenübungsplatz gefallen ist, obgleich die Amerikaner und Engländer durch ihre Spione genau wußten, daß hier schließlich auch SS lag? Eben deshalb, weil sie um diese Anlagen wußten. Lediglich auf Ohrdruf wurde ein Angriff geflogen, bei dem dann viele Ohrdrufer ums Leben gekommen sind.“ (G. Remdt & G. Wermusch, Rätsel Jonastal, C.-Links-Verlag, 1992)

Übrigens ist von derartigen Experimenten auf dem Truppenübungsplatz Ohrdruf, die Motoren feindlicher Flugzeuge zu stören und die Maschinen damit zum Absturz zu bringen, in Ohrdruf und Umgebung immer noch die Rede. Es geht sogar eine Geschichte die Runde, wonach gegen Kriegsende ein Verband von amerikanischen Jägern aufgrund aussetzender

Motoren in ein Waldgebiet bei Oberhof stürzte. Solche und andere Darstellungen sind eine deutliche Bestätigung für die von vielen bis heute nur als Spekulation bewertete Tatsache, daß man sich deutscherseits mit fortschrittlichsten Abwehrverfahren beschäftigte. Und das schon lange Zeit vor dem Vorstoß der Hildesheimer Firma ELEMAG. Das „Nachrichtenamt 10" war schließlich schon *Ende der 1930er Jahre* in Betrieb genommen worden!

Weitere Zeugenaussagen bestätigen den Verdacht, daß im Verlaufe der 1940er Jahre auf dem Truppenübungsplatz durch reguläre Verbände der Wehrmacht weitere unter Geheimhaltung stehende Waffenversuche stattfanden, die aufgrund ihrer Entwicklung von Explosionsgeräuschen und dem Auftreten enormer Lichtblitze (diese werden aus dem März 1945 berichtet) bei Nacht nicht vollkommen vor der Umgebung verborgen werden konnten. Einige dieser Berichte kamen von auf der Feste Wachsenburg weilenden Personen, die aufgrund des erhöhten Standortes und einer gewissen Nähe zum Truppenübungsplatz Ohrdruf gezwungenermaßen etwas von den Erprobungen mitbekommen mußten.

Ende Oktober 1944 begannen dann im Jonastal bei Arnstadt die Arbeiten für das Führerhauptquartier. Die Straße von Arnstadt in Richtung Grawinkel wurde über Nacht gesperrt. In die Kasernen zogen SS-Einheiten ein. Zahlreiche Firmen wurden für die Arbeiten dienstverpflichtet. Und unter den Häftlingen von Buchenwald ging das Gerücht von der Baumaßnahme S III, während das zu schaffende Objekt die Tarnbezeichnung „Olga" erhielt.

Bemerkenswert ist, daß zahlreiche Hinweise und Rechercheergebnisse der jüngeren Vergangenheit dafür sprechen, daß nicht nur ein Objekt geschaffen wurde, sondern daß im gesamten Umfeld des Jonastals und auf dem Gelände des Truppenübungsplatzes zahlreiche weitere geheime Anlagen entstanden, über

die nur langsam etwas bekannt wird. Allerdings können diese in ihrer baulichen Ausführung schon aus rein logischen Gründen nicht erst kurz vor Kriegsende begonnen worden sein, so daß also mit den Daten des zeitlichen Ablaufs der gesamten Baumaßnahmen irgend etwas nicht stimmen kann.
Man fragt sich natürlich, wie es möglich war, daß erst jetzt, nach so langer Zeit, mehr Informationen ans Tageslicht kommen. Und wieso gibt es kaum Zeugenaussagen zu diesen noch versteckt unter der Erde liegenden Bauwerken? Die Antwort ist einfach und brutal: Die Bauarbeiten unterlagen strengsten Sicherheitsbestimmungen und wurden unter Verantwortung der „Organisation Todt" und dem Baubüro Kammler, dem Stab des schon mehrfach erwähnten SS-Generals also, durchgeführt. Nach Fertigstellung dieser Systeme wurden die Häftlinge entweder verlagert oder getötet, um alle eventuellen Mitwisser mundtot zu machen.
Schließlich erhielt das Projekt „Olga", von dem manche glauben, es umfasse nur die heute bekannten 25 Stollen, höchste Priorität und wurde über alle Rüstungsprojekte und sogar über das Geilenbergprogramm, das Sonderprojekte zur Jägerfertigung und zum Aufbau unterirdischer Treibstoffproduktionsanlagen umfaßte, gestellt! Es mußte einen Grund für diese hohe Prioritätseinstufung geben, der nicht allein mit dem bekannten Stollensystem, das angeblich ein Führerhauptquartier werden sollte, in Verbindung stehen kann.
Alle Mittel und Möglichkeiten wurden damals für das Projekt „Olga" mobilisert. Es gab überall in Deutschland und an allen Frontabschnitten Treibstoffprobleme – doch nur beim Projekt „Olga" schien man aus dem Vollen zu schöpfen. Soldaten, die über eine spezielle Ausbildung im Bergbaubereich verfügten, wurden eigens für dieses Projekt von der Front zurückbeordert. Bei ihrer Auswahl wurde sogar auf ihre „arische" Herkunft geachtet. Was, um alles in der Welt, wurde hier gebaut, daß

sogar die Auswahl von Spezialisten nach rassischen Gesichtspunkten zu erfolgen hatte?

Aufgrund zahlreicher offener Fragen in bezug auf die Bauarbeiten in diesem Gebiet ist es nicht verwunderlich, wenn die Zahl derjenigen, die nicht an die Geschichte vom „letzten Führerhauptquartier“ glauben wollen, wächst. Viele vermuten in diesem Gelände, sicherlich zu recht, weitere unterirdische Räume und Hallen, die eine ziemliche Flächenausdehnung haben sollen. Es gibt sogar Gerüchte über eine wahrhaft unterirdische Stadt, zu der Forschungs- wie auch Fertigungsanlagen gehören und die über ein autonomes Energieversorgungssystem verfügt. In das unterirdische System „Olga“ seien kurz vor Kriegsende die interessantesten und „feinsten“ Dinge zu seiner Ausstattung gewandert. Jedenfalls behaupten das Zeitzeugen aus den umliegenden Dörfern. Da ist von teuren Sanitäreinrichtungen ebenso die Rede wie von kostbarem Mobiliar. Kurioserweise hat man bis heute nichts davon gefunden, es gibt auch keine ernstzunehmenden Hinweise, daß Amerikaner oder Russen hier etwas herausgeholt hätten. Demgegenüber existieren jedoch Zeugenaussagen, die davon sprechen, daß die SS vor dem Einmarsch der Amerikaner Sperrsprengungen im Berg vorgenommen habe. Demnach wurde die unterirdische Anlage also doch (fast) fertig, später aber großteils sprengtechnisch „versiegelt“, auch wenn das im Gegensatz zur Meinung einer Reihe von Personen steht, die dieses Stollensystem bisher nur als unvollendeten Einzelbau sehen wollen. Diese stehen mit ihrer Meinung meines Erachtens auf verlorenem Posten sowie in vollem Gegensatz zu anderen Gruppen und Personen, die – aus welchen Gründen auch immer – davon ausgehen, daß hier unterirdische Anlagen versteckt wurden, von denen bis heute nur einige wenige „Gralshüter“ etwas zu wissen scheinen. Das Objekt „Olga“ wurde jedenfalls nie von irgendwelchen Führungsstäben bezogen.

Vom 1. auf den 2. April 1945 stieß General Pattons 3. US-Armee innerhalb des unter dem Decknamen „Operation Eclipse“ laufenden Angriffs nach Thüringen vor. Dabei zeigte er eine außergewöhnliche Eile. Patton meinte damals, daß die Eroberung Ohrdrufs die größe Chance der Weltgeschichte sei, sich mit Ruhm zu bekleckern. Was war dort zu finden, das eine solche Aussage gerechtfertigt hätte? (Der amerikanische Geheimdienst, so die offiziellen Darstellungen in den Geschichtsbüchern, wußte doch aus zuverlässiger Quelle, daß Hitler und sein Führungsstab in Berlin waren.) Noch während man jedenfalls über die Übergabe von Eisenach verhandelte, war die Speerspitze der US-Truppen längst an der Stadt vorbeigestoßen, um einen Auftrag mit besonders hoher Priorität zu erledigen. Darüber berichtete einer der damals teilnehmenden US-Soldaten, Chick Cecchini, Anfang September 1992 auf einem Veteranentreffen in Colorado Springs, USA, folgendes:

> „Wir mußten sehr rasch vorgehen für diese Aktion, die ursprünglich von den Fallschirmjägern durchgeführt werden sollte. Ihre Aufgabe wäre es gewesen, eine Nachrichtenzentrale einzunehmen, die von hohen deutschen Militärstäben betrieben wurde. General Patton meldete sich in der für ihn typischen Art freiwillig für diesen Auftrag. Gemeinsam mit der 4. Panzerdivision wurden wir dann in großer Eile nach Osten verlegt. Dabei ließen wir alle Orte entlang des Weges links liegen. Als wir unser Ziel Ohrdruf erreichten, fiel tatsächlich diese Nachrichtenzentrale in unsere Hände.“ (Hosny/Fitzke: Das letzte Führerhauptquartier, Was fand die US-Armee 1945?, ZDF-Reportage, 1992)

Was Chick Cecchini hier erwähnt, war sehr wahrscheinlich das „Nachrichtenamt 10“, nicht das Stollensystem im Jonastal. Über die Besetzung des letzteren gibt es keine Informationen. Fest steht nur, daß der betreffende Raum von Einheiten der 6. SS-

Gebirgsjägerdivision mehrere Tage lang unter großen Verlusten verteidigt wurde. Es sieht so aus, daß faktisch bis zur letzten Minute in einigen Teilen der ausgedehnten unterirdischen Anlagen gearbeitet wurde. Bevor die Amerikaner jedoch ins Tal eindringen konnten, nahm die SS tief im Berginneren und wahrscheinlich auch anderswo gezielte Sperrsprengungen vor, die den Zugang zu bestimmten Abschnitten geheimer Systeme wirkungsvoll verschlossen und wohl für immer unauffindbar machten. Bis heute jedenfalls hat niemand, zumindest kein Außenstehender, die Wege zu ihnen entdecken können …

*

In einem zugänglichen Dossier des 20. US-Chorps vom 1. April 1945 wurden insgesamt 25 Orte benannt, in die hohe Dienststellen aus Berlin verlegt wurden. Fast alle diese erwähnten Orte lagen in Thüringen. Als provisorische Reichshauptstadt war Weimar in dem Bericht angegeben worden. An der Spitze der Liste standen aber zwei andere Städte: Ohrdruf und Arnstadt. Zu letzterer heißt es, daß Hitler und seine Gefolgschaft planen, in ein noch nicht fertiggestelltes Hauptquartier drei Kilometer westlich der Stadt zu ziehen, dessen Decknamen – „S III“ – man sogar kannte und von dem vermutet wurde, daß das Bunkersystem fünf unterirdische Schächte hatte. Das Dossier enthält allerdings keine Auskunft darüber, ob Hitler und sein Stab schon auf dem Weg in dieses unterirdische Bunkersystem waren.

Der US-Generalstab war demnach über die Aktivitäten der Deutschen unterrichtet. Am 4. April 1945 stieß Pattons Speerspitze von Eisenach auf Gotha vor und verließ dort die Autobahn Richtung Süden. Ihr Ziel war zunächst Ohrdruf. Auf dem Weg dorthin entdeckten Erkundungstrupps ein Konzentrationslager – das erste, das die Amerikaner in Deutschland befreiten. Es war

nur wenige Stunden zuvor von der SS geräumt worden. Die Häftlinge, die für den Todesmarsch nach Buchenwald zu schwach erschienen, hatte die SS auf der Stelle erschossen. Insgesamt waren 10 000 der 30 000 Häftlinge, die seit November 1944 hier interniert waren, den Arbeits- und Lagerbedingungen zum Opfer gefallen.
Unter den Teilnehmern des bereits erwähnten Veteranentreffens in Colorado Springs befanden sich auch einige wenige, die damals in Ohrdruf mehr als nur das KZ-Lager gesehen hatten. So beispielsweise der Sergeant Paul Cibuzar. Ihn hatten Kameraden eines Tages zu einem Hügel geführt, in dem sich eine Bunkeranlage befinden sollte. Er berichtet über seinen Besuch in der unterirdischen Anlage folgendes:

> „Ich wurde also zu diesem Bunkerhügel geführt, ging durch zwei Glastüren. Wir hatten Taschenlampen. Wir stiegen dann drei Stockwerke hinab. Dort unten war es stockfinster. Uns wurde gesagt, daß es noch zwei weitere Stockwerke gäbe. Wir erkundeten ca. ein Dutzend Räume. Jeder Raum war anders ausgestattet. In einem riesigen Raum befand sich eine große Zahl von Generatoren und uns wurde gesagt, daß sie genug Strom erzeugen könnten, um damit eine Stadt von der Größe Berlins zu versorgen. Es gab Büroräume, Herrentoiletten, die Sanitäreinrichtungen hatten, die wir bis dahin noch nie gesehen hatten. Sehr modern. Es war ein brandneuer Betonbau mit einer Top-Ausstattung. (...) Nun, uns wurde gesagt, daß dies Hitlers Ausweichstelle war, in die er ziehen würde, wenn er Berlin verlassen müßte. Sie lag ja auch mitten in Deutschland." (Hosny/Fitzke: Das letzte Führerhauptquartier, Was fand die US-Armee 1945?, ZDF-Reportage, 1992)

Paul Cibuzar, der nur wenige Tage nach seinem Interview starb, bekam wohl das unterirdische „Nachrichtenamt 10" zu sehen. Es ähnelte in Größe und Ausstattung dem Nachrichtenbunker

der Obersten Militärführung in Zossen bei Berlin. Diese Ausweichzentrale, die bereits Ende der 1930er Jahre fertiggestellt worden war und die mit der seinerzeit modernsten Fernmeldetechnik ausgestattet wurde, fiel den Amerikanern funktionsbereit in die Hände. Ihr Wert wurde mit damals fünf Millionen Dollar angegeben und löste, was die moderne Ausstattung betraf, unter US-amerikanischen Führungsoffizieren teilweise ungläubiges Staunen aus.
Ganz in der Nähe, in Friedrichroda, befand sich eine Außenstelle der Gothaer Waggonfabrik, die als einer der wichtigsten Rüstungsproduzenten des Dritten Reiches galt. Nur wenige wußten, daß hinter der Fassade einer Möbelwerkstatt Ingenieure und Techniker den Prototypen eines damals revolutionären Flugzeuges bauten. Es handelte sich dabei um einen Nurflügler vom Typ Horten IX, der 1945 von den Amerikanern erbeutet wurde. Die Maschine steht heute unbeachtet in einer Lagerhalle des Luft- und Raumfahrtmuseums in Washington. Der für damalige Betrachter futuristisch anmutende Düsenjäger, der im Februar 1945 seinen Jungfernflug absolviert hatte, war seiner Zeit weit voraus. Das derzeit modernste Kampfflugzeug der Welt, der amerikanische Stealth-Bomber B-2, weist verblüffende Ähnlichkeiten mit der Horten IX auf. Ihre Konstrukteure, die Gebrüder Horten, waren – wie ich schon aufzeigte – führend in der Entwicklung von Nurflügeln, also Flugzeugen ohne Rumpf. Die abgerundeten Flächen und die spezielle Verarbeitung sollten die Horten IX auf feindlichen Radarschirmen unsichtbar machen. Auch hierin war sie Vorbild für den heutigen Tarnkappen-Bomber. Was nur wenige in diesem Zusammenhang wissen: Um die Stealth-Eigenschaften der Nurflügler voll zur Geltung zu bringen, sollten diese mit einem speziellen Anstrich versehen werden. Dieser wurde in den I.G.-Farben-Fabriken in Frankfurt/Main entwickelt, wie freigegebene US-Dokumente belegen. Die Stealth-Technologie ist also ebenfalls deutschen Ursprungs!

Unabhängig davon wurde die aufgefundene Horten IX im April 1945 auf einem Tieflader aus Friedrichroda abtransportiert. Und mit ihr die Konstruktionspläne. Damit fiel eine der „Wunderwaffen“ des Dritten Reiches kurz vor ihrer Serienfertigung in die Hände der Amerikaner.
Aus den Chroniken der 89. US-Infanterie-Division ist zu ersehen, daß sie bei ihrem weiteren Vorstoß Richtung Osten von Friedrichroda über Ohrdruf nach Arnstadt marschierte. Genaue Recherchen brachten einige ungewöhnliche Tatsachen zum Vorschein, die indirekt dokumentieren, daß das Areal des Jonastals eine besondere Bedeutung haben mußte. Als die US-Truppen am 4. April 1945 Ohrdruf erreicht hatten, schien sie das Jonastal sechs Tage lang zunächst überhaupt nicht zu interessieren. Obwohl eine gefechtsbereite Kompanie nur wenige hundert Meter entfernt in Stellung lag. Erst am 10. April marschierten die Kampfverbände weiter. In einer Zangenbewegung gingen sie um das Tal herum und trafen sich wieder in Arnstadt auf jener Straße, die an der unterirdischen Bunkeranlage S III vorbeiführte. Doch auch hier kehrten sie dem Jonastal den Rücken. Die US-Soldaten, die hier vorbeikamen, schienen von dem Objekt keine Kenntnis zu nehmen.
Die Einheiten, die von Norden her das Tal umgingen, besetzten auf dem Weg nach Arnstadt die Feste Wachsenburg. Diese weckte nicht nur wegen ihrer strategisch günstigen Lage das Interesse der Amerikaner, sondern man suchte dort nach einer ganz bestimmten Person: Adolf Hitler, der sich – wie ein Gerücht behauptete – dort versteckt halten sollte. Dies war jedoch eindeutig nicht der Fall. Hatten die amerikanischen Geheimdienste vergessen, Patton zu informieren?
Dokumentiert ist in den amerikanischen Akten das KZ-Außenlager Espenfeld, das die US-Soldaten unweit der Baustelle entdeckten. Hierüber existieren Filmaufnahmen und ein detaillierter Untersuchungsbericht. Merkwürdigerweise wird darin je-

doch mit keinem Wort erwähnt, daß die Häftlinge in diesem Lager, wie in Ohrdruf, ihr Leben für das mörderische Projekt im Jonastal lassen mußten. Selbst nachdem der amerikanische Oberbefehlshaber Eisenhower und seine Generäle das KZ in Ohrdruf inspiziert hatten, stellte niemand öffentlich die Frage, wofür es überhaupt errichtet worden war. Dabei wußten die Generäle längst, daß sich im Jonastal eine Großbaustelle der SS befand. In den Dokumenten findet sich auch keinerlei Information über den Nachmittag des 12. April 1945, an dem Eisenhower und sein Stab die Gegend besichtigten und wahrscheinlich S III aufsuchten. Diese sind wohl genauso unvollständig wie die zugänglichen Dokumente der Spezialeinheiten, die den Auftrag hatten, das Jonastal zu erkunden. So existiert z. B. ein Bestandsverzeichnis der Luftbilder vom 9. Januar 1945. Es ist ein eindeutiger Hinweis dafür, daß auch das Jonastal und seine Umgebung fotografiert wurde. Doch ausgerechnet die Luftbildaufnahmen von der Großbaustelle sind aus dem Archiv entfernt worden …

Weiße Flecken befinden sich ebenfalls in den Unterlagen der Aufklärungstruppe. Für das Gebiet zwischen Ohrdruf und Arnstadt waren die Aufklärer der 89. US-Infanterie-Division eingesetzt worden. Eigentlich hätte ihr Tagebuch eine Antwort darauf geben müssen, was die Amerikaner in den Muschelkalkhängen vorgefunden haben. Doch ausgerechnet die Eintragungen zwischen dem 8. April, 13.35 Uhr, und dem 11. April, 19.35 Uhr, fehlen. Es handelt sich um jenen Zeitabschnitt, in dem sie das Tal erkundet haben müßten.

Diese genannten Beispiele legen den Verdacht nahe, daß die Amerikaner ein Interesse hatten, das Zielobjekt im Jonastal bewußt aus den Dokumenten herauszuhalten. Und selbst dort, wo es Erwähnung findet, fehlt der Hinweis auf die unterirdische Anlage. Dabei handelt es sich um keinen Einzelfall, denn zahlreiche zwischenzeitlich durchgeführte Recherchen zeigen, daß

entweder keinerlei Unterlagen existieren bzw. diese immer noch der Geheimhaltung unterliegen.
Am 10. April 1945 meldeten US-Pioniere ihrem Hauptquartier an einer Straße, deren Koordinaten exakt den Baustellenbereich eingrenzen, Generatoren, Förderbänder und Zementmischmaschinen gesichtet zu haben. Freilich dürfte ihnen nicht entgangen sein, daß diese Zementmischer direkt neben den Stolleneingängen aufgestellt waren. Daß sich die Amerikaner auch im Inneren der Stollen umsahen, scheint außer Zweifel. Georg Meier ist sich dessen sogar sicher. Der Historiker am Militärgeschichtlichen Forschungsamt in Freiburg lebte damals in Schmalkalden – nur wenige Kilometer von Ohrdruf entfernt. Sein Vater war dort am 17. Mai 1945 von der Militärregierung zum Bürgermeister ernannt worden. Meier wörtlich:

> „Wenn ich damals gewußt hätte, daß ich einmal berufsmäßiger Militärhistoriker werden würde, hätte ich natürlich besser aufgepaßt und es hätten sich mir Ereignisse, Umstände, Erzählungen aus dieser Zeit noch besser eingeprägt, als sie sich mir ohnehin eingeprägt haben. Ich erinnere mich aber ganz deutlich an die Erzählung meines Vaters, der von einer Dienstfahrt nach Crawinkel und Arnstadt berichtete. Ich habe seinen ›special pass‹ für diese Reise vorliegen. Bei der Gelegenheit hat er mit einem amerikanischen Offizier ein weitverzweigtes Bunkersystem im Jonastal besichtigt und erzählte sehr anschaulich von den unterschiedlichen Stadien der Fertigung dort, einige dieser Tunnel im Rohbau, andere wiederum nahezu bezugsfertig. Er sprach von holzvertäfelten Räumen." (Hosny/Fitzke: Das letzte Führerhauptquartier, Was fand die US-Armee 1945?, ZDF-Reportage, 1992)

Die Protokolle über das, was die Amerikaner sonst noch in den Muschelkalkhängen bzw. in der Umgebung der geheimnisumwitterten Anlage S III vorfanden, befinden sich heute in den „National Archives" (dem US-amerikanischen Nationalarchiv), in Washington. Die meisten der Dokumente sind nicht zugänglich und unterliegen nach mehr als 50 Jahren immer noch der Geheimhaltung. Die Anlaufstelle für die US-Militärakten befindet sich in einer Außenstelle in Sudland. Das Zweite Deutsche Fernsehen beauftragte für seine Dokumentation „Das letzte Führerhauptquartier – Was fand die US-Armee 1945?“ den Historiker Willi Korte mit Recherchen zu Dokumenten über das Jonastal. Korte war nicht irgendwer, sondern hatte sich in den USA einen Namen gemacht, als er nach intensiven Quellenstudien den US-Offizier namentlich identifizieren konnte, der den Quedlinburger Domschatz geraubt hatte. Im Fall Ohrdruf fand Korte Belege dafür, daß die Besatzer in der näheren Umgebung *mehrere hundert Tonnen Dokumente* abtransportiert hatten. Sie stammten von hohen deutschen Militär- und Regierungsstellen. Ein Teil von ihnen wurde in den „US-Reports“ als Staatsdokumente der obersten Geheimhaltungsstufe klassifiziert. In den Aktenbeständen der in Frage kommenden US-Divisionen fand Korte aber keinen einzigen Bericht über das letzte Führerhauptquartier Adolf Hitlers. Seiner Verwunderung darüber gab er wie folgt Ausdruck:

> „Ich bin nun seit über zehn Jahren hier in diesem Archiv tätig und habe an vielen solcher Probleme gearbeitet und normalerweise schlägt sich ein Vorgang wie das Jonastal, das ein ganzes Tal umfaßt, in den Akten eindeutig nieder. Warum also in diesem Fall das Jonastal sich praktisch in Akten überhaupt nicht niederschlägt, ist mir bisher völlig unerklärlich. Ich kann also nur spekulieren. Eine Möglichkeit ist natürlich, daß hier Geheimdienstinteressen Priorität hatten über irgendwelchen anderen Interessen der Militärs und daß sich möglicherweise deshalb in diesen Akten das nicht niederschlagen konnte, sondern in uns bisher noch unbekannten Geheimdienstakten niederschlägt. Eine andere Erklärung wie die, daß es zum Beispiel im Jonastal nichts zu sehen gab, ist ja eher auszuschließen, weil die Sache war

> ja doch sehr umfangreich und die Akten haben ja zu anderen Vorgängen zum Teil sehr detaillierte Beschreibungen geboten. Also ich tippe eher auf die Tatsache, daß hier etwas vorgefallen ist, was wir bisher noch nicht haben recherchieren können." (Hosny/Fitzke: Das letzte Führerhauptquartier, Was fand die US-Armee 1945?, ZDF-Reportage, 1992)

Es gibt eine ganze Reihe von Forschern, die, sicherlich nicht ganz zu Unrecht, vermuten, daß durch ein amerikanisches Spezialkommando zu jener Zeit einige der Schätze geborgen wurden, die die deutsche Führung dem Zugriff der Alliierten zu entziehen versuchte. Bei genauer Betrachtung erscheint dies durchaus möglich, denn es gibt einen Parallelfall, der die in den Kalibergwerken von Merkers eingelagerten Goldvorräte der Deutschen Reichsbank betraf. Nach ihrer Entdeckung, in die übrigens auch Einheiten General Pattons involviert waren, kam es unter rivalisierenden amerikanischen Soldaten und Vertretern zweier Militär-Geheimdienste zu bewaffneten Auseinandersetzungen, in deren Folge mehrere Personen getötet wurden. Das über die Einzelheiten der Bergungsaktion später gebreitete Netz von Desinformation und Vertuschung wurde nie genau aufgeklärt. Wahrscheinlich wurde der später unter seltsamen Umständen ums Leben gekommene General Patton schließlich selbst Opfer dieser Verschleierung. Offiziell heißt es, er sei bei einem Unfall, bei dem ein Militär-LKW in voller Fahrt auf seinen Jeep auffuhr, ums Leben gekommen. Gerüchte wollen es besser wissen und behaupten: Patton wurde erschossen.

Was sucht man im Jonastal?

Nach wie vor ist das Interesse zahlreicher Forscher groß herauszufinden, was sich im Jonastal tatsächlich abspielte. Einige der

Personen, die Licht ins Dunkel bringen wollen, kommen auch aus den USA. Einer von ihnen meinte:

> „Das Bild wird nur mit der vereinten Hilfe von deutschen Archäologen, den Medien und der deutschen Nation zusammenkommen, denn es ist deutsche Geschichte. Einiges davon ist gut, andere Teile lassen viele Wünsche übrig. Aber es ist deutsche Geschichte und die Aufgabe von erfahrenen Archäologen, diese freizulegen, um ihre Kenntnis später zu veröffentlichen. Ich als Amerikaner kann ihnen nur sagen, daß es bei uns ein enormes Interesse gibt, zu erfahren, was zum Ende des Zweiten Weltkrieges tatsächlich geschehen ist." (Hosny/Fitzke: Das letzte Führerhauptquartier, Was fand die US-Armee 1945?, ZDF-Reportage, 1992)

Es ist schon kurios und beinahe unfaßbar, daß amerikanische Forscher den in Deutschland Zuständigen Empfehlungen geben müssen über das, was zu tun ist. Angesichts eines allgemein demonstrierten Desinteresses seitens der Behörden ist die Abgabe solcher Empfehlungen letztlich aber doch wieder ein nachvollziehbarer Vorgang.

Natürlich fühlen sich angesichts derart massiver offizieller Zurückhaltung viele private Gruppen und Forscher verpflichtet, die dunklen Stellen deutscher Geschichte aufzuklären. Diese Entwicklung, mag sie für manchen auch schmerzhaft sein, ist zu begrüßen. Freilich sind sich die Betreffenden der Tatsache bewußt, daß ihre Initiativen nicht gern gesehen werden bzw. – im Falle des nichtgenehmigten Handanlegens – strafrechtliche Konsequenzen nach sich ziehen können. Insofern allerdings zuständige Stellen durch Nichtstun glänzen und dafür noch unsere Steuergelder verplempern, fühlen sich mündige Bürger geradezu *genötigt*, entsprechende Maßnahmen zu ergreifen (ein solches Vorgehen nennt man „Demokratie von unten"). Einige Forscher betreiben ihr Handwerk ganz offensichtlich, andere wiederum recherchieren eher im Verborgenen, immer in der

Hoffnung, daß die Zeit weitere wichtige Informationen freigibt, die das Jonastal-Puzzle vervollständigen können.
Doch zurück zu den Ereignissen: Das man nach dem Zweiten Weltkrieg wenig über das Jonastal hörte, ist alles andere als verwunderlich, wurde der Truppenübungsplatz Ohrdruf doch von sowjetischen Truppen besetzt, die ihn bis Anfang der 1990er Jahre nutzten. Während der letzten Jahre dieser Nutzung kam es irgendwo auf dem weiten Gelände des Übungsplatzes zu einer nicht unbedeutenden Geländeabsenkung, für die wahrscheinlich ein sowjetischer Panzer die Verantwortung trug. Am Grund des entstandenen Erdtrichters bildete sich daraufhin ein großes Loch, durch daß man Teile einer in der Tiefe verlaufenden Betonstraße erkennen konnte …
Es existieren darüber hinaus weitere Hinweise, wonach russische Truppen desöfteren auf derartige Hohlräume und Erdspalten stießen, von denen sie nicht recht wußten, wie sie sie einordnen sollten. Sie warfen daraufhin in einem, in der Literatur immer wieder erwähnten Fall, Nebelbomben bzw. -granaten hinein und stellten hernach erstaunt fest, daß der Rauch erst bei Crawinkel, also kilometerweit entfernt, wieder aus anderen Erdspalten emporstieg.
Es gibt in Verbindung mit den sich unerwartet auftuenden Erdspalten und -löchern noch eine andere Geschichte, die ich persönlich allerdings bezweifle und der ich nur den Statuts eines anekdotenhaften Gerüchtes zuweisen möchte. Nach dieser Geschichte soll ein aus Sowjetsoldaten bestehendes, zweihundertköpfiges Kommando zur Erkundung unterirdische Hohlräume aufgebrochen sein. Sie kehrten allerdings nie wieder zurück. Das Gerücht hält sich recht hartnäckig, ließ sich aber bis heute nicht als tatsächliches Geschehnis eruieren.
Bei zahlreichen mit der Thematik befaßten Untersuchern konzentriert sich der Verdacht, daß – gerade auch wegen der Geheimniskrämerei der Amerikaner und den vorliegenden

Informationen von Zeitzeugen – die ursprünglich untersuchten und bekannten 25 Stollen im Jonastal nur der heute noch ansatzweise sichtbare Teil einer wesentlich größeren Anlage gewesen sein müssen, wie das bereits vermutet wurde.

Das System könnte sich einerseits in Richtung Arnstadt fortsetzen, andererseits aber auch tief unter dem Plateau des Truppenübungsplatzes liegen. Deutliche Hinweise gibt es auch in bezug auf unterirdische Verbindungstunnel und ein kleineres Bunkersystem südöstlich der Jonastalstraße. Es handelt sich hierbei *nicht nur um Vermutungen*, wie der Autor ausdrücklich bestätigen kann. Jedoch muß um Verständnis gebeten werden, wenn in diesem Zusammenhang eine Offenlegung der Quellen nicht eher erfolgen kann, bis die letzten Beweise gesichert werden können. Es gibt jedenfalls sehr deutliche Belege, wonach die von der SS angelegten Stollensysteme im Jonastal zum Teil weit tiefer in den Berg hineinreichten, während der letzten Kampfhandlungen allerdings – wie von einigen Zeugen angegeben – zugesprengt worden sind. Ursprünglich stellten einige der Stollen wahrscheinlich sogar eine Verbindung zu den unterirdischen Kavernen und Tunnelanlagen dar, die die vermutete „Stadt“ bilden. In diesen gab es Erprobungs- und Produktionseinrichtungen für diverse Waffensysteme, die höchster Geheimhaltung unterlagen und damit auch das Vorgehen amerikanischer Spezialeinheiten und die damit verbundene Klassifizierung begründen würden.

Einige Tage vor der Inbesitznahme des Gebietes durch US-Truppen spielten sich in der Gegend seltsame Dinge ab, bei denen auch den Wissenschaftler des Atomforschungslabors von Stadtilm eine Rolle zukam. Das hat zu der Vermutung geführt, daß in den unterirdischen Systemen der Bau der deutschen Atomwaffe erfolgte. Was an dieser Stelle kaum glaubhaft erscheint, würde jedoch eine Reihe von bis heute ungelösten und widersprüchlichen Problemen erklären. In jedem Falle muß

sich in diesem Terrain etwas befunden haben, das einen derartigen Aufwand rechtfertigte und später unter allen Umständen geheimgehalten werden mußte. (Wer sich für die Details interessiert, sei auf das Werk von Harald Fäth „1945 – Thüringens Manhattan Project. Auf Spurensuche nach der verlorenenen V-Waffen-Fabrik in Deutschlands Untergrund" hingewiesen, das im selben Verlag wie dieses Buch erschienen ist.)
Nachdem das Gebiet von US-Einheiten freigekämpft worden war, landeten am 7. April 1945 Flugzeuge, denen eine Reihe alliierter Wissenschafts- und Technikexperten entstiegen, die später als Beteiligte der amerikanischen Atomforschung identifiziert werden konnten. Man kann nur darüber spekulieren, was sie hier suchten, da keinerlei amtliche Informationen zu dem, was sie taten, vorliegen. Unklar ist auch, ob sie die unterirdischen Anlagen im Jonastal betraten und dort das Erwartete fanden. Aufgrund einiger Indizien kann man allerdings annehmen, daß sie nur zum Teil erfolgreich waren, weil die Abschnitte, die die sensiblen Bereiche beherbergten, vorher von der SS hermetisch verschlossen und sprengtechnisch gesichert worden waren. Daß einiges an Ort und Stelle verblieben ist, darauf deuten auch die Phänomene hin, die als Lichtemissionen bereits mehrere Augenzeugen verwirrten.
Nachdem die amerikanischen Einheiten das Gebiet um Ohrdruf nach Ende des Krieges weiträumig besetzten, begannen sie – wie bereits erwähnt –, das Gebiet aus der Luft zu fotografieren, um so vielleicht weitere Detailinformationen erlangen zu können. Man hatte mit diesem Verfahren im Verlaufe des Krieges ausgezeichnete Erfahrungen gemacht und wollte auf diese zusätzliche Methode der Informationsbeschaffung auch in diesem Fall nicht verzichten. Und der Verdacht der Amerikaner sollte sich bestätigen, denn auf einem der Fotos konnte eine unter der Erde befindliche große Bunkeranlage identifiziert werden, die sich auf dem Gelände des Truppenübungsplatzes

befand und die man daraufhin am Boden zu suchen begann. Man konnte sie allerdings nicht entdecken. In einem Bericht der Zeitschrift „Wissenschaft ohne Grenzen“ (Ausgabe 1/1997), in dem der Autor Dieter Meinig auf die letzten Rätsel des Führerhauptquartiers einging, wurde die Vermutung ausgesprochen, daß es sich bei dieser Anlage um eine sogenannte „Energiezentrale“ handeln könnte, die auf dem Areal des Truppenübungsplatzes impulsartig ein enormes elektromagnetisches Feld erzeugen würde. Dazu seien, so der Autor weiter, natürlich enorme Energiemengen notwendig, die eine *gewöhnliche* Kraftwerksanlage wohl kaum produzieren könne. Der Autor vermutete durchaus richtig, daß man deshalb ein besonderes technisches System als Erzeuger dieses Feldes annehmen müsse. Vielleicht dachte er hierbei an einen Kernreaktor, der – heruntergefahren – nunmehr noch im Selbstlauf arbeiten würde. Er begründete dies mit der Annahme, daß sich ein solches einmal in Betrieb befindliches System nicht sofort deaktivieren lasse und die in seinem Inneren ablaufenden Prozesse daher noch mehrere Jahrzehnte andauern könnten. Hinweise, daß ein solches technisches Relikt vielleicht noch immer im Verborgenen existiere und „arbeite“, so der Autor abschließend, seien eben u. a. rätselhafte pulsierende Lichtemissionen, die nachts über bestimmten Geländeabschnitten im Großraum Jonastal beobachtet werden konnten.

Um falschen Vorstellungen entgegenzutreten: Das Ganze kann selbstverständlich nichts mit der Generatorenanlage des „Nachrichtenamtes 10“ zu tun haben, denn diese wurde ja schließlich 1945 durch US-Truppen abgebaut. Also muß des Rätsels Lösung andernorts, aber sicherlich ganz in der Nähe, zu suchen sein.

Hinweise auf die seltsamen Lichterscheinungen gab es von mehreren Personen und auch der Autor hat bei diversen Nachforschungen einige Belege dafür zutage fördern können.

So stellten die Russen, denen immer untergeschoben wird, sie hätten von den Besonderheiten des Geländes nichts gewußt bzw. sich nicht dafür interessiert, sehr wohl Messungen des auftretenden Feldes auf. Es existiert darüber sogar eine entsprechende Karte, die den Verlauf des Feldes zeigt!
Bemerkenswerterweise sind diese „Lichter“ erst ab etwa 1940 nachweisbar, was eine immer wieder vermutete und bis heute diskutierte, mit geologischen Besonderheiten verbundene Erklärung, eindeutig ausschließt.
Um noch einmal auf die vermutete Energieerzeugungsanlage zurückzukommen, sie erfährt sogar eine unerwartete Bestätigung durch einen Zeugen, der auf eigenen Wunsch ungenannt bleiben wollte und hier zitiert werden soll:

> „Mein Opa arbeitete zu Kriegszeiten mehrere Jahre im Raum Ohrdruf/Jonastal. Er bekleidete eine Stellung, die ihm Zutritt zu bestimmten Abschnitten geheimer unterirdischer Anlagen gestattete. Er erzählte mir noch vor einigen Jahren darüber folgendes: Die unterirdischen Stollen führten weit in die Tiefe des Bermassives. Je tiefer es hineinging, desto höher wurde die Sicherheitsstufe. Nur mit bestimmten Ausweisen hatte man Zutritt zu den einzelnen Sperrzonen. Weit drinnen befand sich eine technische Anlage, an der Deutsche zusammen mit Vertretern einer ausländischen Macht (wahrscheinlich Japaner) Experimente durchführten. Die Anlage war ringförmig, wahrscheinlich handelte es sich um eine Art Fusionsanlage. Sie nahm im Inneren des Berges sehr viel Platz ein. (Die Auskunftsperson sprach von mehreren tausend Quadratmetern. Diese Angabe sei dahingestellt, d. A.) Für technische Experimente lagerte im Bergesinneren zudem ein gewisser Vorrat eines Edelmetalls.“
> (D. Meinig, Die Rätsel des letzten Führerhauptquartiers, Wissenschaft ohne Grenzen, Ausgabe 1/1997)

Natürlich wird mancher jetzt meinen, daß diese Aussage nicht ernstzunehmen sei. Ich muß gestehen, daß ich anfänglich derselben Meinung war, aufgrund diverser Recherchen und Informationen von Personen, die zahlreiche Gespräche mit involvierten Zeugen geführt hatten, die sich meist untereinander nicht kannten, allerdings vom Gegenteil überzeugt wurde. In der Tiefe des Berges steht wahrscheinlich auch heute noch eine funktionierende Anlage zur Energieproduktion, die allerdings, um die darüber befindlichen Bodenschichten durchdringen und derartige Leuchteffekte in der Atmosphäre verursachen zu können, eine Leistung von mehreren hundert Megawatt erzielen müßte …

Zu starker Tobak?! Für die damalige Zeit technisch unmöglich?! – Ich wäre mit einer solchen Einschätzung sehr vorsichtig, denn die Vermutung liegt nahe, daß hier eine Technologie zum Einsatz gelangte, die nicht auf den uns bekannten Prinzipien der Atomzertrümmerung beruht, sondern die die von Tesla gewonnenen Erfahrungen umsetzt, somit also ein prinzipiell neues System zur Energieerzeugung darstellt. Hierbei wären auch jene Untersuchungen und Forschungen zum Tragen gekommen, die von dem bereits mehrfach erwähnten Sonderbüro 13 durchgeführt wurden und die sicherlich durch die Beschlagnahme der Unterlagen des Tesla-Museums Anfang der 1940er Jahre einen zusätzlichen Auftrieb erhielten. Zudem halte ich es persönlich für die einzige *mit den Tatsachen zu vereinbarende Erklärung, wenn man bedenkt, daß diese Energiezentrale nach über 50 Jahren immer noch scheinbar reibungslos funktioniert.* Bei einem herkömmlichen Atomreaktor wäre damit wohl kaum zu rechnen, oder?

Freilich würde das Vorhandensein eines „Reaktors“, der auf Tesla-Prinzipien beruht, gleichzeitig die Chance erhöhen, daß auch an neuartigen Antriebssystemen auf dieser Basis gearbeitet wurde, was als eine logische Konsequenz gelten darf. Sind hier jene Antriebe zu suchen, die bisher rein spekulativ für die sogenannten Vril- oder Haunebu-Flugscheiben zum Einsatz gelangten bzw. gelangen sollten? Falls dem so wäre und Teile des Wissens alliierten Experten in die Hände gefallen ist, hätten diese im Laufe der Jahrzehnte eine neue Antriebstechnologie entwickeln können, die die Basis für die scheinbar unerklärlichen Antriebsverfahren der UFOs bildet.

Zusammenfassend betrachtet, ergibt sich damit ein völliges neues Bild vom Raum Jonastal und seiner Umgebung. Man hat den Eindruck, daß das gesamte Areal im von den Nazis so bezeichneten „Schutz- und Trutzgau Thüringen" eine Hochtechnologie-Zone war, deren sichtbare Zeichen zum Großteil unter der Erde verborgen wurden, um sie vor allzu neugierigen Blicken und den alliierten Bombenangriffen zu schützen. Leider werden nunmehr erst nach vielen Jahrzehnten einige Informationen offenbar, die die wahre Bedeutung dieses Teils Thüringens erkennen lassen.

Es ist in diesem Zusammenhang sicherlich richtig anzunehmen, daß in einige der unterirdischen Systeme auch Schätze jeglicher Art eingebracht worden sind, was sich aufgrund der vorhandenen Hohlräume unter der Erde und ihrer schon damals vorhandenen Tarnung logischerweise anbot. Nur eine Zusammenarbeit zwischen Schatzsuchern, Historikern und jenen Personen, die auf der Suche nach der verschollenen Technologie sind, wird es eines Tages ermöglichen, die dunklen Flecken jenes Teils deutscher Geschichte endgültig aufzudecken. Und vielleicht wird dabei auch Licht auf andere Dinge geworfen, die im Zusammenhang damit bis heute ebenfalls rätselhaft geblieben sind.

Zum Schluß dieses Kapitels sei jedermann vor dem Betreten noch zugänglicher unterirdischer Systeme gewarnt, ganz gleich, wo sie sich befinden (ich habe aus diesem Grund auch darauf verzichtet, eine entsprechende Übersicht von Stollen und Zugängen im Jonastalgebiet beizufügen). Leichtsinn kann tödliche Folgen haben. Es besteht bei Bunker- und Stollensystemen aus der Zeit des Zweiten Weltkrieges in vielen Fällen akute Einsturzgefahr und niemand weiß, ob sich in diesen unterirdischen Gefilden noch Munitionsreste und Blindgänger befinden. Einige Stollen sind zudem mit hoher Wahrscheinlichkeit von Schimmelpilzen der Aspergillus-Gruppe befallen, die eine verheerende gesundheitliche Wirkung haben können!

*****

BILDTEIL

Abb. 1 (links): Ein von der Firma Focke-Wulf in der Endphase des Zweiten Weltkrieges konstruierter Senkrechtstarter als Beispiel für weitere zukunftsweisende Entwicklungen deutscher Ingenieure. Am Ende eines jeden Armes trug das Gerät einer kleine Gasturbine, die das Flugzeug hubschrauberartig vom Boden heben konnten.

Abb. 2 (unten): Alliierte Kampfverbände trafen sehr oft auf neuartige deutsche Kriegstechnik. Bei diesem Flugzeug bemerkten die Soldaten und Offiziere das Fehlen eines Propellers, während sie die Flugzeugnase mit der Form eines Hai-Kopfes verglichen.

Abb. 3: Im Bild ist eine V-1 (Fi 103) in der Modifikation mit Pilotensitz zu sehen, die von US-Soldaten im Mittelwerk, Harz, sichergestellt wurde. Sie gelangte nicht mehr zum Fronteinsatz.

Abb. 4: Nach sechs Jahre lang dauernden Entwicklungsarbeiten gelang im Oktober 1942 in Peenemünde der erste Start einer A-4 (V-2).

Abb. 5 (unten): Vertreter des Heereswaffenamtes bei einer Inspektion von Peenemünde. Wernher von Braun ist vorn im Bild zu sehen, er trägt zivil.

Abb. 6: Ein Beispiel für das zukunftsweisende Aussehen der von den Gebrüdern Horten entwickelten Nurflügel-Maschinen. Das im Bild oben zu sehende Flugzeug mit der Bezeichnung H V b wurde auf dem Flugfeld von Köln-Ostheim fotografiert. Die ersten Entwicklungen wurden noch mit Propeller-Triebwerken ausgerüstet, erst später gelangten Strahlturbinen zum Einsatz.

Abb. 7: Auch andere Nationen der Erde waren in bezug auf die Erprobung von Nurflügelflugzeugen nicht untätig, wenn auch deren Planungen nicht soweit wie in Deutschland reichten. Im Bild unten ist eine US-amerikanische Testmaschine vom Typ Northrop N-1M zu sehen, die ab 1940 eingesetzt wurde, um Erfahrungen mit diesem Flugzeugtyp zu sammeln.

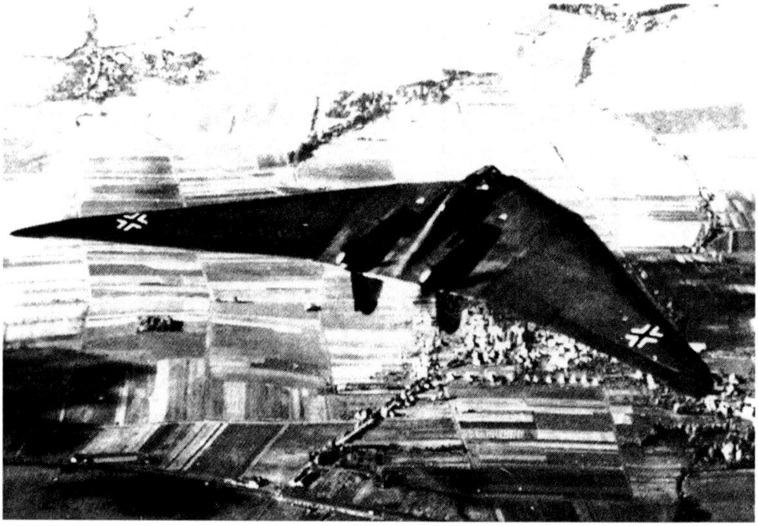

Abb. 8: Die Horten-Konstruktionen lösen immer wieder ungläubiges Staunen aus. Sie waren aber keineswegs nur auf dem Reißbrett entstandene Entwürfe, sondern wurden gebaut und auch geflogen. Hier ist eine H V c zu sehen, die sich – als die Aufnahme entstand – auf einem Flug im Raum Hannover–Braunschweig befand.

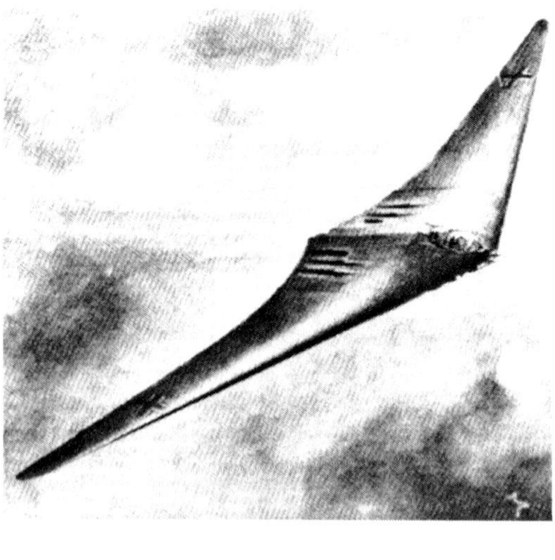

Abb. 9: Das Projekt einer Horten XVIII konnte nicht mehr realisiert werden. Hätte die Maschine gebaut werden können, wäre sie der erste strategische Fernkampfbomber der Welt gewesen.

Abb. 10 + 11: Amerikanische Nurflügelkonstruktionen, die nach dem Zweiten Weltkrieg entwickelt wurden. Bild oben: Eine XB-35 Flying Wing, die erstmals im Juni 1946 flog. Bild unten: Die unter der Projektbezeichnung MX-51 entwickelte YB-49 Flying Wing, die erstmals 1947 zum Einsatz gelangte. Unklar ist, inwieweit die fortgeschrittenen deutschen Projekte bei der Konstruktion und Erprobung unter Geheimhaltung stehender US-Prototypen eine Rolle spielten.

Abb. 12: Drei Beispiele deutscher Flugscheiben bzw. -kreisel. Die beiden oberen Entwicklungen gehen auf Schriever zurück, während die untere eine Gemeinschaftsarbeit von Habermohl und Schriever darstellt.

Abb. 13: SS-Obergruppenführer und General der Waffen-SS Dr.-Ing. Hans Kammler (1901 – ?) war einer der mächtigsten Männer im Dritten Reich. Er war nicht nur an verschiedenen Aufgabenstellungen zur Sicherstellung der V-Waffen-Fertigung und am Bau von Konzentrationslagern beteiligt, sondern ihm unterlagen auch streng geheime Forschungsvorhaben der SS, die weit in die Zukunft reichten und tatsächliche „Wunderwaffen" schaffen sollten. Sein Verbleib nach dem Zweiten Weltkrieg wurde nie zufriedenstellend aufgeklärt.

Abb. 14: Eingang Nr. 7 des unterirdischen Mittelwerkkomplexes, in dem hauptsächlich V-2-Systeme gefertigt wurden.

Floating Mystery Ball Is New Nazi Air Weapon

SUPREME HEADQUARTERS, Allied Expeditionary Force, Dec. 13—A new German weapon has made its appearance on the western air front, it was disclosed today.

Airmen of the American Air Force report that they are encountering silver colored spheres in the air over German territory. The spheres are encountered either singly or in clusters. Sometimes they are semi-translucent.

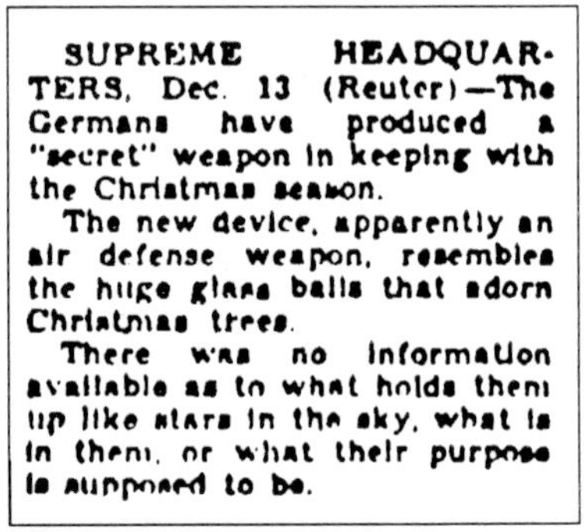

SUPREME HEADQUARTERS, Dec. 13 (Reuter)—The Germans have produced a "secret" weapon in keeping with the Christmas season.

The new device, apparently an air defense weapon, resembles the huge glass balls that adorn Christmas trees.

There was no information available as to what holds them up like stars in the sky, what is in them, or what their purpose is supposed to be.

Abb. 15 + 16: Das Auftauchen sogenannter „Foo Fighter«, seltsamer „Feuerbälle“, wurde auch in amerikanischen Tageszeitungen erwähnt. Oben links ein Bericht aus der „New York Times“ vom 14. Dezember 1944; die rechts oben stehende Mitteilung veröffentlichte „Reuters“ einen Tag zuvor.

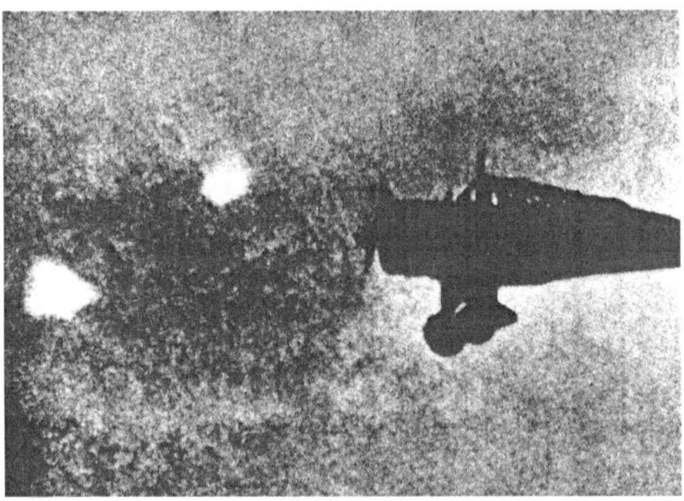

Abb. 17: Typische Foo-Fighter-Begegnung der 1940er Jahre.

Abb. 18: Joseph Andreas Epp bei der Arbeit an einem der von ihm entworfenen Projekte zu einem diskusförmigen Flugkörper.

Abb. 19: Zeichnerische Impression des möglichen Starts einer revolutionären deutschen Entwicklung. Die Hinweise, wonach einige der deutschen Flugscheibenkonstruktionen doch noch Probeflüge absolvierten, verdichten sich (Copyright by J. Nicholson).

Abb. 20: Das amerikanische Beuteobjekt, die bereits mit Strahlturbinen versehene Horten IX.

Abb. 21: Die einstigen Zugänge zum Stollensystem im Jonastal bei Arnstadt sind längst verschüttet (Copyright Th. Mehner).

Abb. 21: Während eines Fluges sahen der Pilot E. J. Smith und sein Copilot am 4. Juli 1947 eine Formation von fünf scheibenartigen Objekten, deren Herkunft nicht ermittelt werden konnte. Mit Hilfe des Scheiben-Modells in seiner linken Hand demonstrierte Pilot Smith später die Manöver der von ihm beobachteten Objekte gegenüber den Vertretern der Presse.

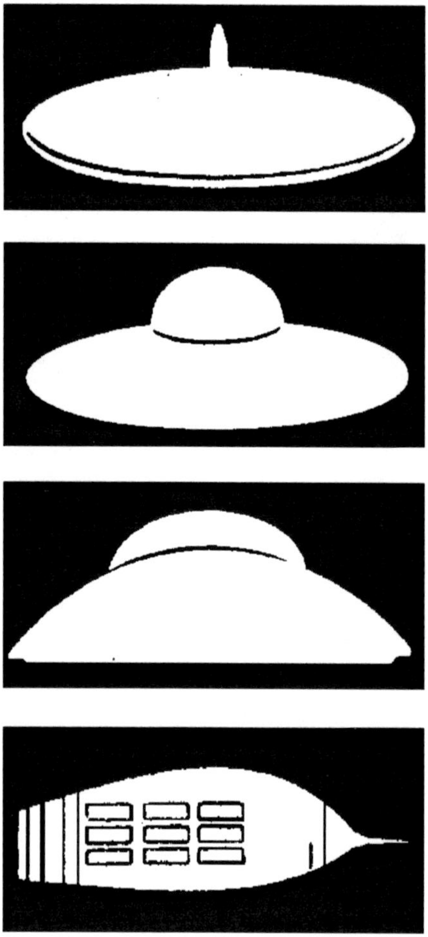

Abb. 22: Weshalb sind die am häufigsten beobachteten UFO-Formen jene, die von unserem Technologieverständnis her machbar erscheinen und zudem das Aussehen von gegen Ende des Zweiten Weltkrieges vorhandenen deutschen Prototypen unkonventioneller Bauart haben? – Flache Scheiben, Scheiben mit Kuppel, tellerförmige Geräte mit Kuppel, flügellose bzw. raketenähnliche Flugobjekte (Grafiken links) wurden in den letzten Jahrzehnten überdurchschnittlich oft – und mitunter aus nächster Nähe – beobachtet und fotografiert. Neuerdings gelangen auch noch V-förmige bzw. dreieckige UFO-Objektformen hinzu (Grafiken ganz unten links und rechts).

Abb. 23 (Bild oben): „Fliegende Untertasse", am 31.12.1978 über Neuseeland fotografiert.

Abb. 24 (Bild links): Schon 1969 schoß der Brasilianer Martinez Carrasco ein Foto, das ein identisches Objekt zeigt. Das Bild befindet sich im Besitz der brasilianischen Luftwaffe.

Die beiden Fotos dokumentieren, daß seit Jahrzehnten scheiben- bzw. diskusförmige Objekte, bei denen es sich wahrscheinlich um Geheimwaffensysteme einer Großmacht handelt, weltweit im Einsatz sind.

Mit tausend Kilometer Geschwindigkeit in die Lüfte

COW 7, der geheimnisvolle Flugkörper

Heimgekehrter Junkers-Flugzeugkonstrukteur erzählt von seiner Arbeit in der Sowjetunion

Nach achtjähriger Arbeit für die Russen in nur mit Zahlen bezeichneten Fabrikstädten südlich Kasalinsk am Aral-See in Sibirien ist jetzt der ehemalige Dr.-Ing. Wilhelm St. der deutschen Junkers-Flugzeugwerke heimgekehrt. Zu Hause zerriß er die Durchschrift der Schweigeerklärung, die er den Russen abgegeben hatte. „An erpreßte Versprechen fühle ich mich nicht gebunden", sagte er. „Schließlich haben sie mich 1945 von meinem letzten Arbeitsort in der Sowjetzone nach Sibirien zur Arbeit verschleppt. Ich bin in der Lage, über das geheimnisvollste Flugzeugprojekt zu berichten, von dem die Welt wohl je gehört hat."

Schon 1947 wurde der deutsche Flugzeugkonstrukteur, der bis dahin an einer Verbesserung der sowjetischen Mig-Typen mitarbeitet, in die Gegend von Kasalinsk gebracht. Russische Spezialisten sagten den hier arbeitenden 174 deutschen Konstrukteuren und Wissenschaftlern, daß sie jetzt an einem Scheibenflugzeug mit Kreisdüsenantrieb arbeiten würden. Damit jedoch jede Möglichkeit einer Spionage und die Gewinnung eines Ueberblicks über das gesamte Projekt unmöglich war, setzten die Russen zwischen den drei Forschungsgruppen sowjetische „Fachkuriere" ein. Die Deutschen selbst kannten nur ihren Teilarbeitsbereich.

„Dennoch", so berichtet Dr.-Ing. St. heute, „sickerte es allmählich durch, daß wir an Cow 7, dem geheimnisvollsten Flugkörper der Welt, arbeiteten. Die Russen gaben freimütig zu, daß ihnen die ersten sechs Konstruktionen fehlgeraten seien. Mit der siebenten sollten wir nun für sie sozusagen den Vogel abschießen. Als die ersten Scheibendüsenjäger startklar waren — sie wurden von den Sowjets zusammengesetzt und standen für uns getarnt — wurden wir in fensterlose Keller geführt. Aber natürlich ist die Methode der Geheimnistuerei für beteiligte deutsche Wissenschaftler ziemlich naiv und entspricht der russischen Art."

*

Es gelang natürlich nicht, den Deutschen das Ergebnis ihrer getrennten Arbeit verborgen zu halten. 1951 gaben es die Russen dann auch auf, die Deutschen nicht zuschauen zu lassen und sie in die Keller zu schicken. Aus einigen Kilometern Entfernung beobachteten sie, wie kreisrunde Flugkörper senkrecht aufstiegen und in etwa zehn Sekunden eine Höhe erreichten, in der sie dem menschlichen Auge entschwanden. Zwölf Kreisdüsen trieben sie an. Ihre Aufstiegsgeschwindigkeit soll tausend, ihre Geschwindigkeit im Waagerechtflug fünfzehnhundert Kilometer in der Stunde betragen. Die Fortbewegung selber geschieht mit der Eigendrehung nach dem Prinzip eines Diskus, wobei die sich ständig steigernde Rotationsgeschwindigkeit durch eine besondere Konstruktion zur zusätzlichen Steigerung der Schnelligkeit ausgenutzt wird.

„Ich hoffe, mit meinem Kollegen — wir haben für Mai ein Treffen in Augsburg geplant — alle noch offenen Fragen klären zu können. Es wäre gelacht, wenn wir den Rest des Geheimnisses, der Weise des Zusammensetzens der Maschine, das sich die Russen vorbehielten, nicht auf die Spur kommen sollten."

Donnerstag, 18. März 1954

KASSELER Zeitung

Abb. 25: Bericht über die Entwicklung eines scheibenförmigen Flugkörpers mit der Bezeichnung COW 7 in der ehemaligen Sowjetunion.

Zwischenspiel: „Fliegende Untertassen" in USA gefunden?

1949 setzte sich die US-amerikanische Luftwaffe mit ihrer Informationspolitik selbst ins Abseits, als der Air-Force-Kommandant in Baltimore eine Pressekonferenz einberief und hier einen authorisierten Sprecher verkünden ließ, daß zwei verschiedene „Prototypen" von Flugzeugen gefunden wurden, welche das Geheimnis der berühmten „Fliegenden Untertassen" aufklären könnten. Es ging um Fundstücke auf einer abgelegenen Farm bei Glen Burnie.

Kurz vor dem Krieg, so erklärte man den verwirrten Journalisten, habe an diesen beiden Maschinen ein gewisser Jonathan E. Caldwell gebaut, der dabei von einem örtlichen Mechaniker unterstützt wurde. Man könne nicht ausschließen, daß Caldwell weiterführende Experimente mit weiterentwikkelten Maschinen irgendwo durchführe, wenn man vom Zustand der aufgefundenen, nicht mehr funktionstüchtigen Modelle ausgehe. Der diensthabende technische Luftwaffen-Offizier erklärte, daß im Flug jene Modelle wohl an eine Fliegende Untertasse erinnerten und daß die nun beobachteten Objekte am amerikanischen Himmel hoch entwickelte Prototypen der weiterentwickelten aufgefundenen Modelle sein könnten. Nun sei die Air Force dabei, Chaldwell ausfindig zu machen, um festzustellen, ob er weitergearbeitet habe und wenn ja, für wen.

Der Erfinder hatte zweifellos versucht, die technischen und aerodynamischen Prinzipien von Flugzeug und Hubschrauber miteinander zu kombinieren – als Ergebnis besitzen nun die beiden Prototypen runde Flügel und kontrarotierende Propeller. Das sorgte dafür, daß selbst Leute mit wenig Phantasie hochfliegende Ideen und Vorstellungen bekamen. Wurde denn nicht berichtet, daß die „Untertassen" wie Hubschrauber bewegungslos in der Luft stehen bleiben konnten? Waren sie denn nicht auch perfekt rund, so wie Caldwells Modelle? Und zudem, waren sie nicht in der Heimatnation des Erfinders aufgetreten? Dies konnte doch kein Zufall sein. Und wo war nun der Erfinder geblieben, warum war er nicht aufzufinden?

Nur 24 Stunden später mußte derselbe Kommandant eingestehen, daß die von Caldwell konstruierten Maschinen nicht für das UFO-Phänomen verantwortlich sein konnten.

Wie sich später herausstellte, hatte Caldwell schon 1932 ein großmaßstäbliches Modell gebaut, das er als „Parasol"-Typ bezeichnete und

Flying Saucers Found

Discs Located, But Designer Has Flown

"GRAY GOOSE"—State police inspect one of weird-looking, flying-saucer type aircraft found by Air Force officers in abandoned barn near Baltimore, Md. Craft, named "Gray Goose," would operate like helicopter.—*(Acme Telephoto*

Washington — (INS) — Air Force officials believe today they may have uncovered the answer to the two-year-old mystery of the "flying saucers" but the "inventor" has flown.

While military investigators and Maryland State Police poked about a tobacco barn for further information on the two strange discs, the big question remained:

"What has happened to Jonathan Caldwell? It was he who designed the weird craft. An acquaintance said Caldwell was "ten years ahead of his time" in the field of aircraft design.

Authorities acting on an anonymous "tip" located the saucers. They said the discs definitely were prototypes of the devices many persons reported to have been skimming through the air in 1947.

The discs were found near Glen Burnie, Md., about 12 miles south of Baltimore, in a barn which apparently had not been used since 1941.

Caldwell left the community about that time and Maryland police have been able to find no trace of him. This was about six years before the "flying saucers" scare claimed public interest.

Air Force authorities are not convinced that either of the devices found in the barn was ever flown, although one was damaged as though it might have crashed during flight.

They surmised that these may have been models from which improved machines could have been developed.

John W. Ganz, a mechanic, said he had worked with the missing inventor on the discs. It was he who asserted that Caldwell was far in the lead of other aircraft designers.

Ganz said that Caldwell planned to set up a company to manufacture the discs and that he actually tested one of them in Washington in 1939.

The State of Maryland prevented Caldwell on two occasions from selling stock in corporations aimed at providing funds to perfect his inventions.

The discs are about 15 feet in diameter. They are equipped with propellers and motors and one has a small fuselage like that on a conventional airplane.

Zeitungsbericht, der über die Caldwell-Untertasse informierte.

das damals eine durchaus interessante Erfindung darstellte, die allerdings mit aerodynamischen Stabilitätsproblemen zu kämpfen hatte. 1933 testete Prof. J. Owen Evans das Modell im großen Windkanal von Los Angeles. Danach versuchte sich der bekannte Testflieger Jimmy Doolittle daran und erreichte damit eine Geschwindigkeit von beinahe 100 Meilen pro Stunde. Aufgrund dieser ersten Ergebnisse war der Erfinder optimistisch geworden und erklärte der Presse, daß er beabsichtige, in naher Zukunft ein ähnliches Gerät mit einem Durchmesser von 10 m zu bauen. Dies solle rund 50 t wiegen und 225 Meilen pro Stunde erreichen. In der Zwischenzeit arbeitete Caldwell an einem modifizierten Prototyp, der ihn jedoch in den finanziellen Ruin trieb. 1936 stürzte dieses Gerät ab, wobei der Testpilot ums Leben kam. Nach diesem Vorfall konnte Caldwell keinen Piloten mehr finden. So versuchte er, das Militär und einige Flugzeugfirmen für seine Flugmaschine zu interessieren – erfolglos.
1940, kurz bevor Caldwell Glen Burnie verließ, erzählte er einem Bekannten, daß nur 5000 Dollar fehlen würden, um sein Projekt abzuschließen. Was schließlich zurückblieb, waren die Modelle, die dann für Aufregung bei der amerikanischen Luftwaffe sorgten.
Kaum war Gras über die Sache gewachsen, verkündete am Abend des 3. April 1950 der bekannte Radioreporter Henry J. Taylor in einer Sendung aus Los Angeles eine Sensation. Taylor gab zu verstehen, daß die „Fliegenden Untertassen" zwei Typen von höchstgeheimen militärischen Erfindungen darstellen würden. Der erste Typ sei eine echte fliegende Untertasse, welche rasch bis auf 10 000 m Höhe emporsteigen könne und sich bei einer Höhe unter 500 m automatisch auflöse. Sie sei ferngesteuert und habe einen Durchmesser von bis zu 80 m. Nach den vorliegenden Informationen fliege dieses Gerät bereits seit drei Jahren. Der zweite Typ sei das „Fliegende Phantom", von dem viele Beobachter glaubten, es sei ein fliegender Diskus, aber tatsächlich handle es sich um ein Jet-Flugzeug ähnlich der XF-5U, welche derzeit von der US Navy weiterentwickelt würde. Bei beiden Projekten handle es sich um flügellose Rundflugzeuge mit phantastischen Flugleistungen.
„Die Fliegenden Untertassen kommen weder vom Mars noch von Rußland, sondern aus Maryland. Die US-Marine bestätigte das und erlaubte mir, dies Ihnen mitzuteilen. Aber man behält sich vor, jegliche weitere Informationen nunmehr nur noch durch die direkten zuständigen Militär-Verantwortlichen ausgeben zu lassen", erklärte Taylor seinem erstaunten Publikum. Außerdem sagte er noch, daß die Auffindung eines Diskus am Boden

mit Bedacht zu bewerten sei, da die echten Scheiben aus einem Material gebaut seien, welches sich in geringer Höhe auflösen würde, so daß nur noch kleinere Teile zu Boden gelangen könnten. Auf diesen wäre zudem nachzulesen, woher sie stammen würden. Diese Meldung war das, was man eine gute News nennt!

Nachdem Taylor diese Sensation offenkundig gemacht hatte, schritt die US-Marine energisch ein. Man leugnete jegliche Forschung oder Experimentalversuche zu Flugzeugtypen, die auch nur im entferntesten hätten an eine fliegende Untertasse erinnern können. Zwar habe 1945 McDonnel Aircraft einen Jet mit der Bezeichnung „Phantom" für die US Navy getestet, welcher als XF-1H bekannt wurde, aber dieser habe nichts mit dem von Taylor genannten Gerät zu tun.

Taylors XF-5U wurde als V-173 identifiziert, dem sogenannten „Fliegenden Pfannkuchen", der von Charles Zimmerman erfunden worden war und bereits im November 1942 testflog. Der war der gedachte Vorläufer eines Ringflüglers, der auf amerikanischen Flugzeugträgern stationiert werden sollte. Die perfektionierte Experimentalversion, der XF5U-1 („The Skimmer") wurde 1944 gebaut und vier Jahre später bei einem Testflug zerstört. Da das Gerät als instabil und aerodynamisch äußerst kompliziert galt, stellten die Marine-Techniker das Projekt ein. Ein Modell der V-173 landete schließlich im Lager der Naval Air Station in Norfolk, Virginia.

(aus: Werner Walter, Sachdokumentation „UFOs: Hinter verschlossenen Türen!", CENAP-Mannheim, 1992)

Die „Navy Flounder" (V-173-Modellreihe) während eines Erprobungsfluges. Obwohl die Maschine, die für die Marine entwickelt worden war, über sehr gute Senkrechtstart-eigenschaften verfügte und in einem Geschwindigkeitsbereich von 55 bis 650 km/h manöw-rieren konnte, wurde das Projekt wegen angeblicher aerodynamischer Instabilität eingestellt.

Abb. 26 + 27: Zwei Ansichten der legendären Flugscheibe des französischen Konstrukteurs René Couzinet, der sie „Aerodyne" nannte. Sie wurde von insgesamt drei Turbinen des Typs „Lycoming" und einem „Palas"-Aggregat angetrieben und war flugfähig. Das Düsensystem ähnelte vom Prinzip her der Konstruktionsidee von Miehte und Bellonzo. Die Flugscheibe erreichte bei Testflügen eine Geschwindigkeit von bis zu 600 km/h.
Couzinets Leben und Werk ist ein deutliches Beispiel dafür, daß jeder, der sich in Richtung dieser bemerkenswerten Technologie zu sehr engagierte, einer Vielzahl von Schwierigkeiten und Drohungen ausgesetzt war. Der vermeintliche Selbstmord des Konstrukteurs und seiner Frau wurde nie zufriedenstellend aufgeklärt und muß als solcher in Zweifel gezogen werden.

Abb. 28: Ein unidentifiziertes diskusförmiges Objekt, das im Januar 1974 bei Viborg, Dänemark, fotografiert wurde. Bei seinem Schwebeflug verflüssigte es die umgebende Luft (Kreis), was zeigt, daß Teile des Körpers eine Temperatur von unter -180 Grad Celsius aufwiesen. Könnte diese registrierte Sekundärerscheinung etwas mit dem kürzlich entdeckten Antischwerkrafteffekt bei schnell rotierenden und bei Tieftemperatur supraleitend werdenden Körpern zu tun haben?

Abb: 29 + 30: Immer wieder sorgten neuentwickelte Flugkörper für UFO-Meldungen. Einige der als „ungeklärt“ bezeichneten Sichtungen konnten oftmals erst nach der Deklassifizierung geheimgehaltener Unterlagen identifiziert werden. In einer 1997 veröffentlichten CIA-Studie gab der Geheimdienst sogar zu, zum Schutz geheimer Entwicklungen das UFO-Phänomen manipuliert und UFO-Forscher getäuscht zu haben. Ist das ein erstes Eingeständnis der wahren Situation? (Oben: SR-71, links: X-15. Beide Flugzeugtypen waren Objekte der CIA-Manipulation, dürften aber in Wirklichkeit nur die Spitze des Eisberges sein.)

Wenn konventionell aussehende Flugzeug-Neuentwicklungen wie die auf den beiden vorhergehenden Seite abgebildeten Maschinen schon einen erheblichen Geheimhaltungs- und Vertuschungsaufwand nach sich zogen, was ist dann erst an Desinformation zu erwarten, wenn es um die Schaffung völlig neuartiger unkonventioneller Fluggeräte geht, die der Öffentlichkeit gegenüber um jeden Preis verborgen bleiben müssen? In jedem Fall müßte doch vermieden werden, daß nach außen dringende Details einer solchen Entwicklung ernstgenommen werden. Das UFO-Phänomen wäre eine ideale – psychologisch verankerte – Möglichkeit der Manipulation.

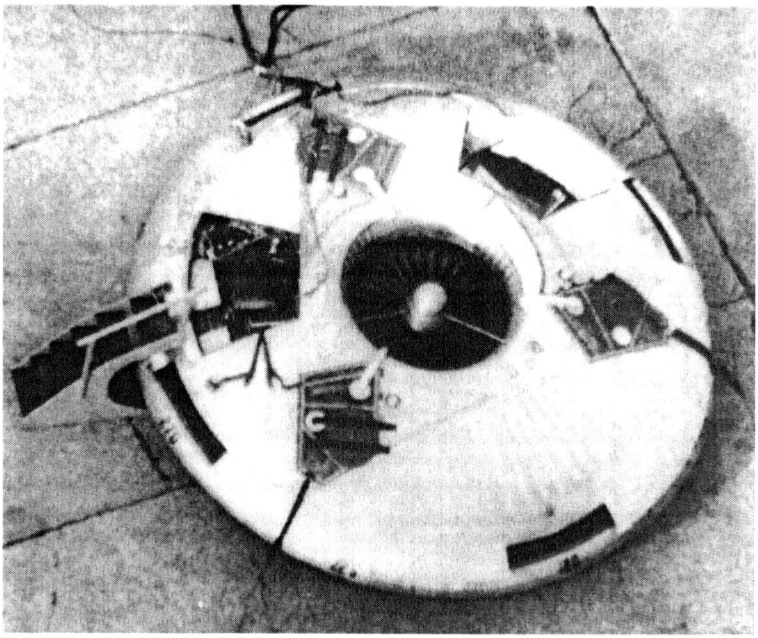

Abb. 31: 1959 machte der Kameramann Jack Jugdes dieses Bild, als er die Fabrik der A.V. Roe Aviation Company überflog. Sein Kameraobjektiv erwischte dieses untertassenförmige Gefährt, das kurz zuvor aus einem Hangar herausgefahren worden war. Später in der Presse erscheinende Berichte interpretierten es als mögliche US-Geheimwaffe.

Abb. 32: Ein offiziell freigegebenes Bild der sogenannten AVRO-Scheibe, nachdem das auf der vorhergehenden Seite abgebildete Foto durch die Presse lief. Nach amtlichen Informationen handelte es sich dabei um eine von der US Air Force und der US Marine entwickelte Art von Luftkissenfahrzeug, das sich angeblich nie mehr als 1,20 Meter über den Boden erhoben haben soll. Das Projekt wurde den offiziellen Verlautbarungen zufolge später erfolglos beendet. Die Beobachtungen von Personen im Umfeld der geheimen US-Luftwaffenbasis Area-51 deuten allerdings darauf hin, daß es sich hierbei in Wirklichkeit um eine irreführende Information handelt und die Versuche erfolgreich bis zum heutigen Tag fortgesetzt worden sind.

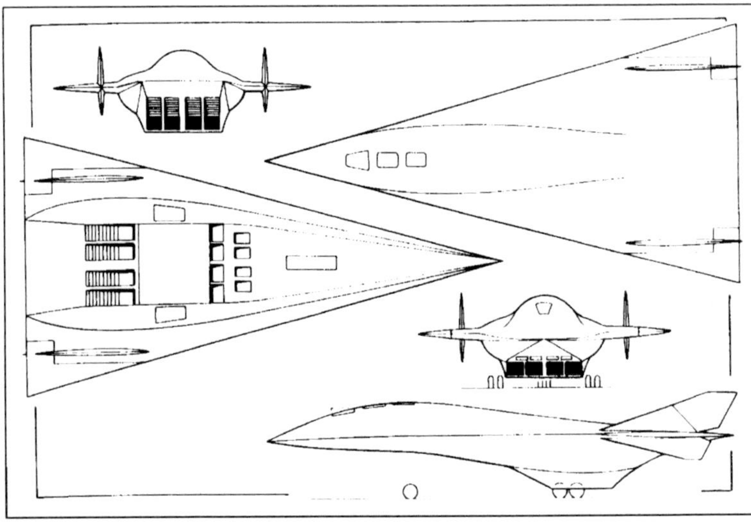

Abb. 33: Ein Grundriß der „Aurora", angefertigt nach Angaben von Augenzeugen, die dieses hypermoderne Flugzeug über der Nordsee beobachteten.

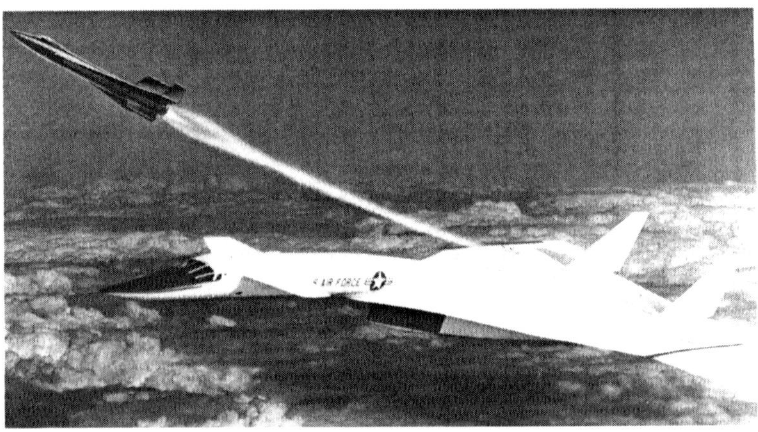

Abb. 34: Eine zeichnerische Impression eines der möglicherweise hinter der „Aurora"-Entwicklung stehenden Projekte. Hierbei handelt es sich um eine XB-70, die aus einem Mach 3 schnellen „Transporter" und einem Höhenaufklärer besteht.

Abb. 35: Das Gebiet von Groom Lake mit der – offiziell immer wieder dementierten – Basis Area-51, fotographiert von einem russischen Spionagesatelliten am 17. Juli 1988.

Abb. 36: Blick in Area-51 (Ausschnitt). Die Basis existiert! Gegenteilige Behauptungen des US-Militärs und der Regierungsbehörden der USA sind unwahr.

Abb. 37: Aufnahme der von Lockheed betriebenen Basis von Hallendale im US-Bundesstaat Kalifornien, die ebenfalls zu den Untergrundanlagen mit militärischer Bedeutung gehört. Sie ist Bestandteil der sogenannten „Skunk Works"-Projekte von Lockheed.

Abb. 38: Vergrößerung eines Fotos, welches eine Versuchseinrichtung mit einem scheibenförmigen Flugkörper zeigt. Dieses Gebilde gehört ebenfalls zur Hallendale-Anlage von Lockheed.
Die am Boden erscheinende hellere Fläche um den aufsteigenden „Tragarm" kann sich öffnen und die komplette Konstruktion in einem darunter befindlichen Hohlraum aufnehmen, so daß diese bei Bedarf oberirdisch nicht mehr sichtbar ist.
Einige Beobachter glauben, daß es sich bei der Konstruktion um einen Stealth-Testkörper für eine in unmittelbarer Nähe befindliche Radaranlage handeln könnte. Ähnliche Versuchseinrichtungen sind in bezug auf den Stealth-Fighter F-117A bekanntgeworden. Bemerkenswert bleibt allerdings die Tatsache, daß der abgebildete Versuchskörper scheibenförmig ist und damit bei vielen Beobachtern eine Assoziation in Richtung einer „Fliegenden Untertasse" hervorruft. Es muß davon ausgegangen werden, daß die im Geheimen laufenden Projekte Flugkörper betreffen, die genau diese Form aufweisen.

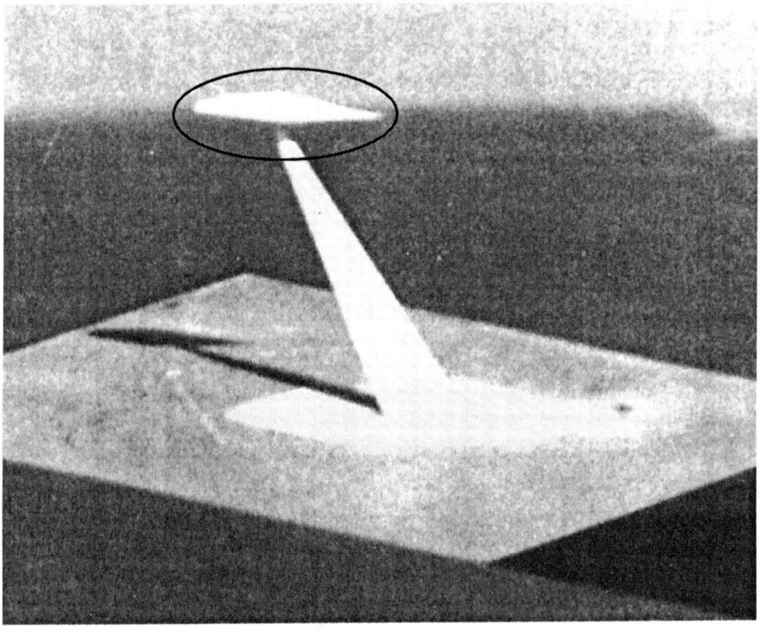

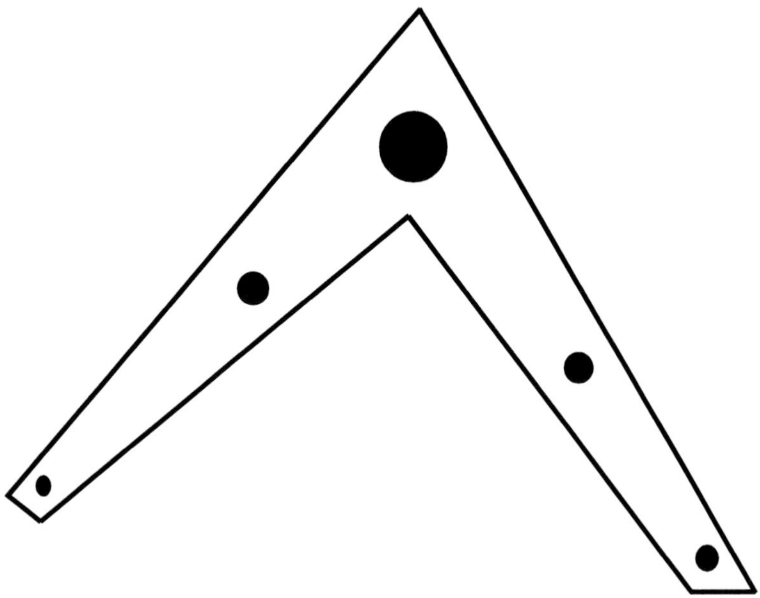

Abb. 39: Das unbekannte Objekt über dem Himmel von Arizona, USA, wurde von tausenden Amerikanern gesehen. Es ähnelte einem großen „V“ und hatte fünf Lichter. Augenzeugen berichteten, es sei so groß wie drei Fußballfelder gewesen. Recherchen ergaben, daß es ursprünglich aus dem Gebiet der Area-51 einflog.

Fliegende Kampfroboter

Neues von der Mechanisierung des Himmels: Die US-Luftwaffe hat hochfliegende Pläne für die Entwicklung unbemannter Flugkörper vorgelegt (siehe Zeichnung). Dabei handelt es sich nicht, etwa um Raketen, sondern um Miniflugzeuge, sogenannte Drohnen. Die können ferngesteuert oder autonom wie ein Roboter sein, tonnenschwer oder leicht wie ein Kofferradio, groß wie ein Drachenflieger oder klein wie ein Schmetterling (solche Mikrodrohnen existieren bislang freilich nur im Computer). Das soeben eingerichtete Unmanned Aerial Vehicle (UAV) Battlelab testet gegenwärtig einen Prototyp namens DarkStar, er ist für Radar beinahe unsichtbar und für Langzeiteinsätze in großer Höhe gedacht.

Drohnen sind an sich nichts Neues. Sie wurden schon im Vietnamkrieg für die Aufklärung eingesetzt. Danach wurde es einige Zeit still um sie, nur in Israel und Südafrika ging die Entwicklung weiter. Jetzt indes erleben sie ihr Comeback, und zwar aus vier Gründen. *Erstens:* Das Fernsehen überträgt die Bilder von Blut und Tod heute überallhin. Wer, wie die USA, in fernen Weltgegenden Krieg führen will, muß daher nach Techniken suchen, die der Heimat solche Anblicke ersparen. Da bieten sich Drohnen an, denn in ihnen sitzt kein Pilot. Der *zweite* Grund: Drohnen sind billig. Die Hälfte der Kosten eines Militärflugzeuges rührt von den Menschen im Cockpit her. *Drittens:* Die Miniaturisierung der Technik hat gewaltige Fortschritte gemacht. Das gilt sowohl für die Sensorik, in diesem Fall also Aufklärungsmittel wie Radar, Infrarot, Optik, als auch für die Datentechnik und, nicht zuletzt, für die Waffentechnik. Die deutsche Firma STN entwickelt eine Kampfdrohne namens Taifun, die sich wie ein Kamikaze-Flieger ein Ziel aussucht und es vernichtet. *Viertens:* GPS, das weltweit genutzte System für Satellitennavigation, erlaubt hochgenaue Flugkorrekturen.

Im Bosnienkrieg wurde eine Beobachtungsdrohne namens Predator eingesetzt, um die Einhaltung des Abkommens von Dayton zu überprüfen. Der Flieger ist acht Meter lang, die Spannweite beträgt beinahe fünfzehn Meter, er kann vierzig Stunden lang fliegen und kostet nur drei Millionen Dollar pro Stück. Predator fliegt in sieben Kilometer Höhe, ist mit bloßem Auge also fast nicht zu sehen und daher schwer zu bekämpfen (am besten: mit Drohnen). Infolgedessen wurde lediglich ein Predator abgeschossen, und zwar vermutlich in der Landephase.

Auch in Europa werden Drohnen entwickelt, insbesondere in Frankreich, England, Rußland und Deutschland. Die Bundeswehr übt seit 1990 mit der taktischen Drohne CL-289 (Flughöhe bis 600 Meter), die von Frankreich bereits in Bosnien eingesetzt wurde. In etwa einem Jahr beginnt der Truppenversuch mit einer neuen deutsch-französischen Aufklärungsdrohne namens KZO-Brevel.

GvR

Abb. 40: Der „Die Zeit"-Bericht zu neuartigen unbemannten Aufklärungssystemen.

Abb. 41: Fliegt der Tarnkappenbomber B-2 mit einem Hybridantrieb, von dem der eine Teil auf Prinzipien der Elektrogravitation beruht? Eine Reihe von US-amerikanischen Physikern ist der festen Überzeugung, daß dem so ist. Das würde auch die Kosten des Systems erklären, die bei einer Milliarde Dollar pro Stück liegen!

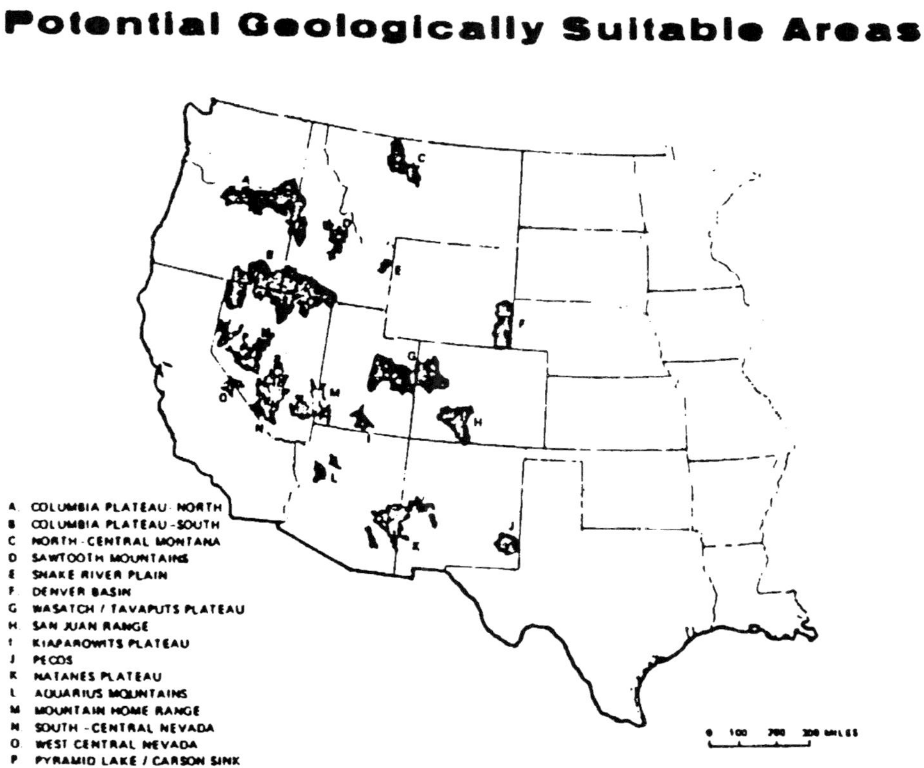

Abb. 42: Diese Karte zeigt jene Gebiete in den USA, die geologisch gesehen günstige Bedingungen aufweisen, um Tunnel- und Stollensysteme zu errichten. In einem Teil der Anlagen befinden sich wahrscheinlich ähnliche Forschungsprojekte wie die von Nellis Air Force Base und Area-51, in denen geheime technologische und biologisch-medizinische Experimente absolviert werden.

Abb. 43: Die Idee von „bombensicheren" Untergrundanlagen wurde erstmals im Zweiten Weltkrieg durch Deutschland umgesetzt. Wahrscheinlich waren drei dieser Tunnelsysteme mit der Bezeichnung S I bis S III Vorbild der späteren S-4-Einrichtungen in den USA. Die Darstellung zeigt einen (möglichen) unterirdischen Flugscheiben-Stützpunkt, der von einem Gebirge geschützt wird.

Abb. 44: Eine Maschine für Bergbauvortrieb der Firma The Robbins Company, mit der Stollen mit einem Durchmesser von über acht Meter innerhalb kürzester Zeit vorangetrieben werden können. Angesichts derartiger High-Tech-Entwicklungen ist die Schaffung militärischer Untergrundsysteme heute kein Problem mehr. Die USA besitzen nach offiziellen Angaben ein strategisches Tunnelsystem mit einer Länge von mehr als 10 000 km!

There are no UFOs, just U.S. secrets

From PAGE 1

field. Lyne said that in the late 1800s Tesla first proposed the technology behind the electrical flying machine — involving a tuned coil that emits a negative electrical charge in the direction the craft moves.

Lyne said Tesla's idea was stolen by an Austrian group who built a few workable machines for Axis use in World War II, but who never figured out how to arm the machines because their high electrical charges were apt to set off conventional explosives.

The U.S. military, working with others, later developed the machines for surveillance purposes, he said.

Lyne said he began hearing about flying saucers when he was a child in his hometown of Kermit, Texas, just across the state line from Jal, N.M. He recalls the "Roswell Incident" of 1947 in which a saucer was reported to have crashed in southeastern New Mexico, killing its crew of reputed space aliens.

"They were just a bunch of monkeys that were being used in rocket-sled experiments" to test the effects of acceleration, Lyne said.

He said he knew a brother of the pathologist who performed tests on the dead creatures and had photographs of the wrecked vehicle and the dead monkeys in space suits which were obviously sewn.

"It was sure not alien technology," he said.

Lyne said that when he was 15, he got his first good look at a saucer hovering near the Kermit water tower, before it sped back toward New Mexico. He said a neighbor also saw the vessel, but seemed more interested in his reaction, so he figured she was a government agent.

He blames rumors about space aliens on today's New Age movement and UFO groups which, he said, are largely made up of government agents seeking to confuse the public. Lyne said he has purchased discarded parts of flying machines in an Albuquerque junk store. His book includes instructions on how to build one.

Because of his expertise and his efforts to debunk the UFO myth, he said, government agencies like the CIA have tried to discredit and even kill him.

He said the government has left him alone for more than a year — perhaps signaling a change of policy — but that he doesn't expect the veil of secrecy to be lifted any time soon.

"The fact that they've concealed this so thoroughly indicates to me that they don't have any intentions of ever revealing it," he said.

Abb. 45 + 46 (nächste Seite): Auch in den USA sind einige sich mit dem UFO-Phänomen befassende Forscher zu der Überzeugung gelangt, daß die außerirdische Herkunftshypothese unglaubhaft erscheint. Statt dessen versuchen sie das Thema mit der sogenannten „Staatshypothese“ zu erklären, die hinter den merkwürdigen Erscheinungen am Himmel, zumindest teilweise, eine US-Verschwörung sieht. Diese Behauptung wird auch öffentlich diskutiert, wie man anhand des Presseartikels erkennen kann.

▶A.M. INTERVIEW

There are no UFOs, just U.S. secrets

▶Lamy resident says stories about "space aliens" are propaganda to cover up a giant government conspiracy.

NEIL JACOBS/JOURNAL

Bill Lyne displays what he says is a part from the guidance system for a German World War II "flying saucer."

BY TOM SHARPE
JOURNAL STAFF WRITER

Bill Lyne says stories about space aliens and UFOs are part of an elaborate government conspiracy to keep secret the existence of man-made electrical flying machines.

"I can spot them in the sky almost any night, usually over toward Albuquerque or Los Alamos," the Lamy resident said in a recent interview. "I've seen them land in Eldorado."

Close up
Name: Bill Lyne
Age: 55
Residence: Lamy since 1974
Education: Master's of fine arts, University of Texas
Occupation: Apartment owner, artist

Lyne said many people mistake these machines for stars, but that he has learned how to distinguish between the two.

Electric flying machines "blink and wobble too much," he said. "Sometimes they blink quite brightly, so much that they give you a headache."

You may have noticed Lyne's self-published book in some local stores.

"Space Aliens from the Pentagon," with Lyne's hand-painted cover which sports an iridescent silver saucer in a bright blue triangle, strange symbols and equations, is hard to miss.

The 244-page book aims to set the record straight, at least from Lyne's point of view, about how Texans are "the Jews of Nazi New Mexico," why the northern part of the state has become a "one of the primary deal-making and distribution points for CIA-connected cocaine traffic" and how the government often uses "closet homosexuals" for spies.

But Lyne's most compelling theory is that the public has been deceived by a misinformation campaign to blame UFOs, cattle mutilations and other odd occurrences on extraterrestrials.

The real story, he says, goes back to a Yugoslavian scientist named Nicola Tesla who discovered the rotating magnetic

See THERE ▶ PAGE 3

DIE IRDISCHEN FACETTEN DES UFO-PHÄNOMENS

Ein kurzer Abriß

Folgt man der in diesem Buch aufgestellten Vermutung, daß Geheimwaffenentwicklungen ihren Niederschlag in UFO-Beobachtungen fanden, dann muß man zumindest einen kurzen geschichtlichen Abriß des Phänomens wagen. Ich bin mir dabei der Tatsache bewußt, daß ein solcher Versuch äußerst schwierig ist, weil die Facetten des Phänomens nur in einem mehrere hundert Seiten umfassenden Kompendium darstellbar wären. Trotz dieser Widrigkeit will ich versuchen, einige Informationen an den Leser weiterzugeben.
Bis heute existieren eine nicht unerhebliche Zahl von Fällen, in denen Zeugen nicht nur irgend etwas am Himmel sahen, sondern sehr konkrete Einzelheiten beschrieben, die mitunter unangenehm genau waren. Zahlreiche Beobachtungen hatten Gruppencharakter und wurden, was die Fälle aufwertete, teilweise durch Radar bestätigt. Es gab meßbare Spuren und physikalische Wechselwirkungen der Objekte mit ihrer Umgebung, wie Sie anhand der Darstellung einiger Fälle werden sehen können. Betrachten Sie die Fälle ruhig einmal unter dem Aspekt möglicherweise dahinterstehender Geheimwaffen-Technologie und der Informationen, die Sie in den vorhergehenden Kapiteln dieses Buches erhalten haben.
Auch auf die Gefahr hin, UFO-Insider zu langweilen, möchte ich nunmehr auf einige grundlegende Aspekte des Phänomens eingehen, da dieses Buch mit Sicherheit auch von einer Reihe von Personen gelesen wird, die sich bisher mit dieser Thematik nicht beschäftigt haben.
Was ist ein UFO? Der Begriff stammt aus dem militärischen Vokabular und ist – völlig wertfrei – das Kürzel für „Unidentified Flying Object“, was zu deutsch „Unidentifiziertes Flug Objekt“ heißt. Er hat zunächst nichts mit Fliegenden Untertas-

sen und kleinen grünen Männchen zu tun, wie manche glauben. Ein Analogieschluß zu diesen Begriffen ist aus logischer Sicht nicht statthaft. Aus formalen Gründen unterscheidet man zwischen zwei Kategorien von UFOs. Da gibt es einmal UFO-Beobachtungen im weiteren Sinne, wobei es sich um Erscheinungen handelt, die zur Zeit der Beobachtung für den oder die Augenzeugen nicht erklärbar sind und die sich nach einer im Anschluß durchgeführten gewissenhaften Untersuchung auf einen bekannten Stimulus natürlicher oder künstlicher Natur zurückführen lassen (allgemein über 90% aller Fälle weltweit). UFOs im engeren Sinne sind jene Erscheinungen, die auch nach der Bewertung durch Experten mit der entsprechenden Ausbildung und unter Hinzuziehung aller Informationen und Quellen nicht erklärt werden können. Sie deuten auf die Anwesenheit eines oder mehrerer neuartiger Phänomene hin, lassen aber auch die Vermutung zu, daß es sich um eine fortgeschrittene Technologie handelt, die nur einer elitären Gruppe von Menschen bekannt ist. Je nach Land liegt die Rate der UFOs i.e.S. zwischen vier und acht Prozent.

Leider hat sich in den letzten Jahrzehnten in der Öffentlichkeit die Gleichsetzung von UFOs = Fliegende Untertassen = außerirdische Raumschiffe = grüne Männchen eingebürgert, was natürlich falsch ist und bei genauer Betrachtung jeglicher Grundlage entbehrt. Der Mythos von den „grünen Männchen“ entstand im Jahre 1953. In Wirklichkeit handelte es sich hierbei um zwei erschlagene Kapuziner-Affen, die der amerikanische Friseur Edward Watters kahlgeschoren und mit grüner Farbe behandelt hatte. Er wollte mit dieser Meldung unbedingt einmal in die Presse kommen, was ihm auch gelang.

Angesichts derartiger Sachverhalte verwundert es nicht, daß sich die etablierte Wissenschaft nur ungern mit dem Thema befaßt, es allgemein für Pseudowissenschaft ausgibt und jenen skeptisch eingestellten UFO-Untersuchern recht gibt, die mei-

nen, UFOs seien kaum mehr als eine Medienlegende, die im 20. Jahrhundert ihren Anfang nahm.
Die nun folgenden Informationen sind als „Spitze des Eisberges“ zu verstehen. Begonnen hat der eigentliche Rummel um das UFO-Phänomen angeblich im Jahre 1947, als der US-amerikanische Privatpilot Kenneth Arnold bei einem Flug über dem Mount Rainir, US-Bundesstaat Washington, mehrere riesige, glänzende Objekte in der Luft gesehen haben wollte. Auf einer später stattfindenden Pressekonferenz beschrieb er sie als „like a saucer ...“ – wie eine Untertasse.
Mysteriöse Beobachtungen von seltsamen Leuchterscheinungen am Himmel und in Bodennähe sind aber in Wirklichkeit ungleich älter. Doch erst seit der Mitte des 20. Jahrhunderts beschäftigte man sich intensiver mit derartigen Problemen, wußte man doch mit Sicherheit, daß es sich hierbei nicht um „göttliche Offenbarungen“ handelte, wie dies noch unsere Vorvorderen zu glauben pflegten. In der Zwischenzeit wurde dieses Thema jedoch zu einem der „heißesten Eisen“ der Gegenwart, denn die Geschichte der UFO-Beobachtungen ist ein Gemisch aus realen Geschehnissen, Verwechslungen mit bekannten oder lange Zeit unbekannten Naturerscheinungen, Erfindungen und jenen rätselhaften Fällen, die auch nach der Untersuchung durch Forscher und Experten nicht oder nicht einwandfrei zu klären waren. Man tut sich freilich schwer, wenn man die Wahrheit aus diesem Extrakt herausfiltrieren will. Effektiv konnten im Schnitt über 90 % aller eingehenden UFO-Berichte seit 1947 aufgeklärt werden, aber ebenso klar blieb der Rest unaufgeklärt. Die eindeutig besten Beobachtungen sind diejenigen, die gleichzeitig von mehreren unabhängigen Zeugen gemacht werden und dazu durch Radarmessungen bestätigt werden können.
Wie ich bereits betonte, ist es ist ein offenes Geheimnis, daß viele Wissenschaftler gegenüber dem Thema „UFO“ als Forschungsgegenstand eine starke Ablehnung verspüren. Kein Wun-

der, ist dieses Gebiet doch mit zahlreichen Falschinformationen und Lügengeschichten durchsetzt. Darüber hinaus sind Wissenschaftler, die sich der Thematik zuwenden, oft Angriffen ihrer Fachkollegen ausgesetzt, die keinerlei Verständnis für die Beschäftigung mit dem UFO-Thema haben und wahrscheinlich auch nicht über die nötige Toleranz verfügen. Die Letztgenannten beachten davon unabhängig nicht, daß sich viele UFO-Untersucher als Aufklärer von bisher als rätselhaft geltenden Fällen verstehen und damit eine wichtige Rolle bei der Information der Öffentlichkeit spielen. Zudem sind nach wie vor viele atmosphärische und kosmo-atmosphärische sowie magnetische Prozesse und damit in Verbindung stehende Leuchterscheinungen ungeklärt, so daß – unabhängig von der geheimen militärischen Komponente – Forschung also in jedem Falle lohnt! UFO-Beobachtungen sind somit auch kein rein soziologisches Phänomen, wie mancher vielleicht glauben möchte. Beobachtungsberichte über nichtidentifizierte Lufterscheinungen und Flugobjekte liegen aus der ganzen Welt vor. Damit verdichtet sich schon aus rein logischen Gründen der Eindruck, daß hinter einem gewissen Teil aller Beobachtungen reale Geschehnisse verborgen sind und daß UFOs mehr sein müssen als Luftspiegelungen, Fehlinterpretationen und Erfindungen von Wichtigtuern.

Die ersten Sichtungen der Moderne

Im 19. und 20. Jahrhundert wurden verschiedene Sichtungswellen vermeintlich unbekannter Flugkörper registriert. Erinnert sei hier an die „Luftschiff-Beobachtungen“ 1896 und 1897 in den USA, an die „Geisterflugzeuge“ über Skandinavien der Jahre 1932 bis 1938, an die bereits ausführlich beschriebenen „Foo-Fighter“ im Zweiten Weltkrieg sowie an die „Geisterraketen" – wieder über Skandinavien – im Jahre 1947. Diese vier genannten UFO-Sichtungskonzentrationen wurden in der Literatur immer unter dem Aspekt der Fremd- und Rätselhaftigkeit dargestellt. Für mich sind sie aber immer mit neuer irdischer Technologie verbunden, die für einen Großteil der sie beobachtenden Augenzeugen unbekannt und damit „unerklärlich" erschien. Alle diese Sichtungswellen riefen in der Bevölkerung keine breite Resonanz hervor – ganz zu schweigen von deutlich ausgesprochenen Spekulationen über außerirdische Lebewesen. Dies änderte sich beinahe schlagartig, als Kenneth Arnold am 24. Juni 1947 die moderne Ära ungewöhnlicher Himmelsbeobachtungen einleitete:

> „Auf einem Flug in der Nähe des Mount Rainir in Washington sichtete Arnold neun glühende Scheiben, die in Kolonnenformation dahinrasten. Ihre Größe schätzte er auf 35 m Durchmesser, die Geschwindigkeit auf mehr als 1800 km/h. Unglücklicherweise bezeichnete Arnold die Objekte als ›untertassenförmig‹ und damit hatte dieser lächerliche Begriff das Licht der Welt erblickt. Hätte er sie ›fliegende Scheiben‹ oder einfach ›unbekannte Objekte‹ genannt, sähe die Sache heute möglicherweise anders aus. Aber die ›Untertassen‹ waren eben von Anfang an ein großer Witz und damit ein Hemmnis für jede ernsthafte Untersuchung. Innerhalb weniger Tage nach Erscheinen des Arnoldschen Sensationsberichts auf den Titelseiten der Zeitungen wurden auf einmal aus allen Teilen der Welt unheimliche Flugobjekte gemeldet ..." (Donald E. Keyhoe, Der Weltraum rückt uns näher, 1954)

Was nur die wenigsten wissen: Die „Untertassen", die Arnold gesehen haben wollte, waren überhaupt keine scheibenförmigen Objekte, sondern – nach seinen späteren und detaillierteren Beschreibungen zu urteilen – eher mondsichel- oder V-förmige Körper, die in ihrem Erscheinungsbild auch an den Test von

Nurflügel-Maschinen oder an eine meteoritische Erscheinung denken lassen, wobei im Falle der letzteren Erklärungsmöglichkeit die Sichelenden die beim Verglühen der Körper in der Atmosphäre weggerichteten Feuerschweife darstellen könnten. Bedenkenswert ist immerhin die Tatsache, daß jedes Jahr im Monat Juni fünf größere Meteorströme zu erwarten sind. Sollte Arnold also auf ein Feuerkugel-Ereignis oder einen Test von neuartigen Flugzeugen hereingefallen sein? Wir wissen es nicht und Arnold hat niemals Stellung zu einer möglichen Erklärung seiner Beobachtung genommen. Bekannt ist lediglich, daß sich zahlreiche „UFO-Formationsflüge" in späteren Jahren immer wieder als Vorgänge mit technischem oder meteoritischem Charakter herausgestellt haben.
Sicher ist nur, daß die erste nach dem Zweiten Weltkrieg gemachte „Initialsichtung" Arnolds den Anfang eines modernen Mythos bildete, der seit mehr als zwei Generationen besteht und wohl niemals enden wird, solange noch eine Reihe von wichtigen Fragen ungelöst bleibt. Der Grund hierfür liegt wohl auch darin, daß von Beginn an hauptsächlich zwei Alternativen als Lösungen diskutiert wurden: 1. „Fliegende Untertassen" existieren als solche nicht, sind vielmehr das Resultat von Schwindel und Täuschung; 2. „Fliegende Untertassen" existieren und sind Raumschiffe außerirdischer Zivilisationen. Mögliche Zwischenstufen wurden anfangs nicht, später nur zögernd betrachtet. Das Problem beginnt schon bei der Wortwahl. Viele Menschen vertreten die Meinung, daß unidentifizierte Flugobjekte nicht von der Erde stammende technische Gebilde seien. Der Begriff „Fliegende Untertassen" wird sofort als Bezeichnung für außerirdische Raumschiffe akzeptiert. Das ist eindeutig falsch! Es gibt für die außerirdische Komponente keine wirklichen Beweise, allerdings zahlreiche Indizien für den Terminus „technische Gebilde" ...
Im Blätterwald der USA löste Arnolds Bericht einen wahren

Sturm aus. Zahlreiche Zeitungen informierten über Fliegende Untertassen, die plötzlich überall in den Vereinigten Staaten gesichtet worden waren.

Am 4. Juli 1947 berichteten Chefpilot E. J. Smith und Copilot R. Stevens von der United Airlines, daß ihre Maschine über der Stadt Boise, US-Bundesstaat Idaho, von scheibenförmigen UFOs „angegriffen" worden sei. Wenig später wäre eine B-29 der Eastern Airlines bei Montgomery von einem „fliegenden U-Boot mit außerirdischer Helligkeit" mehrmals umflogen worden. Die Piloten Chiles und Whitted sagten aus, jenes UFO habe sich plötzlich nach dem Ausstoßen eines meterlangen Feuerstrahls mit einer Geschwindigkeit von rund 1500 km/h entfernt.

Hatten die Piloten keine Ahnung, daß sehr wohl moderne Entwicklungen mit scheiben- respektive zigarren- (sprich raketen-) artigem Aussehen existierten?

In den nunmehr folgenden täglichen Meldungen wurde zuerst vage, aber dann recht klar angedeutet, daß es sich bei den unbekannten Flugobjekten möglicherweise um sowjetischen Geheimwaffen handle, deren Startbasen in der UdSSR lägen. Der damals beginnende antisowjetische Propaganda-Rummel als Erscheinung des Kalten Krieges war um eine mögliche Nuance reicher geworden. Einige Nachrichtenmagazine wollten die UFOs aber auch als amerikanische Geheimwaffen interpretieren. Solche Meldungen wurden jedoch von einem Sprecher der amerikanischen Luftwaffe schnell dementiert: „Wir besitzen keine Versuchsmaschinen dieser Art. Die Erscheinung ist völlig rätselhaft." In den Jahren danach zeigte sich aber dennoch recht deutlich, daß immer wieder geheime Flugzeug- (ab Ende der fünfziger Jahre auch Raketen-)Tests sehr wohl als Quelle für UFO-Beobachtungen gut waren. Und man darf davon ausgehen, daß auch hier nur die Spitze des Eisberges sichtbar wurde.

Der Fall Mantell

Ein Unglücksfall sorgte schließlich für totale Verwirrung und trug dazu bei, daß später auch viele hochrangige US-amerikanische Luftwaffenoffiziere nicht mehr in der Lage waren, die Vorgänge richtig einzuschätzen.
Am 7. Januar 1948 hatte Captain Mantell, ein Flieger aus dem Zweiten Weltkrieg, den Befehl erhalten, eine Staffel neuer Jagdbomber vom Typ F-51 „Mustang" zum Militärflughafen Godmann Fields in Kentucky zu überführen. Dabei stürzte er, etwa 130 km von Madisonville entfernt, ab. Da Mantell als sehr erfahrener Flieger galt und die Wrackteile der F-51 keinen Aufschluß über die Ursache geben konnten, wurden allerlei Spekulationen laut. So hieß es u. a., daß Mantell vom Planeten Venus genarrt wurde, in zu große Höhe geriet und wegen Sauerstoffmangels erstickte. Kurz darauf hieß es, Mantell sei mit dem meteorologischen Ballon SKYHOCK zusammengestoßen. Die dritte Meldung behauptete, nicht SKYHOCK war die Ursache, sondern ein „Himmelshaken". Von der Kriegsmarine wurden Ballons mit diesem Namen zur Erforschung der kosmischen Strahlung in Höhen von bis zu 35 km aufgelassen. Doch damit nicht genug. Kurze Zeit später verlautbarte, nicht der „Himmelshaken" war Schuld, sondern ein „Sonnenhund", eine falsche glühende Sonnenscheibe aus Eiskristallen in den Zirruswolken. Auch die Sonnenhund-Theorie wird kurz darauf offiziell wieder verworfen. Eine eindeutige Erklärung ist unmöglich, hieß es zum Schluß in einem Untersuchungsbericht. Daraufhin tauchen Gerüchte auf, wonach Mantell mit seiner Maschine bei der Verfolgung eines unidentifizierten Flugobjektes havariert sei. Diese recht ausführlich in der US-amerikanischen Presse zitierte Version wurde seitens der zuständigen Luftwaffenbehörden nicht dementiert und erhielt dadurch zusätzlichen Auftrieb. Kann es sein, daß manchmal aufgrund der in den USA anzutreffenden

Überbürokratisierung doch hin und wieder die Wahrheit ans Licht kam, obwohl man das eigentlich nicht wollte?! Wie auch immer, in der Folgezeit wurden noch weitere Flugzeugabstürze auf das Wirken von UFOs zurückgeführt.

Das „Air Technical Intelligence Center (ATIC)" – deutsch: Technischer Luftwaffengeheimdienst – beauftragte unmittelbar nach dem mysteriösen Absturz der F-51 „Mustang" bei Madisonville den Untersuchungsausschuß „Sign" mit Recherchen zu den unidentifizierten Flugobjekten. Diese Kommission aus Wissenschaftlern und Militärs kam zu der Feststellung, daß UFOs mit natürlichen Erscheinungen erklärbar seien. Es zeigte sich jedoch später, daß dieser Untersuchungsausschuß nicht über die notwendige Bewegungsfreiheit verfügte, um an alle Informationen zu gelangen. Daraufhin wurden zwei Umbildungen der Kommission vorgenommen (der Projektname wechselte von „Sign" in „Grugde", später dann schließlich in „Blue Book").

Der Untersuchungsausschuß „Projekt Blaubuch" wurde im Jahre 1949 berufen. Alles, was im Rahmen der US Air Force irgendwie mit dem Thema UFO zusammenhing, mußte nach Wright Patterson Field gemeldet werden. In der dortigen Air-Force-Basis hatte das „Projekt Blaubuch" seine Kommandozentrale und dort wurden bis einschließlich 1969 alle UFO-Fälle aufgezeichnet.

Der Blaubuch-Geheimbericht vom 30. Dezember 1949 steckte ein erstes Programm ab. Interessant ist, daß man damals tatsächlich die Meinung vertrat, bei den unidentifizierten Flugobjekten würde es sich um außerirdische Raumflugkörper handeln. Dazu schrieb man folgendes:

> „Eine solche Zivilisation kann beobachtet haben, daß wir auf der Erde Atombomben besitzen und in schneller Folge Raketen entwickeln. Wir müssen uns daher auf die Fortsetzung solcher Besuche aus dem Weltraum gefaßt machen.

> Da die aus weiter Ferne am leichtesten zu beobachtenden Handlungen der Menschheit Atombomben-Explosionen sind, sollten wir eine logische Beziehung herzustellen versuchen zwischen der Zeit der Atombomben-Explosion, dem Zeitpunkt der Erscheinung der Raumschiffe und der Zeitspanne, die solche Schiffe für Hin- und Rückflug zu ihrer Heimatbasis benötigen."

Nach solchen amtlichen Spekulationen wurde die Existenz von Fliegenden Untertassen nicht mehr in Abrede gestellt. US-Luftfahrtminister Thomas K. Finletter erklärte am 4. Juni 1952:

> „Wir haben bis jetzt keine greifbaren Beweise für die Existenz oder Nichtexistenz von sogenannten Fliegenden Untertassen. Es liegt jedoch eine Anzahl Berichte über Erscheinungen vor, die die Untersuchungsbeamten der Luftwaffe nicht aufklären konnten. Solange diese Voraussetzungen gegeben sind, wird die Luftwaffe mit dem Studium der Fliegenden Untertassen-Berichte fortfahren."

UFO-Angriff auf Washington?

Einen vorläufigen Höhepunkt erreichte das Geschehen um die UFOs in den USA am 20. Juli 1952 und in den folgenden Tagen. Als „Angriff auf Washington" gingen die nun folgenden Vorfälle in die UFO-Geschichte ein. Was hierbei wirklich geschah, blieb – trotz zahlreicher Behauptungen und spekulativer Erklärungen im Nachhinein – wahrscheinlich genauso ungeklärt wie im Fall Mantell. Folgendes spielte sich ab:
Um Mitternacht traten Chef-Kontrolleur Harry G. Barnes und seine sieben Mitarbeiter ihren Dienst in der Zentrale der Luftverkehrskontrolle auf dem National Airport Washington an. In dem nur spärlich erleuchteten Raum war lediglich ein schwaches Summen zu hören. Die „Wischer" der Radarschirme mach-

ten, entsprechend den Schwankungen der Richtantenne, alle zehn Sekunden eine Umdrehung. Gerade hatte Kontrolleur Ed Nugent einen Blick auf die Uhr geworfen – es war 0.40 Uhr –, als plötzlich auf dem Hauptschirm sieben scharfe Bläschen (sogenannte Blips) erschienen. Für Nugent gab es nur eine Erklärung: Während einer Umdrehung des „Wischers" mußten die unbekannten Maschinen mit ungeheurer Geschwindigkeit in das überwachte Gebiet der Bundeshauptstadt eingeflogen sein. Sie bremsten dann plötzlich im südwestlichen Sektor. Die anderen Radarschirme des Kontrollzentrums zeigten das gleiche Bild.

Ein Blip verschwindet nach der nächsten Umdrehung des „Wischers", die anderen vollführen Wendungen um 90 Grad. Jim Ritchey mißt die Einfluggeschwindigkeit aus: unglaubliche 11 000 km/h! Jetzt manövrieren die unbekannten Objekte mit 750 km pro Stunde, steigen senkrecht nach oben und dringen ebenso schnell wieder im Sturzflug in tiefere Schichten der Atmosphäre ein. Ein Bläschen verfolgt die Spur eines eben gestarteten Verkehrsflugzeuges.

„Chief" Harry Barnes stürzt ans Telefon und stellt die Verbindung zum Kommando der Luftverteidigung in Andrews Field, jenseits des Potomac, her: „Zwei UFOs über Weißem Haus, ein anderes fliegt das Capitol an. Auch die anderen dringen in das Sperrgebiet ein. Schicken Sie Düsenjäger hoch!"

Auf dem Luftwaffenstützpunkt Andrews überprüft man jedoch erst einmal diese Meldung. Die Radaroperateure bestätigen die Nachricht von Washington: die Objekte fliegen abwechselnd mit einer Geschwindigkeit von 10 500, dann nur noch 500 km/h. Daraufhin wird Alarm gegeben.

Indes vollführen die Blips auf dem Bildschirm weitere Kapriolen. Erst gegen 3 Uhr morgens fliegen die Düsenjäger in das Gebiet der Hauptstadt ein. Im Sturz- und Tiefflug donnern sie über die schlafende Stadt, aber von den „Fliegenden Untertas-

sen" ist nichts zu sehen. Kurz zuvor waren die Bläschen auch von den Bildschirmen verschwunden. „Wahrscheinlich haben sie meine Anrufe gehört", erklärte Barnes sichtlich nervös.
Daraufhin werden die Düsenmaschinen zurückbeordert. Kaum haben sie jedoch den Boden berührt, da tauchen die mysteriösen Signale wieder auf. Erneut gibt es Alarm und diesmal werden zusätzliche Flugzeuge eingesetzt. Nach dem Einflug in das Gebiet von Washington beginnt dann eine Verfolgungsjagd. Zivilpiloten berichten später, daß sie von ihren Luftstraßen aus beobachtet hätten, wie Düsenjäger vergeblich versuchten, vor ihnen befindliche Leuchtobjekte zu stellen. Augenzeugen am Boden bestätigen später die Radarechos ebenfalls: sie sprachen von einer Art „leuchtenden, sehr schnell fliegenden Lichtern", denen die Düsenmaschinen der Luftwaffe nicht zu folgen vermochten.
Schon am folgenden Tag berichten alle Zeitungen ausführlich über die geschilderten Zwischenfälle. Manche Amerikaner verbrachten nunmehr die Nächte im Luftschutzkeller. Hamsterkäufe häuften sich. Der Ausbruch einer Panik mußte befürchtet werden. Schließlich wurde – um die Öffentlichkeit zu beruhigen – für den 29. Juli 1952 zu einer Pressekonferenz eingeladen. Die US Air Force hatte dafür ein prominentes Aufgebot zusammengestellt: Generalmajor Roger Ramsay, Chef des Luftverteidigungskommandos, Oberst Donald L. Bower, Verantwortlicher für technische Analysen bei der ATIC, Hauptmann Edward Ruppelt und Hauptmann Roy L. James vom Untersuchungsausschuß „Projekt Blaubuch" sowie General Samford, Chef des Luftwaffengeheimdienstes ATIC, waren anwesend.
Der Geheimdienst-General machte allerdings vor den Pressevertretern keine gute Figur. Er ließ ungewollt den Eindruck entstehen, als wolle er über manches nicht sprechen. „Die Radarschirme", so sagte er, „haben viele Jahre lang alle möglichen Dinge aufgefangen – Vögel, eine Schar Enten zum Beispiel. Ich

kenne einen Fall, bei dem eine Schar Enten aufgefangen wurde, die über den Schirm flog und sich wie ein unbekanntes Flugobjekt benahm."
Seine weiteren Erklärungen, die Radarschirme in Washington seien schadhaft gewesen und die Bläschen wären durch starke Temperaturunterschiede entstanden, brachte er gegenüber den Pressevertretern nicht überzeugend vor. Samford schwitzte bei seinen Ausführungen, die ganze Geschichte schien ihm irgendwie unbehaglich zu sein. Eigentlich kein Wunder, denn seine Erklärung war alles andere als einleuchtend. Und sie negierte vor allem die Tatsache, daß der Stützpunkt Andrews ebenfalls die Radarechos aufgenommen hatte und es zahlreiche Augenzeugen für die Vorfälle gab. Im Endeffekt wurde die Auslegung den Presseleuten überlassen, die natürlich ihren Freiraum nutzten und entsprechende Spekulationen verbreiteten. Verschiedene Zeitungen, unter ihnen auch die „Washington News", ließen dann tags darauf durchblicken, daß zwar die Luftwaffe offiziell für die Radarphänomene natürliche Ursachen und Fehler in den Anlagen verantwortlich mache, daß aber wahrscheinlich doch UFOs im Luftraum über der Hauptstadt Washington ihre Bahnen gezogen hätten.

Der Condon-Report

Nach dem Alarm von Washington, anderen zwischenzeitlich registrierten Fällen und dem unglücklichen Pressetermin wurde die Arbeit der Expertengruppe „Blue Book" verstärkt fortgeführt – so hieß es jedenfalls in offiziellen Verlautbarungen der US Air Force. Die Kommission untersuchte im Zeitraum zwischen 1949 und 1969 immerhin 12 600 Fälle von UFO-Erscheinungen. Als Extrakt dieser Sammlung von UFO-Beobachtungen erschien im Jahre 1969 der sogenannte „Condon-Report". Er bestand aus einer Zusammenfassung von über 100 Fallbeschreibungen und einer Reihe von eingehenderen Fallanalysen. Die Zusammenfassung des Condon-Reports, die am Anfang des fast tausendseitigen Dokuments präsentiert wurde, erklärte, daß in über 90 % aller registrierten Fälle Erklärungen erbracht werden konnten. Bei der Mehrzahl der Erscheinungen handle es sich um Verwechslungen mit bekannten Stimuli wie optische Täuschungen, Sternschnuppen, Meteore, helle Sterne und Planeten (Venus, Jupiter), Nordlichter, Kugelblitze, Wetterballons, ungewöhnliche Wolkenbildungen, entfernte Scheinwerferlichter, Feuerwerke, Raketen, Satelliten oder Flugzeuge. Außerdem um Lichtreflexionen, wenn sich wärmere Luftschichten über kälteren befinden, und Reflexionen von Radarstrahlen an Gebäuden und fahrenden Autos, nachdem die Strahlen von Luftschichten mit unterschiedlicher Temperatur auf den Boden gelenkt wurden. Etwa 94 Prozent aller Fälle seien damit – und mit einer Reihe weiterer ähnlicher Besonderheiten – erklärbar. Es bliebe ein Rest von 6 Prozent, und diese hier zu nennenden Fälle seien als „unidentifizierbar“ (5 %) oder als Fälle, basierend auf Schwindel und Erfindung (1 %), einzustufen.

Soweit die Zusammenfassung, die immer wieder zitiert wird und die scheinbar die Grundlage der Einschätzungen zum Thema „UFOs“ bildet, auf die sich die US Air Force übrigens auch heute noch beruft. Allerdings ist festzustellen, daß es innerhalb des Condon-Reports immer noch offene Fragen und auch eine Reihe von Unklarheiten bzw. Widersprüchen gibt.

Erstaunlicherweise erzeugen die der Zusammenfassung folgenden Fallbeschreibungen in etwa 20 Prozent aller Fälle ein vollkommen anderes Bild. Diese ohnehin schon selektierten Fälle sind immer wieder mit dem Vermerk „unidentifiziert“ versehen. Doch damit nicht genug. Der Condon-Report enthält Fotografien, die ausdrücklich als echt bezeichnet worden sind und die Objekte wiedergeben, die nicht mit bekannten atmosphärischen Erscheinungen oder herkömmlichen Flugkörpern vergleichbar sind. Allerdings erinnern sie sehr oft an jene Geheimentwicklungen des Zweiten Weltkrieges in Scheiben- oder Raketenform. Die genannten Fotos wurden durch hochpräzise fotogrammetrische Verfahren auf ihre Echtheit hin untersucht. Kommentar der Kommissions-Mitglieder: „Fälschung ausgeschlossen".

Richtig am Condon-Report ist die Feststellung, daß viele der angeblichen UFO-Beobachtungen Verwechslungen mit natürlichen Erscheinungen waren und auch heute noch sind (UFOs im weiteren Sinne). Viele der unbekannten Objekte wurden beispielsweise von Flugzeugen aus gesichtet. Mit der Zunahme des Weltluftverkehrs und der Weiterentwicklung der Flugtechnik mußten naturgemäß z. B. auch die Beobachtungen sonderbarer Leuchterscheinungen in der Atmosphäre zunehmen. Anfang der 1950er Jahre waren verschiedene Leuchtphänomene in der Atmosphäre und auf der Erde noch nicht restlos geklärt und selbst heute noch bleibt diesbezüglich einiges zu tun. So fehlt z. B. bis heute eine überzeugende Theorie zu den Kugelblitzen. Wenn nun ein wissenschaftlich unbedarfter Mensch plötzlich mit solchen Naturphänomenen konfrontiert wird, einen langsam schwebenden, runden oder ovalen Feuerball sieht, geblendet wird, unkontrollierbare Muskelreaktionen verspürt und vielleicht noch bewußtlos zusammenbricht, dann ist es bei der Kenntnis des Thema „UFOs" nur ein kleiner Denkschritt bis hin zu der Überzeugung, einem „außerirdischen" Flugkörper begegnet zu sein. Der Mensch ist nun einmal zu einem gewissen Prozentsatz das Produkt seiner Erziehung, und wenn ihm die Medien immer wieder einhämmern, daß nicht erklärbare UFOs gleich außerirdische Raumschiffe sind, wird er diese vorgegebene Lösung früher oder später akzeptieren.

Grusinische Wissenschaftler untersuchten z. B. 1966 eine solche seltsame Leuchterscheinung. Sie wird durch Hydroxyl – das ist eine einatomige Verbindung von Sauerstoff und Wasser-

stoff – verursacht und ist sehr intensiv. Durch bizarre Wolkenfetzen, die sich zwischen dem Beobachter und der Zone des Leuchtens befinden, kann der Eindruck seltsamer Flugkörper entstehen.
Noch anregender wirken die gleißenden Bilder der „leuchtenden Silberwolken“. Sie bestehen aus feinen kosmischen Staubteilchen, die von Eis umhüllt sind, und schweben mit meist klaren und scharfen Umrissen vor dem völlig schwarzen Himmelsrand. Ihr mattes weißsilbriges, bläuliches oder perlmuttfarbiges Licht wird in zahlreichen UFO-Berichten erwähnt.
Der Condon-Report zeigte aber auch etwas sehr interessantes: Hatte der Kommissionsleiter Dr. Edward U. Condon, Colorado-Universität in Boulder, noch 1962 behauptet, daß UFOs nicht existent seien und daß man beweisen werde, daß es sich lediglich um Halluzinationen handle, so mußte man nach Abschluß der Projektarbeiten feststellen, daß diese Voraussage nur zum Teil ihre Richtigkeit hatte. Man fand bei den Untersuchungen heraus, daß lediglich ein Prozent aller Beobachtungen auf Schwindel oder Erfindung zurückzuführen waren. Somit stand fest, daß UFO-Beobachtungen doch in der Realität stattfanden, auch wenn es sich bei einem Großteil aller Fälle um Verwechslungen mit bekannten Prozessen handelte.
Etwa 800 Fälle blieben trotz der Untersuchungen seitens der Kommission des Projektes „Blue Book“ ungeklärt. Chemiker, Physiker, Astronomen, Astrophysiker, Techniker, Psychologen, Mediziner, Militärs konnten hinter diese Fälle lediglich die Bezeichnung „unidentifiziert“ setzen. Für einige Fälle gab es aber auch handfeste Gründe, sie als „unidentifiziert“ einzustufen. Waren beispielsweise „allerhöchste Interessen“ im Spiel, so durfte selbst die „Blue Book“-Kommission nicht weiterforschen. Dies geschah insbesondere dann, wenn z. B. Raketenstarts mit streng geheimen Nutzlasten an Bord (für die militärische Aufklärung oder Spionage) hinter solchen vermeintlichen UFO-

Meldungen stecken konnten. Mitunter waren die zu schützenden Projekte aber auch gar nicht zu identifizieren. „Blue Book“-Mitglieder hatten in derartigen Fällen keine Möglichkeit, dem sich bietenden Widerstand oder auftauchenden Anweisungen entgegenzutreten. Immer dann, wenn wichtige militärische Belange berührt wurden, wuchs der Druck von oben.

Darüber hinaus gab es auch eine Anzahl von Fällen, die aufgrund unzureichender Fakten nicht geklärt werden konnten. Auch existierten Beobachtungen, die allen Versuchen einer Erklärung hartnäckig widerstanden, obwohl genügend Zeugen und auch genügend Untersuchungsmaterial vorhanden war, um entsprechende Nachforschungen anzustellen.

Der Condon-Report selbst wurde mit diesen offensichtlich zu Tage tretenden Widersprüchen im Jahre 1969 durch seinen Leiter an die Amerikanische Akademie der Wissenschaften übergeben. Dort nahm man den Bericht zur Kenntnis und veröffentlichte ihn, um der Allgemeinheit eine wissenschaftliche Darstellung der interessierenden Fragen geben zu können. Der Hund brauchte eben seinen Knochen.

Erst später stellte sich heraus, daß es nicht nur bei der Bewertung der Fälle, sondern auch innerhalb der Condon-Kommission eine ganze Reihe von Unzulänglichkeiten und Problemen gab, die eine wirklich ernsthafte wissenschaftliche Forschung quasi unmöglich gemacht hatten. Bezeichnend ist in diesem Zusammenhang auch die Tatsache, daß viele an den Untersuchungen beteiligte Wissenschaftler die Zusammenfassung in Form des Condon-Reports nicht unterzeichneten, sondern die Meinung vertraten, daß das Phänomen weitere Untersuchungen verdiene. Doch sie konnten sich Condons diktatorischem Führungsstils nicht widersetzen, der immerhin noch 1966 verkündet hatte:

> „Die Wissenschaft von den fliegenden Untertassen und die Astrologie sind die einzigen Pseudowissenschaften, die un-

> ter uns eine beträchtliche Gefolgschaft haben ... Nach meiner Ansicht sollten Verleger, die solche Pseudowissenschaften als anerkannte Wahrheit veröffentlichen, oder Lehrer, die sie als solche lehren, für schuldig befunden, öffentlich ausgepeitscht werden, und man sollte ihnen lebenslang untersagen, einen anständigen Beruf zu ergreifen." (Autorenteam, Faszination des Unfaßbaren, Verlag Das Beste, Stuttgart, Zürich/ Wien 1983)

Mehrere ehemalige „Blue Book"-Wissenschaftler meldeten sich schließlich 1972 zu Wort, darunter Prof. Dr. Allen Hynek, Prof. Saunders und Prof. Hartmann, und gaben bisher völlig unbekannte Informationen an die Öffentlichkeit weiter. Sie offerierten wirklich außergewöhnliches Material, das bewies, daß das „Blue Book"-Projekt der amerikanischen Luftwaffe wissenschaftlichen Ansprüchen nicht genügen konnte. So war man in der Lage nachzuweisen, daß viele der 12600 Fälle niemals einer konkreten Untersuchung unterzogen worden waren – viele Entscheidungen über die Bedeutung und Echtheit der Fälle wurden also lediglich vom „grünen Schreibtisch" aus getroffen. Diese Verfahrensweise hatte, wie sich herausstellte, u. a. mit dem relativ geringen Finanzbudget von etwa 25000 Dollar pro Jahr zu tun. Prof. Dr. Hynek, der der Kommission als Astronom zugeordnet war und gleichzeitig den Posten des Stellvertreters von Condon innehatte (Hynek war Sonderberater der amerikanischen Luftwaffe für UFO-Fragen) hatte mehrfach versucht, den Bericht in dieser Form zu verhindern. Als er nicht nachgab, trennte man sich von ihm.
Einige der als „unidentifiziert" eingestuften Beobachtungen, die im Condon-Report erwähnt bzw. durch die „Blue Book"-Gruppe untersucht wurden, seien hier vorgestellt. Es handelt sich dabei um Fälle, die im direkten Einflußbereich der Untersuchungskommission ereigneten.

Kinross Field Air Force Base/Soo Locks, USA, 23. November 1953

Leutnant Felix Moncla galt als ein erfahrener, verantwortungsbewußter und mutiger Pilot. Vermutlich waren es diese Charaktereigenschaften, die seine Vorgesetzten veranlaßten, öfters ihn auszuwählen, wenn es darum ging, einen nicht ungefährlich erscheinenden Einsatz zu übernehmen. Monclas Maschine war eine F-89, die auf dem Luftwaffenstützpunkt Kinross Field am Superior-See stationiert war.

Wie gefährlich der Einsatz werden sollte, ahnte allerdings niemand, als der Radaroffizier am Abend des o. g. Tages einen seltsamen Blip (Radarbildschirmsignal, Anm. d. Autors) beobachtete. Der Luftraum über der Air-Force-Basis galt als Sperrgebiet. Was also hatte eine Maschine dort oben zu suchen? Der Radaroffizier vermutete zunächst, es handle sich um ein vom Kurs abgekommenes kanadisches Flugzeug und versuchte mit ihm Verbindung aufzunehmen – was allerdings nicht gelang. Die Maschine antwortete nicht. Aber sie verhielt sich seltsam. Sie schien in der Luft zu stehen, um dann plötzlich, wie aus dem Stand heraus, mit hoher Geschwindigkeit aufzusteigen, zu fallen oder halsbrecherische Kurven zu fliegen. „Das ist ein Verrückter!“, meldete der Radaroffizier seinem Kommandanten. „Aber er muß eine tolle Maschine haben.“ Der Kommandant starrte auf den Bildschirm. Dann setzte er sich mit seiner vorgesetzten Dienststelle in Verbindung und fragte dort an, ob über dem Gebiet von Soo Locks irgendwelche Hochleistungsmaschinen operierten.

Die Antwort war negativ.

Um 21.18 Uhr starteten Felix Moncla und der Radaroffizier Leutnant R. Wilson mit dem Abfangjäger F-89 in einen trüben, wolkenverhangenen Himmel. Ihr Auftrag: den Eindringling, wer immer es sein mochte, zu stellen und zu identifizieren. Sehen konnte Moncla nicht viel. Weiße, dichte Wolken hatten sich wie Watte um die Maschine gelegt. Aber das war nicht wichtig, denn die F-89 wurde mit Bodenradar ins Zielgebiet eingewiesen.

„Moncla, das Objekt zieht steil nach oben ab. Es ist jetzt in Zwei-Uhr-Position“, meldete die Bodenstelle. Moncla flog mit 800 km/h. Er näherte sich dem unbekannten Objekt, das plötzlich einen Satz zu machen schien und die Distanz wieder vergrößerte. Neun Minuten lang beobachteten die Männer der Bodenstation aufgeregt dieses ungewöhnliche Spiel auf den Radarschirmen. Dann meldete der Bordradaroffizier Wilson: „Ich hab ihn auf meinem Bordradar … jetzt entkommt er uns nicht … mein Gott, was ist das? Meine Augen …“

(Nach einer anderen Version waren die letzten Worte: „Mein Gott, da sind ja Menschen drin!“)

Das war der letzte Funkspruch, den die Bodenstelle von der F-89 empfing. Die Männer sahen am Radarschirm, wie sich die Entfernung zwischen dem unbekannten Objekt und dem Abfangjäger immer mehr verringerte. Und dann hatte Moncla es eingeholt. Die zwei Radarechos auf den Bildschirmen waren zu einem einzigen Blip verschmolzen. Und dieser Blip entfernte sich mit einer atemberaubenden Geschwindigkeit aus dem Radarbereich: 15 000 km/h!

„Hallo, Moncla, melden sie sich doch!“, schrie der Radartechniker ins Mikrofon. „F-89, so antworten sie doch …!“ Die Maschine antwortete jedoch nicht mehr. Die Männer der Bodenkontrolle hatten die letzte Position der F-89 notiert. Eine große Suchaktion wurde gestartet, während der Hubschrauber und Flugzeuge aufstiegen und das gesamte in Frage kommende Gebiet kontrollierten. Man kannte genau den Punkt, an dem die F-89 mit dem unbekannten Objekt kollidiert war. Aber man fand nicht die geringste Spur – keine Wrackteile, nicht einmal einen Ölfleck. Eine mehrtägige Suche brachte keinen einzigen Hinweis und man mußte konsterniert feststellen, daß das Flugzeug und seine zwei Mann Besatzung einfach verschwunden waren. Man wußte nur eines mit Sicherheit: irgend etwas hatte nach der Kollision seinen Flug – scheinbar unbeschadet – fortgesetzt.

Das Ereignis Loch Raven, Maryland, USA, 26. Oktober 1958
Philip Small, Einwohner eines Vorortes von Baltimore, hatte gegen 17 Uhr seine Frau zur Arbeit gefahren und war anschließend nach Hause zurückgekehrt. Etwa um 19 Uhr verließ er zusammen mit seinem Freund Alvin Cohen die Wohnung zu einer Spazierfahrt in sternklarer Nacht. Zuerst fuhren sie stadteinwärts, später nahmen sie die Dulaney-Valley-Straße, die sie zum Wasserstaubecken von Loch Raven führte.
Etwa um 22.30 Uhr kamen sie in die Nähe der Brücke Nr. 1, die über das Reservoir gespannt war. Bei einer Straßenbiegung entdeckten sie plötzlich ein gewaltiges weißes eiförmiges Objekt. Das Ding schwebte etwa 30 m über der Brücke und schien nicht weniger als 300 m entfernt zu sein. Die Männer schätzten seine Länge auf rund 30 m und seine Höhe auf rund 20 m.
Als ihr Wagen, mit dem sie langsam auf das Objekt zu fuhren, noch etwa 30 bis 40 m weit weg war, versagte plötzlich der Motor und die Scheinwerfer gingen aus. Philip Small versuchte vergeblich, erneut zu starten – die gesamte elektrische Anlage schien ausgefallen zu sein. Als die zwei den ersten Schrecken überwunden hatten, stiegen sie aus und schauten fasziniert auf das seltsame Flugobjekt. Auf einmal blitzte der Apparat hell auf, und eine gewaltige Hitzewelle traf die Männer voll im Gesicht. Sekundenbruchteile später war ein mächtiges Donnern zu hören und gleichzeitig stieg das Objekt wie ein Geschoß nach oben und verschwand.
Die Zeugen, die es aus verständlichen Gründen plötzlich mit der Angst zu tun bekommen hatten, sprangen in ihr Auto zurück und fuhren auf und davon – was diesmal ohne Schwierigkeiten

gelang. Vom nächsten Lokal aus riefen sie die Ground Observer Corps (GOC), eine Bodenbeobachtungs-Gruppe, an. Als sie ihr Erlebnis kurz geschildert hatten, meinte der wachhabende Offizier, es habe sich wohl um ein Flugzeug der US-Marine gehandelt.

Aus Angst, sich lächerlich zu machen, verzichteten sie zunächst auf weitere ausführliche Meldungen. Sie riefen jedoch die nahegelegene Polizeiwache von Towson an und fragten, ob außer ihnen noch andere Leute ein donnerähnliches Geräusch gehört hätten. Der diensthabende Polizist versprach, einen Streifenwagen vorbeizusenden, der nach einer halben Stunde auch eintraf. Kurz vorher bemerkten die beiden Zeugen, daß ihre Gesichter heiß wurden wie nach einem Sonnenbrand.

Die Polizeibeamten Kenneth Hartmann und Richard Fink befragten die Zeugen ausführlich und gingen dann an die Stelle, wo das Flugobjekt geschwebt hatte. In der näheren Umgebung war nichts Ungewöhnliches zu erkennen. Hartmann bestätigte später, daß die beiden Zeugen zu Tode erschrocken gewesen seien, ansonsten jedoch sehr nüchtern gewirkt hätten. Aus Angst vor möglicher radioaktiver Bestrahlung fuhren Small und Chen schließlich zum nahegelegenen St.-Josephs-Krankenhaus. Allerdings war dort kein Geigerzähler vorhanden, so daß der Stationsarzt nur die starke Gesichtsrötung notierte und den beiden empfahl, eine Bluntersuchung durchführen zu lassen.

Am nächsten Tag wurden sie von zahlreichen fremden Leuten angerufen und auch persönlich aufgesucht. Verärgert über soviel unerwünschte Publizität, lehnten sie es schließlich ab, weitere Besucher zu empfangen. Richard Hall, Direktor der Forschungsgruppe NICAP (National Investigations Committee on Aerial Phenomen) sowie sein Mitarbeiter Lechaux hatten am Abend keine Chance mehr für ein Interview.

Am 31. Oktober schickte Hall schließlich nach vergeblichen telefonischen Versuchen ein Telegramm an Small mit der Bitte,

im Büro anzurufen. Tatsächlich meldete sich Small und erzählte, daß er immer noch einen starken Sonnenbrand im Gesicht habe und daß sich bereits die Haut zu schälen beginne. Tags darauf wurde ein Treffen mit vier Leuten von der UFO-Organisation NICAP vereinbart. Am Ort des Geschehens war nichts Außergewöhnliches zu entdecken. Allerdings fiel den Untersuchern auf, daß der Wagen Philip Smalls von einer großen Zahl weißer Flecken übersät war. Um Vogelmist schien es sich nicht zu handeln – dazu waren es zu viele. Eine spätere Analyse mitgenommener Proben lieferte keinen Hinweis auf besondere Substanzen. Die Radioaktivität in der Nähe der Brücke am Loch-Raven-Wasserspeicher konnte nicht gemessen werden, da der mitgebrachte Geigerzähler ausgefallen war.
Der hier wiedergegebene Fall wurde ebenfalls von der amerikanischen Luftwaffe geprüft und als „unidentifiziert" eingestuft.

Das Exeter-UFO, New Hamsphire, USA, 13. September 1963
An diesem Tag begegnete dem Polizei-Sergeanten Eugene Bertrand auf einer Umgehungsstraße von Exeter kurz vor ein Uhr nachts eine verstörte Dame am Steuer ihres Wagens. Die Dame weigerte sich, weiterzufahren und behauptete, ein riesiger, rot leuchtender Flugkörper habe sie bis zur Umleitung 101 über zehn Meilen verfolgt und sei dann im Wald verschwunden. Der Polizist, ein älterer, sachlich denkender Mann, dachte sich noch, die Dame sei wohl ein bißchen aus dem geistigen Gleichgewicht geraten, als er im Funk seines Wagens von einer anderen Polizei-Einheit die gleiche Nachricht hörte. Vom Hauptquartier befahl sein Kollege Gene Toland, er solle sofort zur Zentrale kommen. Dort erzählte ihm ein junger Mann dieselbe Geschichte, die ihm kurz vorher die Frau erzählt hatte; auch er sei vor einem rötlich glühenden Objekt in den Straßengraben geflüchtet. Nur widerwillig gingen die Männer auf eine Streifenfahrt, fest davon überzeugt, für den ganzen Unfug eine handfeste Erklärung

zu finden. Zwei Stunden suchten sie die Gegend ab, dann machten sie sich wieder auf den Heimweg. Sie kamen dabei an einer Weide vorbei, auf der sechs Pferde standen, die plötzlich wild auseinanderstoben. Fast gleichzeitig wurde die Gegend in gleißend rotes Licht getaucht. „Da, sehen sie da!“, rief ein junger Polizist.
Über den Bäumen schwebte tatsächlich ein feurig rotes Ding, das sich langsam und lautlos auf die Beobachter zubewegte. Über Telefon teilte Bertrand seinem Kollegen Toland mit, daß er das verdammte Ding nunmehrmit eigenen Augen gesehen habe. Nun waren auch die an der Straße gelegene Farm und die umliegenden Hügel in dieses unheimliche Licht getaucht. Ein zweites Auto hielt mit quietschenden Bremsen neben den Männern. Ihm entstieg Sergeant Dave Hunt.
„Verdammt“, stotterte Dave, „ich hörte dich und Toland im Funk miteinander herumschreien. Ich dachte, die sind übergeschnappt ... aber das da?!“
Zu der später durchgeführten Untersuchung meldeten sich immerhin 58 qualifizierte Zeugen, unter denen sich Meteorologen und Angehörige der Küstenwache befanden, Männer also, die als nüchterne Beobachter kaum verdächtig sind, einen Wetterballon nicht von den Positionslichtern eines Flugzeuges und einen Helikopter nicht von einem abstürzenden Satelliten unterscheiden zu können. Der Bericht enthielt zahlreiche sachliche Angaben, die jedoch nicht zur einer Klärung des Falles beitrugen.

Fort Myers, Florida, USA, 15. März 1965

Der 45jährige James Flynn, ein angesehener Farmer in der Umgebung von Fort Myers, betrieb in den 1960er Jahren eine Viehranch. Am Freitag, dem 12. März, fuhr er mit seinem Jagdwagen und seinen vier Hunden ins Wochenende. Er kannte eine einsame Stelle in den „Everglades“, dem Moor- und Sumpfgebiet Floridas, das etwa 18 km südöstlich des Indianer-Reservates „Big Cypress" liegt.

Am Sonntagabend witterten die Hunde ein Reh und jagten davon. Nur einer der Hunde reagierte auf den Pfiff seines Herrn und wurde dann in einem Holzkäfig im Auto eingeschlossen. Als die anderen drei Tiere bis Mitternacht nicht ins Lager zurückgekommen waren, begann Flynn, sie zu suchen.

Gegen 1 Uhr morgens entdeckte er anderthalb bis zwei Kilometer entfernt ein riesiges, gleißendes Licht. Es strich drei- bis viermal über den Zypressenbäumen dahin und kehrte jeweils zu seinem Ausgangspunkt zurück. Während Flynn mit seinem Wagen darauf zusteuerte, zeichneten sich immer deutlicher die Konturen eines großen, scheibenförmigen Gegenstandes ab. Das Objekt hatte die Gestalt einer plattgedrückten Pyramide und war etwa zweimal so breit wie hoch. Im Fernglas wirkte es ausgesprochen metallisch und schien mit vier ringsum laufenden Fensterreihen ausgestattet zu sein. Die ungefähr acht Meter hohen Zypressenbäume lieferten Flynn einen guten Vergleichsmaßstab. Den Durchmesser schätzte er auf rund 22 m, seine Gesamthöhe auf rund 10 m.

Als Flynn, neugierig geworden, weiter auf das Objekt zufuhr, hörte er ein schwirrendes Summen, das sich immer mehr verstärkte. Es erinnerte ihn an das Geräusch eines Transformators. Schließlich stieg er aus und lief etwa 2 m in die von der Unterseite des Flugkörpers beleuchtete Zone hinein. Er hob den Arm und winkte mit der Hand zu den Fenstern, ohne daß eine Antwort erfolgte. Nach etwa einer Minute versuchte Flynn nochmals das Gleiche. Nun kam eine Reaktion in Form eines kurzen, grellen Lichtstrahls, der aus der untersten Fensterreihe genau zwischen seine Augen zielte. Flynn verlor daraufhin das Bewußtsein.

Als er wieder aufwachte, war er auf dem rechten Auge fast blind. Auch die Sicht des linken Auges war stark behindert. Er

kroch zu seinem Auto hinüber, wo er seinen Hund teilnahmslos im Wagen liegen sah. Vor Schreck hatte das Tier fast den Holzkäfig zerbissen. Hinter sich entdeckte Flynn seine eigenen Kriechspuren sowie einen symmetrischen Kreis verbrannter Erde. Flynn fand schließlich einen befreundeten Indianer, der ihn aus dem Reservat führte und nach Fort Myers zurückbrachte. Am Mittwoch suchte er den Augenarzt Dr. Paul Brown auf. Als dieser seinen Zustand erkannte und von seinem Erlebnis hörte, rief er sofort Flynns Ehefrau an. Diese holte ihn ab und lieferte ihn umgehend ins Lee-Memorial-Krankenhaus ein. Erst dort wurde dem Patienten klar, daß er offenbar 24 Stunden lang bewußtlos gewesen sein mußte, und nicht bloß ein paar Stunden, wie er zunächst geglaubt hatte. Bei der Generaluntersuchung kam der behandelnde Hausarzt Dr. Harry Stripe zu folgendem Befund, den er am 28. April 1965 an die Forschungsgesellschaft APRO weiterleitete:
„Es waren Blutungen im vorderen Augenbereich zu erkennen, offenbar als Folge von Verletzungen traumatischer Art. Während Herz und Lunge sowie die körperliche Verfassung normal waren, zeigte die Untersuchung neurologische Abnormitäten. Zwar ließ sich keine Paralyse feststellen, doch funktionierten die tiefen Reflexe in den Sehnen des Bizeps, der Unterarmmuskeln, den Knie- und Spannsehnen sowie die Reflexe in den Fußsohlen und Bauchmuskeln nicht. Lediglich die Reflexe an den Innenseiten der Schenkel sprachen an. Im Verlauf von fünf bis acht Tagen stellten sich die Reflexe nach und nach, wenn auch unregelmäßig, wieder ein.
Eine Untersuchung der Stirn ergab mitten über dem rechten Auge eine deutliche Schwellung. In deren Mitte fand sich eine abgeschürfte Delle von einem Zentimeter Durchmesser. Außerdem entdeckte der Arzt einen kleinen Bluterguß über dem rechten Augenlid. Anzeichen geistiger Verwirrung oder Hinweise auf Halluzination waren nicht aufgetreten."

Nach einem Krankenhausaufenthalt von vier Tagen stellten sich bei Flynn Schwerhörigkeit und Taubheit in Armen und Beinen ein. Innerhalb eines Tages gingen diese Beschwerden dann allerdings wieder zurück. Als er nach vier Wochen nochmals untersucht wurde, hatten sich alle Reflexe normalisiert bis auf die noch immer nicht ganz wieder hergestellten Bauchreflexe. Die eingedrückte Stelle über dem rechten Auge war auch noch vorhanden, und mit dem rechten Auge sah der Patient immer noch nur wie durch einen Nebel.
Dr. Stripe besuchte mit James Flynn gemeinsam den Unglücksort und schrieb daraufhin an APRO: „Als Hausarzt kenne ich Flynn seit 25 Jahren und bin immer noch der Auffassung, daß er ein zuverlässiger und stabiler Mensch ist." Zu seinem Leumund gehörte auch, daß er weder trank noch rauchte.
Dr. Stripe machte von dem immer noch versengten Gebiet einige Aufnahmen. In einem kreisförmigen Bereich, genau unter der Stelle, wo das Objekt nach Flynns Angaben geschwebt haben sollte, waren die Baumkronen angesengt und teilweise verbrannt. Zusätzlich entdeckten sie frisch abgeschabte Stellen an zwei Bäumen, die etwa fünf Meter voneinander entfernt standen. Es sah aus, wie wenn ein massiver Gegenstand an der Rinde heruntergeglitten und einen halben Meter über dem Boden zum Stillstand gekommen wäre. Andere Spuren waren in dem trockenen Sumpffeld nicht mehr zu finden, auch keine Hinweise auf fremde Fahrzeuge oder wilde Tiere. Nach Meinung Dr. Stripes mußte Flynn einen schweren Nervenschock erlitten haben. Das Ausbleiben der Reflexe deutete darauf hin, daß Flynns Erlebnis echt war und nicht auf psychischen Ursachen beruhte.

Wanaque, New Jersey, USA, 11. Oktober 1966

Polizist Benjamin Thompson, seit sechs Jahren im Gebiet des Wanaque-Stausees eingesetzt, befand sich auf Streifenfahrt. Ge-

gen 21.15 Uhr erhielt er einen Funkruf von einem Kollegen der Nachbargemeinde. Jener Beamte berichtete von einem unbekannten Flugkörper, der sich der Stadt näherte. Thompson fuhr sofort in die bezeichnete Gegend und schilderte später seine Beobachtungen wie folgt:
„Das Ding hing schräg über dem Stausee in etwa 250 Fuß (cirka 75 m) Höhe und war, diagonal gemessen, genauso weit entfernt. Mir kam es mindestens so groß wie ein Auto vor, wenn nicht größer. Als ich ausgestiegen war, blendete mich das Licht so sehr, daß ich meinen eigenen Wagen nicht mehr erkennen konnte. Mir schien es, wie wenn ich in eine Glühlampe schauen würde und vergeblich den Sockel zu erkennen versuchte. Das Ding gab keinerlei Laut von sich. Nach etwa drei Minuten schaltete ich das rote Signallicht auf dem Dach meines Polizeifahrzeuges an und lief dann langsam auf das grelle Objekt zu. In diesem Augenblick begann es davonzufliegen und hinterließ eine dichte Nebelwolke. Ich war noch ganz geblendet und konnte etwa zwanzig Minuten lang weder meine eigenen Hände noch die Lichter meines Wagens sehen. Auch meine Stimme versagte, und ich konnte mich zwei Wochen lang nur im Flüsterton verständigen. Das Objekt sah aus wie ein Basketball, der oben eine große Ausstülpung hatte. Es flog über dem Wasser dahin und konnte unwahrscheinlich schnelle rechtwinklige Kursänderungen durchführen. Dann schoß es steil nach oben – völlig anders, als ich das von einem Flugzeug kenne."
Das Phänomen wurde von drei weiteren Polizisten sowie von einer Frau beobachtet. Diese erzählte ihrem Mann von der Erscheinung, der seinerseits die Polizei informierte. Alle Daten der Ereignisse wurden in den Polizeiakten festgehalten. Nachforschungen bei insgesamt acht Zivil- und Militärflughäfen sowie Luftverkehrsbehörden erbrachten keinerlei Hinweise, daß zur fraglichen Zeit Hubschrauber oder andere Maschinen im Wannaque-Gebiet operiert hätten.

Dr. Berthold Eric Schwarz, Psychiater am Montclair-Community-Krankenhaus, erfuhr von dem Vorfall durch Pressemeldungen und reiste persönlich nach Wannaque. Schwarz arbeitete an einer größeren Untersuchung über die psychischen und gesundheitlichen Probleme von Zeugen unbekannter Himmelserscheinungen. Er befragte zu dem Fall auch den Arzt der kleinen Gemeinde, den örtlichen Polizeimeister sowie zwei Reservepolizisten und den Tankwart.
Den Hauptzeugen suchte Schwarz in dessen eigener Wohnung auf und unterzog ihn einer sorgfältigen psychiatrischen Diagnose. Thompson erwies sich als kooperativ, freundlich und sprach offen über sein Erlebnis. Er hatte das Examen der High School abgelegt und arbeitete seit sechs Jahren bei der Polizei in Wannaque. Zwanzig Jahre früher war er einmal im Wachdienst bei der Firma E. J. Dupont eingesetzt. Beim Militär wurde er als Infanterist ausgebildet, und im Zweiten Weltkrieg diente er auf den Inseln Guam und Iwo Jima. Thompson kannte die verschiedensten Typen von Flugzeugen und war überzeugt, ein guter Beobachter zu sein. Alkohol und Drogen waren ihm fremd, und in seinem Leben hatte er nie emotionale oder psychosomatische Beschwerden gehabt. Auch aus seiner Verwandschaft waren keine Fälle asozialer Verhaltensweisen, Gehirn-Syndrome, Spaltungs-Phänomene, Konversions-Hysterien oder andere psycho-pathologische Erscheinungen bekannt geworden. Die anderen Leute, die Dr. Schwarz noch befragte, bestätigten übereinstimmend, daß Thompsons Glaubwürdigkeit außer Zweifel stand. Als dieser neun Monate später nochmals über sein Erlebnis befragt wurde, stimmten seine Aussagen in den entscheidenden Details völlig mit seiner ersten Beschreibung überein.

*

Nicht nur in den Vereinigten Staaten von Amerika wurden Beobachtungen unbekannter Himmelserscheinungen registriert. Berichte dieser Art liegen aus allen Teilen der Welt vor und es zeigte sich hierbei, daß bei den UFO-Beobachtungen aus Frankreich, Italien, der einstigen Sowjetunion, Brasilien, Bolivien, Mexiko, Indien, Vietnam und Australien gewisse Analogien auftraten. Es stimmt bedenklich, wenn ein Stadtbewohner der USA dasselbe erzählt wie ein brasilianischer Bauer, und ein Inder dieselben rätselhaften Andeutungen macht wie z. B. ein französischer Ingenieur, obwohl diese ja Vertreter verschiedener sozio-kultureller Verhältnisse und Bildungsstufen sind. Auch außerhalb der USA mußte man feststellen, daß einige der besten Beobachtungen von hochqualifizierten Personen stammten, die nicht verdächtig waren, einen Hubschrauber nicht von einem abstürzenden Satellitenteil unterscheiden zu können.
Wie wir heute wissen, haben eine Vielzahl von amtlichen Stellen zahlreicher Nationen Berichte von UFO-Sichtungen nicht nur gesammelt, sondern auch versucht, das Phänomen aufzuklären. So nahm und nimmt die französische Regierung das UFO-Phänomen ernst. In den 1970er Jahren ging der damalige Verteidigungsminister Robert Galley in die Offensive, als er in einem Interview mit dem Journalisten Jean Bourret von der französischen Nachrichtenagentur AFP erklärte, daß jede Menge ernstzunehmender Berichte von Armee, Gendarmerie und anderen Behörden vorlägen und untersucht würden. Dazu wurde innerhalb der französischen Raumfahrtbehörde CNES eine militärische UFO-Untersuchungskommission mit der Bezeichnung GEPAN eingerichtet. UFO-Forschung wurde somit staatlich finanziert! Sicherlich hatte man gute Gründe dafür, die nicht unbedingt mit einer vermuteten außerirdischen Bedrohung zu tun haben mußten …
Nachfolgend einige bemerkenswerte außeramerikanische UFO-Vorfälle, die Schlagzeilen machten.

Air Force Base Dishforth, Großbritannien, 19. September 1952
An diesem Tag wurde von zwei Offizieren und drei Soldaten der Royal Air Force eine Beobachtung über der Luftwaffenbasis Dishforth gemacht. Die Beobachtung fand während des NATO-Manövers „Große Rahe“ statt.
Leutnant W. Kilburn und seine Männer beobachteten ein Objekt, das mit phänomenaler Geschwindigkeit über die Basis raste. Wenige Sekunden später verharrte es und begann herabzuschweben (wie ein welkes Blatt im Wind, so die Augenzeugen), als wolle es landen.
Die fünf Männer, die sich mit ihren Düsenjägern vom Typ „Meteor“ gerade auf einem Flug befanden und Zeugen dieser Erscheinung wurden, baten um vorzeitige Landeerlaubnis, da ihnen die Angelegenheit nicht recht geheuer erschien.
Plötzlich blieb das Objekt stehen und verschwand Sekundenbruchteile danach mit blitzartiger Geschwindigkeit in westlicher Richtung.

Tananarive, Ceylon, August 1954
Am ersten Montag im August 1954 beobachtete der damals in der Hauptstadt Ceylons arbeitende französische Ingenieur Edmond Campagnac zusammen mit einer Reihe von Berufskollegen das Vorüberziehen zweier unbekannter Objekte:
„Nachmittags 17.45 Uhr. Geschäftsschluß. Wir standen in einer Gruppe vor dem Büro der französischen Luftfahrtgesellschaft Air France und warteten auf die Postverteilung – plötzlich deutete einer meiner Freunde auf eine grünlich leuchtende Kugel am Himmel. Sie leuchtete grün wie eine Art elektrischer Blitz und fiel fast senkrecht herab, genau wie ein Meteor ... Wir glaubten es zumindest.
Wenige Minuten später entdeckten andere Leute wieder ein grünes Leuchten. Diesmal fiel es aber nicht herab, sondern flog waagerecht über die Hügel in der Nähe des Königspalastes. Der

sichtbare Durchmesser hatte sich verkleinert und natürlich war auch die Geschwindigkeit geringer als im senkrechten Fall.
Man sah zunächst eine grüne Kugel, die schon sehr eigenartig war. Sie erhob sich bis in die Höhe der Dächer und flog dann auf der anderen Straßenseite der Avenue de la Liberation entlang. Als das grüne Leuchten auf unserer Höhe angelangt war, sahen wir, daß es sich um eine optische Täuschung gehandelt hatte. In Wirklichkeit war das, was sich vor uns bewegte, eine Art grüner Linse und dahinter folgte im Abstand von etwa 30 m eine längliche, metallene ›Zigarre‹, auf deren Oberfläche sich die Sonne spiegelte. Man sah ganz deutlich, daß sie aus Metall sein mußte. Hinten schoß eine Art rotoranger Flamme heraus. Diese ›Zigarre‹ muß 40 bis 50 m lang gewesen sein. Ihre Geschwindigkeit betrug vielleicht 300 bis 400 km/h. Das Eigenartige war, daß sich völliges Schweigen über die Stadt gesenkt hatte. Die Leute auf den Straßen – und das waren nicht gerade wenige – blieben vor lauter Überraschung stehen. Alles spielte sich in totalem Schweigen ab. Was außerdem vielen Beobachtern auffiel, war die Tatsache, daß in den Häusern, Wohnungen und Geschäften, die die Maschine gerade überflog, die elektrische Beleuchtung ausging, jedoch gleich wieder aufleuchtete, sobald das Objekt vorüber war.
Das Objekt ließ die Stadt hinter sich und hielt auf den Flugplatz zu. Es entfernte sich nach Westen und überflog dabei unter anderem einen öffentlichen Park, in dem sich ein Zebugehege befand. Diese Tiere waren daran gewöhnt, daß die Flugzeuge, die zur Landung in Tananarive ansetzten, im Tiefflug über sie hinwegdonnerten, und störten sich deshalb längst nicht mehr daran. An diesem Tag gerieten sie jedoch derart in Panik, daß sie die Stäbe ihrer Gitter zerbrachen und man Polizei und Armee zu Hilfe rufen mußte, um sie wieder einzufangen.“

Scheibenförmige Flugobjekte über Transkaukasien, 4. Oktober 1955

Ein faszinierender Bericht des Luftwaffennachrichtendienstes der USA stammte von drei Beamten, die im Jahre 1955 mit dem Zug durch die damalige Sowjetunion reisten. Erst durch die Bedingungen des Gesetzes zur Freiheit der Information (FOIA) konnte er dreißig Jahre später deklassifiziert werden. Anfänglich wurde er als „streng geheim" bzw. – ab 1959 – als „geheim" eingestuft. Die Zeugen waren Senator Richard Russel, Oberstleutnant E. U. Hathaway (US-Stabsoffizier und Mitglied des Senatsausschusses für die Streitkräfte) und Rubon Effroy, der Berater dieses Ausschusses. Die Zeugen hatten am 4. Oktober 1955 um 19.10 Uhr zwischen Atjaty und Adzhijabul in Transkaukasien zwei kreisförmige, unkonventionelle Flugzeuge gesehen, die fliegenden Scheiben oder Untertassen ähnelten und im Abstand von einer Minute fast senkrecht abhoben. Die Objekte stiegen bei hereinbrechender Dämmerung auf, wobei die Außenflächen langsam nach rechts rotierten. Oben in der Mitte leuchteten konstant zwei Lichter, auch Funken und Flammen waren erkennbar. Die Zeugen konnten an den Körpern keinerlei Vorsprünge entdecken, als diese über den Zug hinwegflogen und dabei relativ langsam auf geschätzte 1800 Meter Höhe aufstiegen. Plötzlich steigerten die Objekte ihre Geschwindigkeit bei horizontalem Flug, ohne dabei ihre Fluglage zu verändern. Von einem Ort in der Nähe des Startgebietes, der ungefähr 2,5 km von der Eisenbahnlinie entfernt war, konnte man zwei Suchscheinwerfer erkennen, deren Licht beinahe senkrecht nach oben gerichtet war, so, als würde es den beiden scheibenförmigen Körpern folgen.

Kurz nach der Beobachtung geriet das Zugbegleitpersonal in Aufregung, zog alle Vorhänge zu und verbot, aus dem Fenster zu schauen. Ein Bericht über den Vorfall ging an das Hauptquartier der US-Luftwaffe und auch an den CIA.

Die Suchscheinwerfer lassen darauf schließen, daß die Scheiben von einem nahegelegenen Militärstützpunkt aus beobachtet wurden, und die Möglichkeit, daß die Sowjets ein geheimes, scheibenförmiges Flugzeug getestet haben, muß in Erwägung gezogen werden. Vielleicht, so vermuteten die zuständigen amerikanischer Untersuchungsbeamten, wurde es mit Hilfe deutscher Wissenschaftler entwickelt, die ja bekanntlich während der Zeit des Zweiten Weltkrieges daran gearbeitet hatten.

Das CIA-Memorandum von W. E. Lexow, dem Leiter der Abteilung für angewandte Wissenschaft beim Office of Scientific Intelligence, versuchte diese Möglichkeit allerdings herunterzuspielen:

> „Wie verlautbart, werden die von (schwarzer Balken = Unkenntlichmachung, Anm. d. Autors) beobachteten Objekte als ähnlich dem Projekt ›Y‹ beschrieben, das im Auftrag der US-Luftwaffe bei der Avro Aircraft Ltd. in Kanada entwickelt wird ... Die gegenwärtige Studie sieht einen kreisförmigen Flügel von neun Metern Durchmesser und ungefähr 33 Zentimetern Dicke vor. Seine Ausführung ist wie folgt geplant:
>
> | | |
> |---|---|
> | Geschwindigkeit: | Mach 3 |
> | Aufstiegsgeschwindigkeit: | 37 km/min. |
> | Gipfelhöhe: | 31 000 m |
> | Reichweite: | 1300 km |
>
> Gegenwärtig werden Versuche im Windkanal durchgeführt, die mit 800 000 Dollar von der US-Luftwaffe gefördert werden ... Das Projekt ›Y‹ wird von John Frost geleitet, der Berichten zufolge kurz nach dem Zweiten Weltkrieg von einer deutschen Gruppe die ursprüngliche Idee mit der Flugmaschine bekam. Vielleicht haben auch die Russen von dieser deutschen Gruppe Informationen erhalten.
>
> Da, wie berichtet, zwei Objekte zur selben Zeit in einem Gebiet flogen, das noch dazu für Probeflüge höchst ungeeignet erscheint, waren diese Objekte wahrscheinlich be-

reits in Dienst gestellt. Das würde auf sehr rasche Fortschritte bei den Russen hindeuten. Allerdings erhebt sich dann die Frage, warum die Russen, wenn sie tatsächlich solch ein Objekt bereits in Betrieb haben, ihre umfangreichen Entwicklungs- und Produktionsprogramme konventioneller Flugzeuge weiterführen. Seit unseren ersten Informationen über das Projekt ›Y‹ Anfang 1953 hat die Abteilung für angewandte Wissenschaft besonders auf Informationen geachtet, die auf Arbeiten der Russen an einem derartigen Projekt schließen ließen. Vor der Beobachtung durch (schwarzer Balken) war keine derartige Information verfügbar."

Das Memorandum des CIA-Mannes offenbarte eine ganze Reihe hochinteressanter Informationen, die u. a. dokumentieren, daß es ein eigenes Projekt mit der Bezeichnung „Y" gab, das einen flugscheibenförmigen Körper betraf und von einem kanadischen (!) Unternehmen für die US-amerikanische Luftwaffe entwickelt werden sollte. Die geplanten Flugleistungen waren erstaunlich. Offiziell wurde später zwar behauptet, daß das ehrgeizige Projekt Frosts, diesen „Avro-Car" zu entwickeln, nie realisiert worden sei, da der Prototyp nicht über einige „Lufthopser" hinausgekommen wäre. Ob man derartigen öffentlichen Verlautbarungen Glauben schenken kann, ist jedoch fraglich. Meines Erachtens war die Schließung der Akten zum Bau des „Avro-Cars" ein reines Ablenkungs- und Vertuschungsmanöver, um den Eindruck in der Öffentlichkeit zu erwecken, daß sich amerikanische Stellen überhaupt nicht mehr mit derartigen Projekten befassen würden. Angesichts der mit solchen Systemen jedoch erreichbaren Flugleistungen, die sowohl von deutschen Ingenieuren genannt, als auch durch die zitierten „Y"-Projektdaten bestätigt wurden, wächst der Verdacht, daß man ein solch manövrierfähiges Waffensystem bereits besaß bzw. unter Verschluß weiterentwickelte. Es muß sich hierbei um ein strategisches Waffensystem handeln, das die entsprechende Geheimhaltung rechtfertigt.

Grönland, 22. Juni 1956

Auch frühere sowjetische Fachzeitschriften haben Berichte über unbekannte Flugobjekte veröffentlicht. Sie sind allerdings, im Gegensatz zu zahlreichen westlichen Darstellungen, vollkommen sensationsfrei und nur in relativ kleinen Mengen publiziert worden. Einer dieser Berichte stammte von Valentin Akkuratow, dem Chefnavigator einer am Nordpol stationierten sowjetischen Einheit.

Akkuratow war am 22. Juni 1956 zu einem Erkundungsflug über die Eiswüste Grönlands aufgestiegen. Kurz darauf tauchte in geringer Entfernung neben ihm ein seltsamer Flugkörper auf. Akkuratow beschrieb ihn später als „birnenförmig, ohne Tragflächen". Der Körper habe „weder Luken noch Antennen gehabt und auch keine Rauchspur hinterlassen".

Akkuratow glaubte zunächst, daß es sich bei dem unbekannten Objekt um eine amerikanische Neuentwicklung handle. Um keine Scherereien zu bekommen, flog er mit seiner Maschine in eine Wolkenbank. Aber das Objekt folgte ihm. Es flog parallel zu seinem Kurs – 40 Minuten lang klebte das Ding wie eine Klette an ihm. Akkuratow gab an, daß ihm die Sache immer unheimlicher geworden wäre. Schließlich habe er sich dazu entschlossen, die „Birne" näher zu betrachten. Er sei deshalb direkt auf sie zugeflogen. Im selben Augenblick habe sein „Begleiter" jedoch eine Kurskorrektur vorgenommen. Und was immer er, Akkuratow, auch getan habe, die Distanz sei immer die gleiche geblieben. 15 Minuten habe dieses Katz-und-Maus-Spiel gedauert, dann sei der seltsame Körper plötzlich mit ungeheurer Geschwindigkeit davongeflogen.

Hamsphire, England, 6. November 1967
In den frühen Morgenstunden des 6. Novembers 1967 versagten bei dem Lastkraftwagen von Karl Farlow auf einer Teilstrecke der Straße A 338 (jetzt B 3347) zwischen Avon und Sopley, Hampshire, plötzlich unerklärlicherweise die Lichter. Farlow fuhr an den Straßenrand, um der Angelegenheit auf den Grund zu gehen, und sah dabei ein glühendes, viereinhalb Meter breites, eiförmiges UFO, das sich langsam von rechts über die Straße bewegte, beschleunigte und kurz darauf verschwand. Das Objekt machte, nach Farlows Angaben, ein Geräusch wie ein Kühlschrank und verbreitete einen auffallenden Geruch wie ein Bohrer, der durch Holz geht.
Bevor das Objekt verschwand, kam ein PKW vom Typ Jaguar aus der entgegengesetzten Richtung; auch seine Lichter und der Motor versagten. „Unsere Fahrzeuge standen ca. 25 Meter voneinander entfernt", berichtete Farlow. „Das Objekt war zwischen uns. Es glühte im schönsten Grünton, den ich je gesehen habe. Es hatte mit nichts anderem auf der Erde eine Ähnlichkeit. (...) Ich saß wie versteinert in der Fahrerkabine. Ich möchte so etwas nie wieder erleben. Das war keine Halluzination."
Der Motor des LKW war, vielleicht weil es sich um einen Diesel handelte, nicht von der Begegnung betroffen und lief weiter. Als das Objekt verschwunden war, schlug der Fahrer des Jaguars, ein Tierarzt, Farlow vor, aus einer nahegelegenen Telefonzelle (ebenfalls ohne Licht) die Polizei zu informieren. Diese traf kurz darauf ein. „Mr. Farlow war ganz verängstigt", berichtete Wachtmeister Roy Nineham später. „Das Merkwürdigste an seinem Bericht ist, daß die Lichter seines Fahrzeuges versagten und erst wieder angingen, als das Objekt verschwand."
Die Zeugen bemerkten auf dem Boden neben der Straße Spuren. Der Straßenbelag schien geschmolzen zu sein. Die Polizei nahm Farlow und den Tierarzt mit zur Polizeiwache in Bournemouth, wo sie einzeln bis 4.30 Uhr morgens vernommen

wurden. Die Beifahrerin im Auto des Tierarztes wurde ins Krankenhaus gebracht, da sie unter Schock stand.
Am nächsten Tag wurden beide Männer zur Polizeiwache in Christchurch gebracht und von einem Mitarbeiter des Verteidigungsministeriums befragt. Später am gleichen Tag wurde Farlow von der Polizei zu der Stelle zurückgefahren, um seine Sachen aus dem LKW zu holen. Er sah, daß eine Gruppe von Leuten die Stelle mit Instrumenten untersuchten, eine Planierraupe die Erde ebnete und ein Mann die Telefonzelle mit frischer Farbe versah. Eine Woche später stellte Farlow sogar fest, daß die Straße auf einer Länge von 60 Metern vollkommen erneuert worden war, als ob sämtliche Spuren hätten beseitigt werden sollen. Ein sehr merkwürdiges Verhalten der Behörden!
Hilary Evans, ein führender britischer UFO-Untersucher, meinte zu diesem Fall ergänzend:

> „(Die Elektrik) des LKW erlitt einen Schaden in Höhe von 400 englischen Pfund; über den Schaden am Jaguar ist nichts bekannt. Der ausführlich berichtete Fall läßt viele Fragen offen. Vieles deutet auf ein militärisches Objekt hin, aber in diesem Fall haben es die Behörden weitere sechzehn Jahre erfolgreich geheimgehalten! Ob von Menschen hergestellt oder außerirdisch, das UFO von Avon war jedenfalls in der Lage, einige äußerst bemerkenswerte physische Effekte zu bewirken." (Hilary Evans, The Evidence for UFOs, Aquarian Press, 1983)

*

Nach Abschluß des Projektes „Blue Book" kam es auch weiterhin zu Sichtungen in aller Welt. Es verging keine Woche, kein Monat, in dem nicht irgendwo auf unserem Planeten seltsame Himmelserscheinungen beobachtet werden konnten. An dieser Stelle sollen auch einige aktuellere Fälle in ungeordneter Reihenfolge vorgestellt werden, die ebenfalls allen Untersuchun-

gen widerstanden und als „nicht identifizierbar“ zu den Akten gelegt werden mußten.
Am 16. Dezember 1979 war über der nordchilenischen Stadt Calama ein „riesiger Feuerball“ gesehen worden. Auf Befehl von General Benjamin Opazo Brull wurden daraufhin von der nahegelegenen Luftwaffenbasis Cerro Moreno vier Abfangjäger gestartet, die das Objekt verfolgen und identifizieren sollten. Die Flugzeuge bewegten sich zunächst nach Angaben der Radarkontrolleure in einer Höhe von 5000 Meter. Das UFO entzog sich diesem Manöver und hielt eine Distanz bis zu etwa 1700 Metern. Plötzlich aber stieß es herab, genau auf das Flugzeug von Kapitän Louis Lira Bustos zu, der sich dieser „Attakke“ nur durch einen Sturzflug entziehen konnte. Commodore Javir Pratt Corona nahm daraufhin die Verfolgung auf. Er erkannte beim Näherkommen ein „riesiges Dreieck mit Lichtern an den Ecken“. Ein weiterer Pilot, Jose Fernandes Martin, war offensichtlich geschockt, weil er sich nicht vorstellen konnte, „... daß irgendein normales Luftfahrzeug mit den riesigen Dimensionen des Dreiecks sich bewegungslos frei schwebend in der Luft halten könne“. Wenige Minuten später stieg das Objekt erneut senkrecht in die Höhe, entfernte sich bis auf 20 km von den verfolgenden Jägern und verschwand schließlich, so Pratt Corona, „auf mysteriöse Art“.
Interessanterweise konnten bei diesem Verfolgungsmanöver Fotos des unbekannten Objektes gemacht werden, eines davon wurde veröffentlicht. Es zeigt die Lichter, die sich an den Ecken des riesigen Dreiecks befanden.
Hunderte von Augenzeugen in den amerikanischen Bundesstaaten Kansas und Missouri konnten am 18. November 1980 ein riesiges Flugobjekt beobachten, das über vier Stunden lang am Himmel kreuzte. Auch hier wurde das Objekt als dreieckförmig beschrieben, es sei so groß wie ein Fußballfeld gewesen und habe ein weißes und zwei rote Lichter „wie Scheinwerfer“

besessen. Roger Benett, einer der zahlreichen Zeugen, beschrieb ein leises Brummen, als das Objekt an ihm vorüberzog: „Kurz bevor es hinter den Wolken verschwand, sandte es sechs kleinere Objekte auf einmal aus.“ Andere Augenzeugen konnten angeblich Fenster „wie bei einem Cockpit“ ausmachen.
Eine ganze Reihe unbekannter Flugobjekte konnten am 23. Dezember 1981 zwei Polizisten im US-Bundesstaat Kentucky beobachten. Frank Chinn und John Cooper vermochten mit einem Fernrohr eine „Schwadron“ von „sechs Objekten, die in einer Formation eines hinter dem anderen flogen“, zu verfolgen: „Die Objekte glitzerten überall, als ob sie aus einer leuchtenden Substanz produziert worden wären.“ Chinn verglich den Glanz mit dem eines geschliffenen Diamanten: „Der Unterschied war, daß in jeder Facette oder Ebene der Oberfläche ein heller Scheinwerfer war, der strahlend weißes Licht aussandte. Und in der Mitte des Flugkörpers waren drei rotierende blitzende Lichter in den Farben Grün, Rot und Gelb vorhanden.“ Und Cooper fügte hinzu: „Es gibt keine logische Erklärung. Ich habe genügend Flugzeuge und Helikopter gesehen, um zu wissen, daß es nichts in der Art von Flugmaschinen war, über die wir verfügen.“ Cooper hat damit, rein subjektiv betrachtet, nicht einmal übertrieben.
Drei andere Polizisten, Karl Sicinski und zwei weitere Kollegen, konnten am 25. November 1980 ebenfalls über dem amerikanischen Bundesstaat Kentucky ein Objekt ausmachen, das sich in etwa 500 Meter Höhe über der Stadt Will County bewegte. Den Aussagen zufolge flog es zunächst in südlicher Richtung, drehte dann nach Osten ab und unmittelbar darauf nach Norden. Schließlich stand es in südöstlicher Richtung still. Sicinski: „Es war ungeheuer groß und sehr hell. Es war wie eine auf der Seite liegende Träne geformt und hatte einen weißrosa Schein um sich.“
Durch den Bericht, den Sicinski über Funk an seine Station

weitergab, wurden auch zwei weitere Streifenwagenbesatzungen auf das Objekt aufmerksam. Sam Cucci kam dem Objekt dabei vermutlich am nächsten: „Ich schaltete meinen Suchscheinwerfer ein, aber das Objekt drehte ab und verschwand dann plötzlich – wie wenn jemand ein Licht ausschaltet."

Eines der größten Probleme bei der Betrachtung des UFO-Problems sind zweifellos jene Fälle, in denen die Zeugen überall auf der Welt Landungen und das Auftreten von Humanoiden – also menschenähnlichen Wesen – beschrieben haben. Seit 1947 wurden mehrere Tausend derartige „Begegnungen der dritten und vierten Art", wie sie im Bereich der UFO-Forschung genannt werden, aufgezeichnet. Freilich muß man hierbei unterscheiden zwischen Beobachtungen und Landungen, die die Zeugen in der Regel erschreckten und jenen Behauptungen, daß Menschen Kontakt mit diesen Humanoiden aufgenommen haben wollen. Es gab eine Reihe von sogenannten Kontaktlern, die von sich behaupteten, mit scheinbar extraterrestrischen Wesen in Verbindung zu stehen, wobei letztere meist Menschengestalt gehabt haben sollen.

Freilich besagen diese Landungs- und Humanoidenberichte nicht, daß das von den Zeugen Gesehene wirklich in jedem Fall *objektive* Realität sein muß. Das, was als außerirdisches Wesen wahrgenommen wird, könnte auch eine bewußt herbeigeführte psychische Projektion oder Halluzination sein. Es ist durchaus vorstellbar, daß die hinter dem Phänomen stehende Kraft sicherstellen will, daß der wahre Verursacher nicht erkannt wird und statt dessen beim Zeugen eine tarnende Deckerinnerung zurückbleibt. Das menschliche Gehirn ist keineswegs eine objektiv arbeitende Einrichtung, sondern kann beispielsweise durch Drogen bzw. gezielt eingesetzte elektromagnetische Strahlung in seiner Funktion beeinflußt werden. Entsprechende Versuche wurden bereits während der Zeit des Zweiten Weltkrieges durchgeführt. Da sie in deutschen Konzentrationslagern und ähnlichen japanischen Einrichtungen absolviert wurden, ist bis dato über sie nur wenig an die Öffentlichkeit gedrungen. Auch hier schlug die Geheimhaltung alliierter Militärs zu, die in diesen Forschungen interessante Möglichkeiten für eigene strategische Planungen erkannten. Seither sind zahlreiche Informationen zur Bewußtseinsforschung und -veränderung nicht mehr zugänglich, was den Verdacht nahelegt, daß man sie militärisch nutzt. *Könnte es sein, daß Zeugen von UFO-Beobachtungen, die auch das Auftreten von menschenähnlichen Wesen berichten, nur das schildern, was ihnen durch Bewußtseinsmanipulation (mittels elektromagnetischer Strahlung, die ohnehin im Umfeld von UFOs registriert werden kann) als „Realität" vorgegaukelt wird? Ist es denkbar, daß in Wirklichkeit die beobachtenden UFOnauten menschengemacht sind?* Ja, denn es gibt mittlerweile zahllose interessante und bestürzende Hinweise, daß derartige Methoden – rein biologisch gesehen – durchaus funktionieren könnten. So glaubt z. B. der US-Forscher und Psychologe Michael Persinger, daß die Einwirkung bestimmter elektromagnetischer Strahlen im menschlichen Gehirn zu halluzinatorischen Bildern führen kann, u. a. auch vom Typ der immer wieder berichteten „Außerirdischen". Dies sei beispielsweise schon durch piezoelektrische Effekte, die zur Bildung sogenannter Erdbebenlichter führen können, möglich. Bei Kenntnis dieses Zusammenhangs und einer entsprechend orientierten (militärischen) Forschung, die nachweisbar seit Jahrzehnten läuft, wäre es mit an Sicherheit grenzender Wahrscheinlichkeit machbar, das menschliche Gehirn einer gezielten Beeinflussung durch elektromagnetische Strahlung zu unterziehen, um verdeckt durchgeführte militärische Einsätze bei Zeugen in einem gänzlich anderen Licht erscheinen zu lassen. *Im Prinzip käme solch ein Verfahren der Erfindung und Anwendung einer elektromagnetischen „Tarnkappe" gleich.* Im verdeckten Einsatz befindliche Spezialeinheiten würden dann nicht als das gesehen werden können, was

sie sind. Sie wären auch nicht unsichtbar. Aber sie hätten die perfekte Tarnung angelegt, würden sie doch als etwas erscheinen, daß es angeblich nicht gibt: „Außerirdische", die aus ihren „Raumschiffen" steigen, um Menschen zu entführen und medizinisch zu untersuchen, wobei der Zweck dieser Untersuchungen an dieser Stelle noch unerwähnt bleiben soll.
Leider ist es mir an dieser Stelle nicht möglich, umfassend auf das Problem der Bewußtseinsbeeinflussung und -kontrolle (englisch Mind Control) einzugehen. Die Möglichkeiten hierzu sind weiter fortgeschritten, als man uns Glauben machen möchte und implizieren eine totale Überwachung. (Die sich hier auftuenden Abgründe sind so schockierend, daß ich hierzu auf das im im Kopp Verlag erhältliche Buch „Versklavte Gehirne" von Heiner Gehring verweisen möchte.)

Entführungen?

Als Beispiel für eine Begegnung der vierten Art, eine Entführung also, möchte ich an dieser Stelle nur einen Fall herausgreifen, der als eine der seltsamsten Geschichten in bezug auf UFO-Nahbegegnungen bezeichnet werden kann. Dabei wurden die beiden Augenzeugen, Betty und Barney Hill, an Bord eines unbekannten Objektes geholt und einer medizinischen Untersuchung unterzogen.
Am 19. September 1961 fuhren Barney Hill und seine Frau Betty mit ihrem Wagen auf einer wenig befahrenen Landstraße in Richtung Portsmouth, US-Bundesstaat New Hampshire. Das Ehepaar kam von einem Kanadaurlaub zurück. Es war gegen 22 Uhr, als sie auf ein hell leuchtendes Gestirn am Himmel aufmerksam wurden. Plötzlich veränderte dieser vermeintliche Stern seine Position und zog am Mond vorbei. Betty Hill griff zum Fernglas und verfolgte den Lichtpunkt. Das strahlende

Objekt wurde größer und größer … „Das ist ja sonderbar“, sagte Barney und hielt den Wagen an. Beide stiegen aus, um die mysteriöse Lichtquelle besser beobachten zu können. Abwechselnd sah das Ehepaar durch den Feldstecher. Das Objekt wurde scheibenförmig, blinkte und kam immer näher.
Beide waren beunruhigt. Barney gestikulierte heftig: „Komm, weg hier …, die sind hinter uns her!“ Das Ehepaar sprang ins Auto und Barney gab Gas. Der Wagen schoß davon. „Behalt das Ding im Auge, Betty“, schrie er, „es muß jetzt über uns sein!“ Dann sahen beide das Objekt. Es war riesig. Es schwebte etwa „zehn Stockwerke über der Landstraße“, sagten die Hills später aus. Betty nahm so etwas wie übereinanderstehende Fensterreihen an diesem Objekt wahr, dahinter dunkle Gestalten, die Barney genauer identifizierte und als Insassen mit Uniformen im Nazistil bezeichnete (Peter Brookessmith, UFO – Die Chronik aller Begegnungen mit unbekannten Flugobjekten, Heel-Verlag, 1995).
Das mysteriöse Objekt blinkte weiter. Barney stoppte, nahm das Fernglas und sprang erneut aus dem Wagen. Seine Frau blieb sitzen. Er lief auf den Flugkörper zu. Blieb dann stehen und beobachtete durch das Fernglas, wie das Objekt zur Landung ansetzte. „Komm zurück, Barney“, schrie Betty entsetzt. Ihr Mann reagierte nicht und ließ das Objekt nicht aus den Augen. „Mein Gott, was geschieht jetzt …?“
Langsam schob sich eine Art Treppe aus dem Objekt. Barney schluckte erregt, gab sich einen Ruck und rannte zum Wagen zurück. Er riß die Tür auf – saß und knallte die Tür zu. Er betätigte wie besessen den Anlasser. Vergebens.
In diesem Moment hörten beide ein seltsames Summen. Barney und Betty spürten am ganzen Körper ein ungewöhnliches Prikkeln. Ihnen wurde schwindelig. Verschwommen sahen sie fünf menschenähnliche Gestalten auf sich zukommen. Dann verloren beide das Bewußtsein.

Als das Ehepaar die Umwelt wieder wahrnahm, bemerkten beide, daß sie rund 50 km vom Ort des letzten Geschehens entfernt und bereits zwei Stunden vergangen waren. Was war in dieser Zeitspanne vorgefallen? Die Hills wußten es nicht. Ein zwei Jahre lang dauerndes Trauma machte Barney und Betty Hill schwer zu schaffen. Nachts hatten beide furchtbare Alpträume. Barney bekam Magengeschwüre. Sein Hausarzt führte das Leiden auf psychische Überlastung zurück. Das Ehepaar suchte einen Psychiater auf. Bei der Konsultation kamen konfuse Bildinhalte zutage. Etwas Außergewöhnliches mußte zweifellos geschehen sein. Der Arzt hatte einen bestimmten Verdacht und verständigte daraufhin seinen auf Hypnose-Behandlung spezialisierten Kollegen Dr. Benjamin Simon aus Boston. Was dann Barney und Betty Hill getrennt und völlig deckungsgleich unter Hypnose (bei der sogenannten „Zeit-Rückführungsmethode") aussagten, glich einem Horror-Film:
Fünf fremdartige Wesen näherten sich den Hills. Sie waren etwa 1,50 m groß und trugen eine Art „Uniform". Die fast schwarzen Augen der Kreaturen waren viel größer als menschliche und hatten für Betty einen furchterregenden Ausdruck. Die Gesichtshaut war grau, die Nase nur angedeutet. Ohren schienen diese Wesen nicht zu haben. Wenn sie untereinander „sprachen", so bewegten sie den Mund, die Worte aber waren unverständlich. Dann wurden die Hills in das Flugobjekt gebracht und getrennt „in Kammern geführt". Anschließend mußten beide eine schmerzhafte medizinische Untersuchung über sich ergehen lassen. Auch andere Versuche sollen angestellt worden sein. Nachdem die Untersuchung bei Betty abgeschlossen war und sie auf ihren Mann wartete, der im Nebenraum „analysiert" wurde, zeigte ihr der „Anführer" eine dreidimensionale Sternkarte, wo zahlreiche Sterne fixiert waren. Verschiedene davon waren mit Linien, andere mit getrennten Strichen untereinander verbunden. Diese Sterne waren aber nicht mit Bezeichnungen

versehen und daher für Betty nicht mehr, „als ein Blick zum Fenster hinaus“. Nach über zwei Stunden Aufenthalt im Flugobjekt konnten Betty und Barney Hill die unheimliche Stätte verlassen.

Dieser hier in seinen wichtigsten Daten vorgestellte Fall mit seinen psychologischen Folgen für die Hills, erregte weltweit Aufsehen. Doch bald wurde auch Kritik laut. Die boshafteste Unterstellung lautete kurz: Typische Psychopathen, Geisteskranke … Andere wiederum meinten, daß es ein imaginäres, auf bloßer Einbildung beruhendes Ereignis war, daß durch Angst beim Auftauchen eines unbekannten Objektes ausgelöst worden war, sozusagen also ein emotionelles Drama stattgefunden hätte.

Tatsächlich wurde in jener Region, wo die Hills ihre unheimliche Begegnung gehabt haben wollen, zeitgleich auf Radaranlagen ein unbekanntes Objekt registriert, das landete und später wieder aufstieg.

Der Physiker Stanton T. Friedmann, der bei den Hypnose-Sitzungen dabei war, urteilte über die Hills: „Niemand, der die beiden kennt, kann im Ernst behaupten, daß sie verrückt oder geistesgestört sein könnten.“ Friedmann, der Astronom Dr. Allen Hynek und andere Wissenschaftler, die sich später mit dieser damaligen Einzigkeit befaßten, hielten den Fall für absolut glaubwürdig. Den Hills muß also zweifellos etwas Merkwürdiges widerfahren sein.

Bemerkenswerterweise gibt es einige Widersprüche, was das Aussehen der Entführer anbetrifft. Sie werden, als sie sich nicht in unmittelbarer Nähe der Hills befanden, anders beschrieben als in der Hypnose-Rückführung. Das ist seltsam, oder? Wurde den beiden Opfern eine Deckerinnerung „implantiert“? Handelt es sich bei dem Vorgang um eine psychische Manipulation? Wir wissen es nicht. Wie weit die Möglichkeiten der Bewußtseinsforschung und -manipulation fortgeschritten sind, ist schwer zu sagen, da die entsprechenden Erkenntnisse militärisch relevant und damit geheim sind.

*****

Neuen Antriebsverfahren auf der Spur

Die Annahme, daß ein Großteil ungelöster UFO-Fälle mit teilweise revolutionären militärischen Entwicklungen zu tun hat, impliziert eine weitere Möglichkeit eines mehr oder weniger direkten Nachweises. Wenn es sich um irdische Technologie handelt, so kann der zeitliche Abstand zu dem, was wir heute als Grenze unseres Wissens bezeichnen und dem, was an theoretischen Grundlagen und praktischen Erfahrungen beim Bau dieser Geheimsysteme eingeflossen ist, sicherlich nicht so groß sein, daß er unüberbrückbar erscheint. Sieht man sich diesen Sachverhalt etwas genauer an, kann man erkennen, daß die geheime Technologie vielleicht ein Wissen darstellt, das dem, das zivile Forscher haben, um vielleicht zwanzig bis fünfzig Jahre voraus ist, so man dies einigermaßen vertretbar abschätzen kann. Der Abstand ist also nur etwas größer als der Vorsprung, den einige alliierte Experten in bezug auf die deutsche Technologieentwicklung im Zweiten Weltkrieg einzugestehen bereit waren. Selbst mit dem Thema nicht befaßte Forscher geben zu, daß das Wissen militärischer Forschungseinrichtungen zweifellos weit über dem ihrer zivilen Pendants liegt. Dies ist schon deshalb nicht verwunderlich, weil die Budgets des Militärs hundert- und tausendfach über dem liegen, was zivile Forschung je an Geldmitteln zugeteilt bekommen kann.
Nimmt man also an, daß der Fortschritt von Militärtechnologie gegenüber jener des zivilen Bereichs in einem absehbaren Abstand definiert werden kann und das immer nur ältere bzw. veraltete Teile militärisch-wissenschaftlicher Erkenntnisse Eingang in den zivilen Wissenschaftsbetrieb finden, muß geradezu zwangsläufig eines passieren: daß nämlich für den zivilen oder offenen militärischen Bereich arbeitende Wissenschaftler und Techniker jenen Geheimtechnologien auf die Spur kommen.

Dabei spielt es keine Rolle, ob dies absichtlich oder unabsichtlich geschieht. In jedem Falle würden die betreffenden Forscher aber über kurz oder lang dann „Druck von oben" bekommen, wenn sie sich unerlaubterweise den Grundlagen jener Geheimtechnologie, die es zu verbergen gilt, nähern. Ist das der Fall? Darauf gibt es nur eine Antwort: ein deutliches „Ja"!
Ich möchte mich im nachfolgend auf die Darstellung von wenigen Beispielen beschränken, obwohl es weitere, hochinteressante Fälle gibt, die hier einfließen könnten. Immer dann, wenn Forscher durch ihre Arbeit, ihre Experimente oder bloßes Nachdenken in den Bereich der möglichen Gefährdung militärischer Nutzanwendungen gelangten, wurden sie gestoppt. Wenn man sich wie ich jahrelang mit diesem Phänomen der „Forschrittsignoranz" auf den Gebieten neuartiger Antriebsverfahren, der Entwicklung von scheiben- und diskusförmigen Flugkörpern sowie der Energiegewinnung mit – im weitesten Sinne des Wortes – alternativen Verfahren beschäftigt hat, muß man erkennen, daß es sich hierbei nicht um eine sonst im Wissenschaftsbetrieb oftmals anzutreffende bürokratische Unbeweglichkeit handelt, sondern daß hier massiv abgeblockt wird. Dabei geht man sogar soweit, Forscher, die aufgrund ihres Ehrgeizes weiter an ihren (Zufalls-) Erfindungen arbeiten, einzuschüchtern, beruflich zu ruinieren, zu kriminalisieren (durch untergeschobene Behauptungen und „Zeugen") oder, wenn all das nicht hilft, aus der Welt zu schaffen. Im günstigsten Fall werden sie so lange ignoriert, bis sie ihre finanziellen Mittel aufgebraucht haben und dann wirtschaftlich am Ende sind.
In diesem Zusammenhang ließen sich viele Namen nennen. Erinnert sei nur an den englischen Flugscheibenkonstrukteur Searl, der jahrelang unter fadenscheinigen Gründen hinter Gitter gebracht wurde und dessen wirtschaftliche Existenz man ruinierte. René Couzinet, einer der anerkanntesten Flugzeugkonstrukteure und Luftfahrtpioniere Frankreichs, arbeitete an

der technischen Umsetzung einer „Fliegenden Untertasse". Seine Arbeiten waren von Erfolg gekrönt, nur wollte niemand die Erfindung haben. Eines Tages fand man Couzinet und seine Frau tot auf. Die Presse berichtete, Couzinet habe sich und seine Frau aus Verzweiflung selbst getötet. Dabei wurde allerdings völlig übersehen, daß der französische Flugzeugkonstrukteur im Vorfeld zwei Attentate überlebt hatte, die ihm und seiner Erfindung galten. Jemand hatte ihn mehrfach gewarnt, seine Flugscheibe nicht weiter zu bauen.

Oder erinnern wir uns an die Forschungen von Viktor und Walter Schauberger, die vom amerikanischen Militär vereinnahmt wurden und einer Reihe von Repressalien ausgesetzt waren. Bis heute ist nicht klar, ob ihre Erkenntnisse militärisch genutzt wurden und aufgrund welcher Verdachtsmomente man sie so unter Druck setzte.

Die Beispiele dokumentieren gleichermaßen, daß die Konstruktion von Flugscheiben durchaus möglich ist und daß UFO-Technologie nichts unverständliches, den Naturgesetzen widersprechendes bleiben muß. Im Gegenteil: Viele der mit UFO-Beobachtungen in Verbindung stehenden physikalischen Elemente lassen sich bereits mit unserem heutigen Wissen erklären. Alle anderen Behauptungen entsprechen nicht den Tatsachen. UFOs widersprechen nicht der Physik, sondern höchstens dem physikalischen Wissen, das die breite Masse hat.

Townsend Braun und seine schwebenden Scheiben

Wir können uns einen Einblick in diese Frage der Machbarkeit der UFO-Technologie verschaffen, indem wir das Leben und die Karriere eines leider immer noch zu wenig bekannten, aber äußerst genialen amerikanischen Physikers und Erfinders namens Thomas Townsend Brown betrachten. Seine Experimente entschleierten einige Facetten der angeblich so geheimnisvollen UFO-Funktionsweise, wurden dann jahrelang ignoriert, um letztlich vielleicht doch militärisch genutzt zu werden. Brown war damit eher eine Ausnahme der Regel, was er vielleicht seiner militärischen Laufbahn zu verdanken hatte.

Im Jahre 1905 als Sohn einer prominenten Familie in Zainesville, Ohio, geboren, zeigte Townsend Brown schon relativ früh großes Interesse für die Raumfahrt – ein Thema, das in jenen Tagen, als selbst die Erfolge der Brüder Wright noch mit Mißtrauen betrachtet wurden, als pure Phantasterei galt. Trotzdem hielt der junge Brown an seinem Interesse fest und beschäftigte sich darüber hinaus auch mit Elektronik. Sein jungenhaftes Herumspielen mit den damaligen naiven Vorstellungen über Radio und Elektromagnetismus vermittelte ihm eine Basis, die in späteren Jahren von unschätzbarem Wert für ihn sein sollte.

Im Verlauf seiner ersten experimentellen Erfahrungen erwarb er einmal eine sogenannte Coolidge-Röhre, die ihn dann zu verblüffenden Ergebnissen führen sollte.

Röntgenstrahlen galten in jenen Tagen noch als mysteriöse Kraft. Der amerikanische Physiker und Chemiker William D. Coolidge hatte die nach ihm benannte Röhre, eine Röntgenröhre mit Glühkatode aus einer feinen Wolframwendel, erst 1913 erfunden. Sogar die anerkannte Wissenschaft begann sich gerade erst damit zu beschäftigen. Brown interessierte sich nicht für die Röntgenstrahlen als solche, sondern glaubte, den Schlüssel zur Raumfahrt darin finden zu können.

Unter diesem Gesichtspunkt führte er seine Experimente durch, um festzustellen, ob die von der Coolidge-Röhre ausgehenden Strahlen eine irgendwie nutzbare Kraft ausübten.

Er tat etwas, woran noch kein Wissenschaftler seiner Zeit gedacht hatte: Er montierte eine Röhre in extrem empfindlicher Balance und begann, sie auf Resultate zu testen. Aber ganz gleich, in welcher Richtung er seinen Apparat drehte, er war nicht in der Lage, irgendeine meßbare, von den Röntgenstrahlen ausgehende Kraft festzustellen. Plötzlich jedoch wurde er auf eine sehr sonderbare Reaktion der Röhre selbst aufmerksam: Jedesmal, wenn er sie einschaltete, schien sie eine Bewegung auszuführen – eine Art Schub, gerade so, als versuche der Apparat, sich abzustoßen bzw. fortzubewegen. Brown forschte natürlich nach der Entdeckung dieses physikalischen Effektes weiter, und es bedurfte eines enormen zeitlichen Aufwandes und großer Mühen, bevor er die Erklärung für das eigentümliche Verhalten der Röhre fand. Wie Brown bei seinen Untersuchungen feststellte, hatte dieses neuentdeckte Phänomen nichts mit den Röntgenstrahlen zu tun – vielmehr steckte die hohe Spannung dahinter, die zur Erzeugung der Strahlen benutzt wurde!

Brown versuchte sich nunmehr an einer ganzen Reihe von Experimenten, die darauf abzielten, die genaue Natur dieser neuen, von ihm entdeckten „Kräfte" zu bestimmen, und nach vielen Bemühungen gelang es ihm schließlich auch, ein Gerät zu entwickeln, das er „Gravitor" nannte. Seine Erfindung wirkte von außen wie ein ganz gewöhnlicher Kasten. Er war 30 cm lang und 10 cm hoch und breit; doch wenn man ihn auf eine Waage legte und an eine Energiequelle von hundert Kilovolt anschloß, dann nahm der Apparat ungefähr ein Prozent seines Gewichtes zu oder ab, je nach der verwendeten Polarität. Und das für sich allein war schon etwas sehr Erstaunliches. Brown war überzeugt, daß er ein neues elektrisches Prinzip entdeckt hatte, aber er wußte nichts Konkretes damit anzufangen. Obwohl einige Zeitungen über seine Arbeit berichteten, zeigte sich kein einziger renommierter Wissenschaftler an seiner Entdekkung interessiert – was allerdings nicht allzu erstaunlich ist, wenn man bedenkt, daß Townsend Brown zu dieser Zeit gerade erst vor dem Abschluß der höheren Schule stand. Aber er ließ sich nicht entmutigen und setzte seine Versuche fort. Vielleicht war das, was er gefunden hatte, so ungewöhnlich und revolutionär, daß es dem konventionellen Wissenschaftsbetrieb einfach unfaßlich erscheinen mußte.

1922 trat Brown in das California Institute of Technology (Caltech) in Passadena ein. Sein erstes Jahr verbrachte er damit, seine Professoren – unter ihnen den Physiker und Nobelpreisträger Dr. Robert A. Millikan – ihm günstig zu stimmen. Aber so sehr er sie mit seinen ausgezeichneten Leistungen als Laborant beeindrucken konnte, so wenig Erfolg hatte er bei seinen Bemühungen um wenigstens die kleinste Anerkennung für seine Ideen über die Elektrogravitation. Durchdrungen von der starren wissenschaftlichen Disziplin des 19. Jahrhunderts, wiesen seine Lehrer es weit von sich, daß so etwas überhaupt existieren könnte; an neuen oder gar umwälzenden Konzepten waren sie nicht interessiert.

Unerschüttert wechselte Brown 1923 ins Kenyon College in Gambier, Ohio, blieb dort ein Jahr und ging anschließend an die Denison University in Granville, Ohio, wo er als Interner in der Physikabteilung Elektronik studierte. Sein Professor war Dr. Alfred Biefeld, Professor für Physik und Astronomie und einer der nur acht ehemaligen Klassenkameraden von Albert Einstein in der Schweiz.

Im Gegensatz zu Dr. Millikan von der Caltech zeigte Dr. Biefeld großes Interesse für Browns Entdeckung, und beide – Professor und Student – experimentierten mit geladenen elektrischen Kondensatoren und entwickelten ein physikalisches Prinzip, das dann als der Biefeld-Brown-Effekt in physikalischen Kreisen weltbekannt wurde. Im Grunde war dieser „Effekt“ die beobachtete Tendenz eines hochgeladenen elektrischen Kondensators, eine Bewegung in Richtung auf einen positiven Pol auszuführen – die gleiche Bewegung also, die Brown früher an seiner Coolidge-Röhre entdeckt hatte.

Nach Abschluß seiner Ausbildung war Brown vier Jahre lang

am Swazey-Observatorium in Ohio tätig und heiratete auch in dieser Zeit. 1930 verließ er Swazey, um als Spezialist für Strahlung, Feldphysik und Spektroskopie im Naval Research Laboratory in Washington, D.C. zu arbeiten.

Während dieser Phase seines Lebens nahm er 1932 als Stabsphysiker an der Internationalen Schwerkraft-Expedition des US-Marineministeriums zu den Westindischen Inseln und dann 1933 als Physiker an den Johnson-Smithschen-Tiefsee-Expedition teil. Im Verlauf jenes Jahres wurden wegen der fortschreitenden Wirtschaftskrise die Budgetmittel gekürzt, und Brown mußte seine anfangs vielversprechende Karriere am Naval Research Laboratory (NRL) aufgeben und sich nach einer anderen Arbeit umsehen. Brown wandte sich an die Regierung. Er trat in die Marine-Reserve ein, und da wissenschaftliche Jobs jeder Art sich als äußerst rar herausstellten, fand er zunächst als Ingenieur für Bodenkultur bei der Federal Emergency Relief Administration Arbeit und später als Verwaltungsbeamter beim Civilian Conservation Corps in Ohio.

Diese hauptberufliche Tätigkeit in den 1930er Jahren hielt ihn, den exzellenten Wissenschaftler, jedoch nicht im geringsten davon ab, abends und an Wochenenden sein Physikstudium im allgemeinen und des Biefeld-Brown-Effekts im besonderen fortzusetzen. Im Lauf der Zeit erfuhr der ursprüngliche „Gravitor" zahlreiche Verbesserungen.

1939 war Brown inzwischen Leutnant der Marine-Reserve und übersiedelte nach Maryland, wo er Material-Ingenieur bei der Firma Glenn L. Martin Company (der späteren Martin Aerospace) in Baltimore wurde. Er war erst ein paar Monate dort, als ihn die Marine als verantwortlichen Offizier für magnetische und akustische Minenräumforschung und -entwicklung des Bureau of Ships einsetzte. Seine dortige Tätigkeit, wo er für seine Forschungszwecke rund fünfzig Millionen Dollar ausgeben konnte und über mindestens ein Dutzend akademisch gebildeter Mitarbeiter verfügte, wurde stets als vorbildlich bezeichnet. Leider war sie nicht von allzu langer Dauer, denn in dem schrecklichen Durcheinander, das auf den Angriff der Japaner auf Pearl Harbor folgte, wurde er – mit dem Dienstgrad eines Korvettenkapitäns – nach Norfolk versetzt, wo er seine Forschungsarbeit weiterführen und gleichzeitig die Atlantic Fleet Radar School der Marine leiten sollte.

Während dieser Zeit legte Brown einige Vorschläge über die Möglichkeit vor, wie elektromagnetische Felder zur Erzielung von Radarunsichtbarkeit benutzt werden könnten, besonders bei Luft-zu-Wasser-Situationen. Es ist jedoch nicht bekannt, ob diese Ideen möglicherweise direkt für laufende Forschungsarbeiten verwendet wurden. Brown war menschlich gesehen nicht der Typ, der allzuviel von seinen Ideen hermachte, es sei denn, sie fanden die bereitwillige Zustimmung anderer.

Trotz seiner Zurückhaltung war er jedoch ein eifriger Arbeiter, der während der nächsten zwei Jahre weiterhin treu seinem Land diente. Unglücklicherweise machten ihm die viele harte Arbeit und seine persönliche Enttäuschung über den mangelnden Erfolg seiner Projekte, die keine angemessene Anerkennung fanden, derart zu schaffen, daß er im Dezember 1943 einen Nervenzusammenbruch erlitt und zur Erholung heimgeschickt wurde. Auf Empfehlung der Marineärzte wurde er dann bald in Pension geschickt.

Nach einer längeren Phase der Erholung wurde Brown im Frühsommer 1944 Berater für Radarfragen in der Abteilung für neuartige Anlagen bei der Lockheed-Vega Aircraft Corporation in Kalifornien. Seine Kollegen beurteilten ihn als „einen ruhigen, bescheidenen, zurückhaltenden Menschen …, einen genialen Problemlöser in Ingenieurfragen“ und „genau den Mann, den man in bedeutenden Forschungsinstituten zu finden erwartet“. Interessanter aber ist, daß er weiterhin an einem Gravitor-Gerät arbeitete, obwohl er (eigenartigerweise) nicht von der

Schwerkraft zu sprechen pflegte, wenn er es beschrieb. Statt dessen zog er die wissenschaftlichere, aber entschieden weniger sensationelle Bezeichnung „Spannung im Dielektrikum" vor.
Nachdem er Lockheed verlassen hatte, übersiedelte Brown nach Hawaii und setzte dort seine Forschungen fort. Zum Teil dank der Bemühungen seines alten Freundes A. L. Kitselman, Lehrer für Integralrechnung in Pearl Harbor, erregte zu dieser Zeit Browns Gravitor – gegenüber früheren Versionen um einiges verbessert – das Interesse von Admiral Arthur W. Radford, Oberbefehlshaber der US-Pazifikflotte (später Vorsitzender der Joint Chiefs of Staff unter Präsident Eisenhower, 1953 bis 1957). Admiral Radfords Interesse und Begeisterung führte dazu, daß Brown zeitweise der Statuts eines Beraters der Marinewerft von Pearl Harbor verliehen wurde; doch obwohl der frühere Korvettenkapitän von seinen Marine-Freunden zuvorkommend behandelt wurde, sahen sie in seiner Erfindung allem Anschein nach mehr eine interessante Kuriosität als irgendeine Art von Schlüssel zur Raumfahrt oder interdimensionalen Fortbewegung. Wäre Brown mehr Geschäftsmann als Wissenschaftler gewesen, hätte vielleicht alles einen anderen Verlauf genommen.
Inzwischen hatten die zunehmenden UFO-Erscheinungen, die damals einen breiten Diskussionsraum in der US-amerikanischen Medienberichterstattung einnahmen, das persönliche Interesse Browns geweckt. Eifrig verfolgte er die Kontroverse zwischen Militär und Wissenschaft Ende der 1940er und Anfang der 1950er Jahre und äußerte dann seine Überzeugung, daß die Frage der Antriebskraft der UFOs vielleicht zu lösen wäre, wenn man auf weltweiter Basis und in angemessener wissenschaftlicher Weise an die Suche heranginge. In jenen Tagen war sein Vertrauen in die Fähigkeiten der neuzeitlichen Wissenschaft so groß, daß er sogar mit der Möglichkeit einer alsbaldigen Lösung zu spekulieren wagte, vorausgesetzt, daß Geldmittel und Personal in adäquatem Umfang aufgewendet würden.

Natürlich war er sich ständig der Möglichkeit bewußt, daß er selbst durch seine Forschungsarbeit auf dem Gebiet der Elektrogravitation vielleicht schon auf einen Schlüssel zur Lösung dieses Rätsel gestoßen war. Um so unverständlicher erschien es ihm, daß er in seinen Versuchen nicht unterstützt wurde, sondern genaugenommen nur eisiges Schweigen erntete.

Im Jahr 1952, als er nach Cleveland gezogen war, plante er ein Projekt, dem er den Namen „Winterhafen" gab – eine Idee, von der er hoffte, sie nach entsprechender Ausarbeitung dem Militär anbieten zu können. *Durch geduldige Forschungstätigkeit war es ihm gelungen, die Hubkraft seines Gravitors so zu steigern, daß der Apparat erheblich mehr heben konnte, als sein eigenes Gewicht betrug* – ein Erfolg, der eigentlich jeden respektablen Wissenschaftler oder Pentagon-Beamten hätte aufhorchen lassen müssen. Aber anscheinend geschah nichts dergleichen, obwohl der Gravitor ein hochentwickeltes Gerät war und die Demonstrationen äußerst eindrucksvoll verliefen, wie wir noch sehen werden.

Theoretisch versuchte Brown seine Resultate mit den Begriffen der Einheitlichen Feldphysik zu erklären. Der Punkt, wo sich die Geister schieden – nämlich die von Brown und der meisten orthodoxen Wissenschaftler –, ist der, daß Brown fest an die Existenz eines beobachtbaren Kopplungseffektes zwischen Schwerkraft und Elektrizität glaubte und daran, daß das, was mit seinem Apparat demonstriert wurde, genau dieser Kopplungseffekt war. Mit anderen Worten: Er behauptete, daß der Biefeld-Brown-Effekt nicht nur ein nachgewiesenes und demonstrierbares Bindeglied zwischen Elektrizität und Schwerkraft darstellte, sondern tatsächlich nutzbar gemacht und zu Antriebszwecken innerhalb und außerhalb der Erdatmosphäre verwendet werden könne.

Ein „Dielektrikum" ist definiert als ein Material mit der einzigartigen Eigenschaft, elektrische Energie oder „Ladung" zu ab-

sorbieren, ohne diese Energie einfach an benachbarte andere Materialien weiterzugeben. Einige Dielektrika können enorme Mengen elektrischer Energien (auch als „elastische Spannung" bezeichnet) aufnehmen, ohne zu entladen, vorausgesetzt, daß die Energie langsam und bei niedriger Spannung in das Dielektrikum eingespeist wird. Andere wiederum können bei extrem hoher Spannung von mehreren tausend Volt pro Sekunde geladen und entladen werden. Townsend Brown befaßte sich hauptsächlich mit dem letzteren Typ. Unter Verwendung eines solchen Dielektrikums konstruierte Brown einen diskusförmigen (oder, wenn man so will, untertassenförmigen) Kondensator und beobachtete, unter wechselnder Zuführung verschiedener Gleichstrom-Hochspannungsstärken, den Biefeld-Brown-Effekt in Aktion. Bei richtiger Bauweise und entsprechender elektrischer Spannung (im Kilovolt-Bereich) wurden die diskusförmigen „Luftfolien" zum Fliegen aus eigener Kraft gebracht, *wobei sie ein schwaches Summen und einen bläulichen elektrischen Schein abgaben!* (Ein Schelm, der Böses dabei denkt und eine Verbindung zu bekannten UFO-Fällen herstellt).
Wissenschaftlich formuliert könnte man diesen Flug besser als „Bewegung unter dem Einfluß der Wechselwirkung zwischen elektrischen und Schwerkraftfeldern in Richtung der positiven Elektrode" bezeichnen.
Im Jahr 1953 gelang es Brown, in einer Laboranlage den Flug einer diskusförmigen Luftfolie mit einem Durchmesser von sechzig Zentimetern in einem Rundkurs von sechs Meter Durchmesser vorzuführen. Bei diesem Vorgang war der tellerförmige Flugkörper durch einen Draht mit einem zentralen Mast verbunden, und durch diesen Draht erfolgte die Versorgung mit der erforderlichen Gleichstromspannung von 50 000 Volt mit einer Dauerzuführung von 50 Watt. Der Test ergab eine Spitzengeschwindigkeit von erstaunlichen 51 m/s (183,6 km/h). Die Versuchseinrichtung ist auf der nachfolgenden Seite dargestellt.

Aug. 16, 1960 T. T. BROWN 2,949,550
Filed July 3, 1957 ELECTROKINETIC APPARATUS 2 Sheets-Sheet 2

FIG. 6

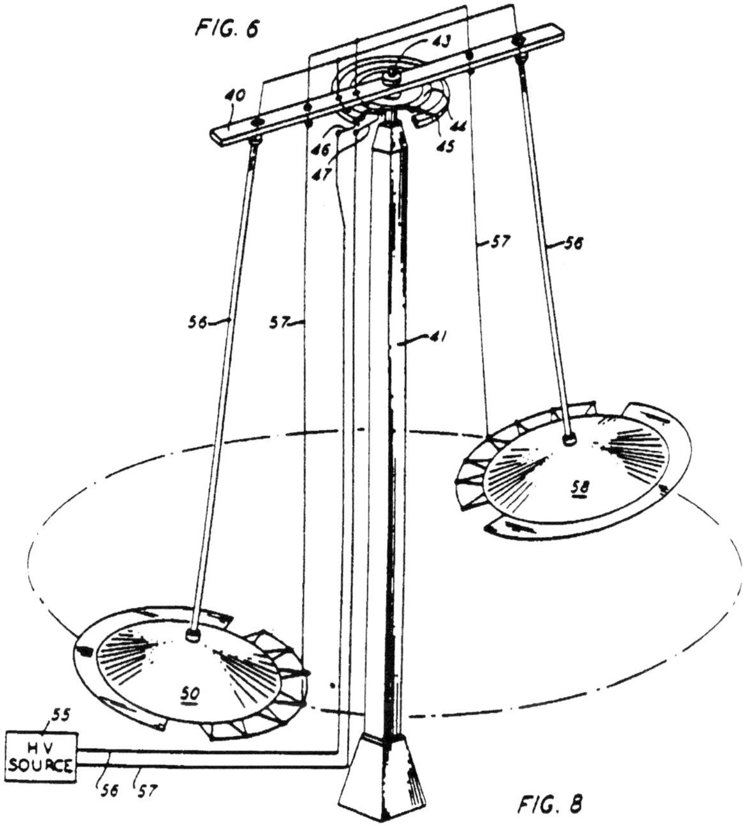

FIG. 8

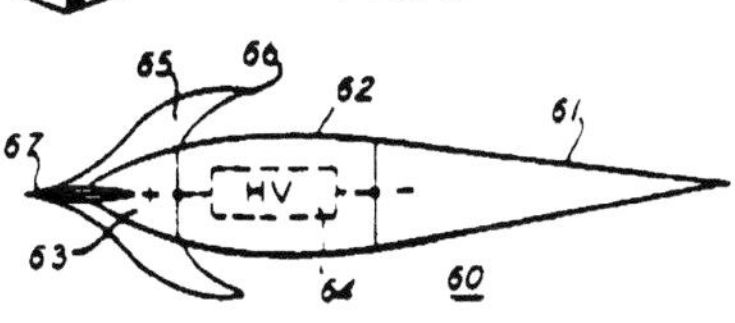

FIG. 7

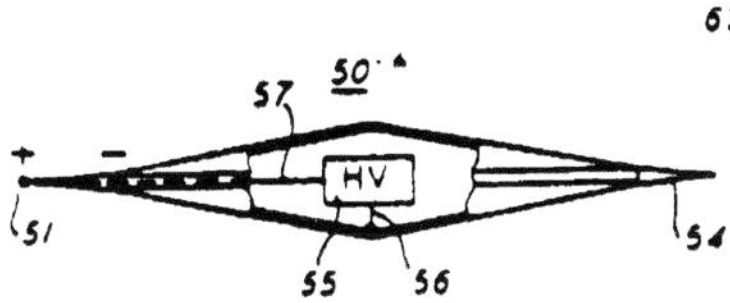

INVENTOR
THOMAS TOWNSEND BROWN
BY
Watson, Cole, Grindle & Watson
ATTORNEYS

Brown arbeitete mit fast übermenschlicher Entschlossenheit und mit hohem Kostenaufwand, den er selbst bestritt. Bald konnte er seinen bisherigen Erfolg noch übertreffen. Bei seiner nächsten Vorführung zeigte er einen Satz von 90-cm-Scheiben bei einem Rundflug von fünfzehn Meter Durchmesser. Dieses spektakuläre Resultat führte dazu, daß die Angelegenheit sofort unter strengste Geheimhaltung genommen wurde. Trotzdem blieben die meisten Wissenschaftler, die der Demonstration beigewohnt hatten, skeptisch und neigten zu der Auffassung, daß Browns Bewegungskraft einem, wie sie es nannten, „elektrischen Wind" zuzuschreiben sei – und das, obwohl es eines wahren „elektrischen Orkans" bedurft hätte, um die beobachtete Hubkraft zu erzeugen! Nur sehr wenige von ihnen waren der Meinung, daß der Biefeld-Brown-Effekt etwas Neues für die Welt der Physik darstellten könnte.

Nun sind Wissenschaftler nicht unbedingt Pragmatiker, Militärs aber um so mehr. Nur so läßt sich die sofortige Top-Secret-Klassifizierung erklären. Hatte Brown die Grenzen des Vertretbaren bei seinen Versuchen überschritten? Es scheint so, denn nachdem er bei der Regierung um eine Subvention für die Fortführung seiner Arbeiten angesucht hatte, mußte er feststellen, daß kein Geld zu erwarten war. So ging er 1955 tief enttäuscht nach Europa, wo er etwas mehr Enthusiasmus zu finden hoffte.

Obwohl er seine erste Demonstration in Großbritannien gegeben hatte, bahnte sich dann auf dem Kontinent und unter der Schirmherrschaft der französischen Firma La Societe Nationale de Construction Aeronautique Sud-Quest (abgekürzt SNCASO) eine vielversprechende Entwicklung an. In einer Testreihe im Forschungslabor dieser Firma ließ Brown einige seiner Scheiben im Hochvakuum fliegen und erzielte erstaunliche Ergebnisse. Brown war begeistert, denn es war ihm nicht nur gelungen zu beweisen, daß seine Scheiben besser ohne Luft flogen, sondern

er hatte auch gezeigt, daß Geschwindigkeit und Leistung seines Flugkörpers durch Zuführung höherer Spannung an die dielektrischen Platten vergrößert werden konnten. In damaligen Berichten wurden Geschwindigkeiten von einigen hundert Stundenkilometern unter Verwendung von Spannungen im Bereich von 100 000 bis 200 000 Volt in Aussicht genommen; und ein Berichterstatter sprach von einem „Flammenstrahl-Generator", der noch im Planungsstadium war und voraussichtlich eine Leistung von fünfzehn Millionen Volt abgeben würde! Es lagen auch Pläne für den sofortigen Bau einer großen Vakuumkammer und einer 500 000-Volt-Energieversorgung vor, als das Unglück zuschlug: Die SNCASO fusionierte mit einer größeren Firma, der Sud-Est. Der Präsident der neu entstandenen Gesellschaft zeigte einen erschreckenden Mangel an Interesse für „diese Forschungsbemühungen um eine abwegige Antriebskraft" und zog die Herstellung realistischerer Projekte vor. Als Folge wurden alle vom früheren Präsidenten angeordneten Maßnahmen zur Weiterführung der Elektrogravitationsforschung summarisch annulliert, und ein zutiefst erschütterter Townsend Brown sah sich 1956 zur Rückkehr in die USA gezwungen.
Man erlaube mir an dieser Stelle einen Zwischenkommentar: Wenn man den bisherigen Weg Browns betrachtet, dann fragt man sich, ob Genies in dieser Welt überhaupt etwas zählen. Der Wissenschaftsbetrieb scheint voll von Ignoranten, schulwissenschaftlichen Dogmatikern und engstirnigen Managern zu sein. Der Mut zu neuen Ideen ist kaum mehr zu finden, öffentlich aber stellen sich Forschungsgremien in einem Licht dar, als wären sie die Kämpfer für Fortschritt und bei der Lösung wichtiger menschlicher Zukunftsprobleme. Ich kann mich des Eindrucks nicht erwehren, daß diese Ideale schon vor Jahrzehnten über Bord geworfen worden sind. Heute geht es doch beinahe nur noch um konsumorientierte Forschung, die die Umwelt genauso belastet wie das Beharren auf nicht beherrschbarer

Energietechnologie in Form von Atomkraftwerken. Wenn die momentan vorherrschende Funktionsweise von „Wissenschaft" als Stütze der Großkonzerne, Monopole, Militärs und Regierungen die Oberhand behält, wird sie unsere Zivilisation zugrunderichten. Den nächsten Schritt hat sie ja schon dazu getan, in dem die Gentechnologie die Schöpfung ersetzen soll. Doch der Mensch wird nicht ungestraft Gott spielen.
Was wir wirklich brauchen ist eine naturnahe Wissenschaft, in der Genies und kühne Ideen etwas zählen, und deren Aufgabenstellungen in der Lösung wahrhafter zivilisatorischer Probleme liegen. Menschen wie Brown hätten dann als Glücksfall der Forschung zu gelten, nicht als Phantasten – womit wir wieder beim Thema wären.
Brown gelang durch großes Engagement ein Neuanfang. Innerhalb eines Jahres wurde er der vielbeschäftigte Chefberater für Forschung und Entwicklung des Whitehall-Rand-Projekts, einer neuartigen Anti-Schwerkraft-Untersuchung unter der persönlichen Leitung von Agnew Bahnson, Präsident der Bahnson Company in Winston-Salem, North Carolina. Bahnson war ein ausgesprochener UFO-Fan: Sein innigster Wunsch war es, als erster Mensch den Mond zu betreten. Er baute aus eigenen Mitteln ein gut ausgerüstetes Labor und lud Brown zur Beratung ein. Doch das Schicksal wollte es anders. Gerade als die Dinge einen günstigen Verlauf zu nehmen begannen, kam der erfahrene Pilot Bahnson unter ziemlich merkwürdigen Umständen ums Leben: Sein Privatflugzeug streifte angeblich eine Hochspannungsleitung. Später wurde oft vermutet, daß Bahnson, der gern über seine Vorhaben sprach, zuviel gesagt hatte und dafür mit seinem Leben bezahlen mußte. Sein Nachfolger war, wie eigentlich nicht anders zu erwarten war, nicht an seinem Projekt interessiert, und so wurde alles abgeblasen.
Im Jahr 1958 glaubte Townsend Brown weit genug zu sein, eine eigene Firma unter dem Namen „Rand International Limited"

gründen und ihre Leitung übernehmen zu können. Doch obwohl zahlreiche Patente in den USA und im Ausland angemeldet und erteilt wurden, und trotz zahlreicher Vorführungen, die er geduldig immer wieder veranstaltete, um Regierung und Firmen zu interessieren, war ihm noch immer kein Erfolg beschieden. Es war eigenartig, aber so groß das Interesse auch war, das er erweckte, so schnell schmolz es auch wieder dahin – fast so, als ob jemand (oder etwas?) gegen ihn arbeitete.

Anfang der 1960er Jahre gab Brown noch ein kurzes Gastspiel als Physiker bei der Electronics Incorporated in Bala Cynwyd, Pennsylvania, und nach Beendigung seiner dortigen Anstellung ging er mehr oder weniger in den Ruhestand. Seither lebte er in Kalifornien und führte in aller Stille seine Forschungsarbeit weiter, in der Hoffnung, daß vielleicht mit etwas Glück eines Tages die Welt aufhorchen würde.

Seinen vorläufig letzten Auftritt hatte Brown im Rahmen eines Projekts, das seinen Hauptsitz am Stanford-Forschungsinstitut hatte und zusätzlich Unterstützung durch die Universität von Kalifornien und durch das Ames-Forschungszentrum der NASA erhielt. Gegenstand der Forschungsarbeiten, deren Einzelheiten größtenteils der Geheimhaltung unterlagen, war es, festzustellen, ob und welche Verbindung zwischen dem Gravitationsfeld der Erde und der Felselektrizität (oder Petroelektrizität) besteht. Wenn Brown sein erhofftes Ziel erreicht hat und beweisen konnte, daß Petroelektrizität durch das Gravitationsfeld der Erde „induziert" wird, dann wäre ein großes Stück des Weges zur Erhärtung der Einheitlichen Feldkonzeption im allgemeinen, aber auch von Browns eigener Theorie über Elektrogravitation im besonderen zurückgelegt. Allerdings hätte dann die Öffentlichkeit mit hoher Wahrscheinlichkeit nichts davon erfahren. Daß Brown letztlich doch erfolgreich gewesen ist, scheint außer Frage zu stehen.

Die Frage, die sich indirekt aus den letzten Seiten ergibt, lautet:

Warum konnte Townsend Brown vielversprechendes Lebenswerk während der letzten fünf Jahrzehnte praktisch unbeachtet bleiben? Bis zuletzt war Brown der Meinung, daß eine weitere Erforschung des Biefeld-Brown-Effekts zu einem sensationellen Durchbruch im Hinblick auf Antriebsmethoden für die Raumfahrt führen würde – gar nicht zu reden von den näherliegenden Verwendungsmöglichkeiten –, wenn die erforderlichen Mittel zur Verfügung stünden. Zugegeben, Forschung ist teuer. Aber sind wirklich finanzielle Erwägungen der Grund für den Mangel an Interesse gewesen? Oder wurde die Interessenlosigkeit bewußt vorgetäuscht, um derweil hinter der Bühne die Erkenntnisse eines Townsend Brown und anderer für streng geheime militärische Projekte zu verwenden? Die letzte Annahme klingt um so plausibler, wenn man bedenkt, daß die zivile wissenschaftliche Forschung der letzten zwanzig Jahre eindrucksvoll gezeigt hat, daß andere bis dato unglaubliche Konzepte in bezug auf Raum, Materie, Energie und Zeit inzwischen in der wissenschaftlichen Welt allgemein akzeptiert worden sind.
Wieso sind aber all jene, die sich mit UFO-Antriebsverfahren, alternativer Energieerzeugung und der Entwicklung diskusförmiger Flugkörper befaßt haben, davon ausgeschlossen worden?!

UFO-Strahlen- und Lichtphänomene ansatzweise erklärbar

In den letzten Jahrzehnten wurden im Zusammenhang mit unidentifizierten Himmelserscheinungen und unkonventionellen Flugobjekten eine Fülle von Sekundäreffekten beobachtet. Diese Wirkungen scheinen von Feldern und Strahlungen auszugehen, die gelegentlich auch sichtbar sind und sich oftmals von normalen Licht- oder Teilchenstrahlungen unterscheiden.

Die typischen Sekundäreffekte umfassen Radio- und Fernsehstörungen, teilweise schon auf größere Entfernung; Beeinflussungen elektrischer Versorgungssysteme; Störungen und Ausfall von Antriebs- und Bordsystemen bei Autos, Flugzeugen und Schiffen finden sich häufig im Zusammenhang mit UFO-Beobachtungen. Gelegentlich werden sogar phosphoriszierende Stoffe angeregt und Leuchtstoffröhren flammen von selbst auf. Von lokal begrenzten Hitze- und Kältezonen ist die Rede sowie von einem breiten Spektrum elektromagnetischer Störungen. Häufig drehen sich Kompaßnadeln wie wild. Eisenteile werden magnetisiert oder die Zeugen selbst werden elektrostatisch aufgeladen.
Besondere Verwirrung lösen oft die eigenartigen Lichtstrahlen aus, die zuweilen von UFOs ausgesandt werden. Für eine bestimmte Kategorie dieser Strahlen wurde der Begriff „solid lights", also „feste Lichter" eingeführt, die – nach Zeugenaussagen – sogar ein- und ausgefahren werden können. Aus verschiedenen Gründen kommen Erklärungen wie Protonen- oder Elektronenstrahlen, Mikrowellenfelder oder gar Ultraschall nicht in Frage. Lediglich durch Gravitation geformte Gebilde, in welchen mit hohen Energien Ionisationsvorgänge ablaufen, würden Form und Leuchtkraft solcher beobachteten Erscheinungen erklären können.
Das physische Erscheinungsbild sogenannter unidentifizierter Flugobjekte hat in den letzten Jahrzehnten immer wieder Anlaß zu heftigen Diskussionen gegeben. Gerade über Aspekte wie Vielfarbigkeit, scheinbar lautloser Flug und das Fehlen des Überschallknalls wurden besonders oft Vermutungen ausgesprochen, die die damit verbundenen Technologien als „außerirdisch" bezeichneten. Tatsache ist jedoch, daß diese scheinbaren Phänomene durchaus mit uns bereits lange bekannten physikalischen Erklärungen nachvollzogen werden können und damit das Argument, UFOs seien nicht von der Erde, massiv ins

Wanken geraten lassen. Insbesondere die beobachteten Leuchterscheinungen sind eine physikalische Wechselwirkung, die für jedermannn verständlich gemacht werden kann. Dieser Abschnitt des Buches will versuchen, die Ursachen des Vielfarbigkeitsphänomens zu erklären.

Hingewiesen wurde auf diesen interessanten Sachverhalt beispielsweise durch den amerikanischen Physiker James M. McCampbell (James M. McCampbell, Ufology, A Major Breakthrough in the Scientific Understandig of Unidentified Flying Objects, Celestial Arts, Millbrae, California, USA 1976) und – unabhängig davon – durch den deutschen UFO-Forscher Thomas Mehner. (Th. Mehner, Lichtphänomene und die Technik der Zukunft, 1986), wobei mir der Hinweis erlaubt sei, daß auch viele andere auf diese Probleme aufmerksam wurden. Mehner, der vehement die Meinung vertritt, daß UFO-Phänomen im engeren Sinn sei irdischen Ursprungs, stellte mir freundlicherweise seinen damaligen Artikel zur Verfügung, der hier – in leicht bearbeiteter Form – als Grundlage zur Erläuterung der oben erwähnten Sachverhalte dienen soll.

Für das Auftreten von Regenbogenfarben bei UFOs i.e.S. – die bekanntermaßen die äußere Form des Objektes wiedergeben – kann es bei genauer Betrachtung nur eine Erklärung geben: eine Wechselwirkung des Flugobjektes mit der irdischen Atmosphäre. Hierbei wird ein Prinzip offenbar, daß unserer irdischen Wissenschaft bereits seit langem bekannt ist. Kurioserweise werden die Fakten jedoch ignoriert, obwohl sich abzeichnet, daß eine Anwendung dieser hinter den Phänomenen steckenden Prinzipien insbesondere für die Luftfahrt entscheidende Vorteile bringen könnte. Man muß schon ziemlich ignorant sein, um zu behaupten, daß das Zufall sei. Ich glaube vielmehr, daß dieses Wissen offiziell ignoriert wird, um die höchstwahrscheinlich damit verbundenen geheimen militärischen Anwendungen nicht offensichtlich werden zu lassen.

Die unbekannten Flugkörper verfügen über Mechanismen, bei deren Aktivierung eine Ionisierung der umgebenden Luftschichten erfolgt. Dies ist jedoch nur ein Nebeneffekt, wie sich noch zeigen wird. Das durch die Zeugen beobachtete Licht wird – und damit gelangen wir zum physikalischen Bild der Erscheinungen – durch atomare Vorgänge ausgelöst, die sich, wie schon erwähnt, in den um das UFO herum befindlichen Luftschichten abspielen und mit den Ionisationsvorgängen eng zusammenhängen. Bei der Ionisation (oder auch Ionisisierung) handelt es sich um die Abtrennung eines oder mehrerer Elektronen von einem Atom oder Molekül, aus dem dadurch ein positives Ion wird. Dieser Vorgang bedarf einer Mindestenergie, der sogenannten Ionisationsenergie. Dies kann beispielsweise eine Spannungsentladung sein. Bekannt ist, daß bei einer gewissen Ionisierung der irdischen Atmosphäre, die ja das Umgebungsmedium der UFOs und ein Gemisch aus verschiedenen Gasen darstellt, zuerst die in der Luft befindlichen Edelgasbestandteile angeregt werden und daraufhin zu leuchten beginnen. Bei UFO-Beobachtungen ist nahezu jede Regenbogenfarbe durch Zeugen beschrieben worden. Die Farbskala reicht von Blau-Violett über Grün-Gelb bis hin zum Orange und Rot. Farbmischungen und gleichzeitiges Auftreten *aller* Regenbogenfarben sind ebenfalls gemeldet worden.

Licht wird also in den Atomen der Materie produziert. Die damit verbundenen Erkenntnisse erlauben es festzustellen, durch welche Vorgänge chemische Elemente zu einer Emission von Energie angeregt werden und welche Elemente daran beteiligt sein sind. Wenn also z. B. ein Gasgemisch einer bestimmten Energiemenge ausgesetzt wird (thermisch oder elektrisch), so werden nur jene Atome zu Emissionsvorgängen angeregt, für die die aufgewandte Energie ausreichend ist. Einige Gase lassen sich dabei leichter stimulieren als andere. Eine gewisse Abhängigkeit von der „eigenen Empfindlichkeit“ ist zweifellos erkennbar. Diese Schwelle, die überschritten werden muß, um Emissionsvorgänge auszulösen, wird Ionisierungspotential genannt. Es ist, um es nochmals darzustellen, jene Mindestmenge von Energie, die aufgewendet werden muß, um ein Elektron aus seinem Grundstadium in das nächsthöhere Niveau zu befördern. Da die irdische Atmosphäre bekanntlich aus einem Gasgemisch besteht, welches sehr viele Einzelbestandteile enthält, sind natürlich die o. g. Gesetzmäßigkeiten auch hier voll anwendbar. Es ist davon auszugehen, daß UFOs in eine Wechselwirkung mit der Atmosphäre treten und dabei bei der Entladung von hohen Energien diese Ionisierungsvorgänge in den umgebenden Luftschichten auslösen. Diese Behauptung klingt dann einleuchtend, wenn man annimmt, daß sie mit der Abgabe von Energie in die Atmosphäre ein gewisses Ziel verfolgen, das noch zu klären sein wird und das gar nicht so schwer verständlich erscheint, wie augenblicklich vielleicht noch angenommen werden kann.

UFOs i.e.S. sind in den meisten Fällen technische Gebilde, die in gewisser Weise Flugzeugen oder Raketen ähneln. Allerdings haben diese Fortbewegungsmittel ein uns *scheinbar* unbekanntes technisches Niveau erreicht, so daß unsere ach so modernen Luft- und Raumfahrzeuge dagegen wie Erfindungen des Mittelalters wirken. Dieser Eindruck ist jedoch sehr oberflächlich und möglicherweise gewollt. Viele glauben zu Unrecht, daß die Technologie der UFOs weit über dem steht, was Menschen heute schaffen können. Dieser Eindruck täuscht jedoch. UFOs sind ein deutliches Zeichen dafür, daß längst bekannte physikalische Zusammenhänge konsequent in neuartigen Fluggeräten umgesetzt worden sind. Es handelt sich dabei um jene Bereiche wissenschaftlich-militärischer Forschung, die strengsten Geheimhaltungsstufen unterliegen und der Öffentlichkeit bewußt vorenthalten werden.

Durch Zeugenaussagen ist bekannt, daß diese Objekte neben

ihrer Vielfarbigkeit auch noch ein weiteres Phänomen aufzuweisen haben: den lautlosen Flug. Da dieses Kuriosum auch bei Geschwindigkeiten weit oberhalb der „Schallmauer" beobachtet worden ist, erscheint es besonders bemerkenswert. In vielen Fällen wurden darüber hinaus Pfeif- und Brummgeräusche vernommen. Diese beschränken sich jedoch in der Regel auf Nahbeobachtungen und sind meist nicht vergleichbar mit dem Motorenlärm, den heute verwendete Antriebe in der Luft- und Raumfahrt erzeugen.

Vielfarbigkeit, ja Leuchterscheinungen allgemein, und die Lautlosigkeit des Fluges sind durchaus miteinander in Zusammenhang zu bringen. Nur so ergibt sich die Klärung von wesentlichen, heute noch offen stehenden Fragen. Die dabei angestellten Überlegungen seien hier wiedergegeben:

Es wurde immer wieder beobachtet, daß das Leuchten der UFO-Gebilde nicht direkt von deren Oberfläche, sondern vielmehr von den sie umgebenden Luftbereichen herrührt. Diese Erscheinung wird verursacht durch eine elektrisch bedingte Ionisierung der Edelgase in der Atmosphäre. Die Farbskala des entstehenden Lichts beginnt bei geringen Entladungsenergien bei den Farben bzw. Farbmischungen Blau und Blau-Violett, um sich bei einer Erhöhung des Ionisierungspotentials über Grün und Grün-Gelb bis hin zum Rot fortzusetzen. Konkret bedeutet das, daß durch eine geringe Ionisierungsenergie zuerst das Edelgas Xenon angesprochen wird. Das emittierte Licht ist strahlend Blau. Steigt die Energie weiter an, so werden andere Edelgase ebenfalls angeregt. Farbschattierungen wie z. B. Blaugrün sind durch eine Spektrallinie des Elementes Neon zu erklären. Neon kommt aber auch für das reine Grün und auch für Orange-Rot in Betracht, insofern die Ionisierungspotentiale erhöht werden. Argon und Krypton weisen ebenfalls solche charakteristischen „Lichtbilder" auf.

Spätestens jetzt muß allerdings die Frage gestellt werden, war-

um ein UFO solche Energiemengen in die umgebende Atmosphäre freisetzt. Ist dies Zufall oder Absicht?
Die Antwort auf diese Frage liegt in einem Bereich, der bereits Wissenschaftlern und Technikern des 20. Jahrhunderts Lösungen abgerungen hat. Der Schleier des Geheimnisvollen lüftet sich dann, wenn man weiß, daß diese als UFOs bezeichneten Objekte – deren Flugleistungen und -manöver manchmal unbegreiflich erscheinen – durch Entladung von Elektrizität in die Atmosphäre eine Senkung des Geräuschpegels beim Flug und eine deutliche Verringerung der zum Flug notwendigen Antriebsenergie erzielen! Dieser Zusammenhang scheint zunächst unglaubwürdig, kann jedoch durch ein Experiment in den USA bestätigt werden, das hier kurz erwähnt werden soll.
In den 1960er Jahren suchte man in den USA nach Möglichkeiten, bei Überschallflugzeugen für Passagierzwecke eine Minderung des sogenannten „Überschallknalls" zu erreichen. Lange arbeitete man an den verschiedensten Projekten, doch erst Mitte Januar 1968 gelang eine Lösung. Damals stellten die zur Northrop-Corporation gehörenden Wissenschaftler Cahn und Andrews auf einer Pressekonferenz ein Lösungsverfahren vor. Man hatte bei Versuchen herausgefunden, daß die Entladung von Elektrizität in die vor dem Supersonic befindliche Atmosphäre den Knall dämpfte und außerdem noch die aerodynamische Reibung verringerte. Die Entladung verdrängte die Luftmoleküle aus dem Weg des Flugzeuges und zwang sie, um die Zelle der Maschine zu gleiten. Der Stau der Luftmoleküle vor dem schnell fliegenden Supersonic wurde damit vermindert. Bei den Versuchen, über die die beiden Wissenschaftler berichteten, sandten die Überschallflugzeuge Elektroblitze mit einer Spannung von 30 000 Volt aus. *Dabei entstand als Begleiterscheinung um die Versuchsflugzeuge herum ein deren Profil wiedergebender blauer Lichtschein, der übrigens nachts bei klarem Wetter vom Boden aus gesehen werden konnte.*

Die folgenden Fragen stellen sich fast von allein: Haben die Experimente des Jahres 1968 eine Verbindung mit den bei UFOs beobachteten Phänomenen aufzuweisen? Ist man „zufällig“ über eine Technologie gestolpert, die die UFO-(Sekundär-)Erscheinungen erklären könnte? Nun, mir scheint aufgrund der zufälligen Nebeneffekte bei den Supersonic-Versuchen des Jahres 1968 eines bewiesen: Die Entladung von Elektrizität oder Energie allgemein hat eine Verbesserung der Flugeigenschaften zur Folge. Es ist davon auszugehen, daß diese Technologie bei den Objekten, die wir UFOs nennen, in solch einer Weise weiterentwickelt worden ist, die es erlaubt, auch bei hoher Geschwindigkeit lautlos zu fliegen. Hinzu kommt, daß durch diese Entladungen von Energie in die Atmosphäre eine Verringerung der zur Fortbewegung notwendigen Antriebsenergie zu verzeichnen ist. Als Wechselwirkung mit der atmosphärischen Luft kommt es dabei wohl eher unbeabsichtigt zu den genannten bizarren Leuchterscheinungen, deren natürliche Ursache in einer Ionisierung der in der Erdatmosphäre enthaltenen Edelgase zu suchen ist.

Als Fazit läßt sich feststellen, daß solch seltsame Begleitumstände wie das Leuchten der Atmosphäre in der Umgebung von unidentifizierten Flugobjekten und Lautlosigkeit beim Flug einerseits und eine sehr wahrscheinlich beabsichtigte Verminderung des Energieaufwandes bei der Fortbewegung der betreffenden Objekte anderseits, eng miteinander verbunden sind.

Bemerkenswerterweise hörte man später nie wieder etwas über jene zufällig entdeckten Zusammenhänge. Überschallpassagierflugzeuge konnten sich im Weltluftverkehr nicht durchsetzen. Damit begründete man letztlich auch den Abbruch aller offiziellen Versuche, energiesparende Operationsmodi für superschnelle große Flugzeuge zu finden.

Kann man aber davon ausgehen, daß das bei zivilen Versuchen gewonnene Wissen einfach in einer Schublade verschwand?

Wohl kaum! Sicherlich sind heutzutage viele wissenschaftliche Entwicklungen eine Frage des Geldes – und dies gerade im Sektor ziviler Forschung. Prinzipiell aber werden alle Erfindungen und Entwicklungen auf eine Verwertbarkeit für militärische Zwecke hin untersucht. Einzig das Militär verfügt heute über genügend Macht, Geld und Forschungspotential, um derart zukunftsweisende Erfindungen zu verwerten bzw. dafür zu sorgen, daß eine zivile Nutzung unterbleibt. Letzteres ist immer dann der Fall, wenn irgendwer irgendwo auf der Welt auf Zusammenhänge stößt, die wahrscheinlich längst technologisch genutzt werden.

Erfindungen im zivilen Bereich sind heute nur dann etwas wert, wenn sie sich vermarkten lassen. Da man sich als Forscher allerdings nie sicher sein kann, daß die eigene Erfindung nicht bereits an einem anderen Platz der Welt entwickelt wurde, bleibt nur der Weg zum Patentamt. Die dortigen Datenbanksysteme basieren im Zeitalter der Informationselektronik natürlich allesamt auf Computern, die miteinander vernetzt sind. Es gibt sehr deutliche Hinweise dafür, daß militärische Forschungsstellen regelmäßig diese Datenbestände nach für sie interessanten Patentanmeldungen durchforsten, um – in welcher Form auch immer – entsprechend reagieren zu können. Zudem gibt es keinen hundertprozentigen Schutz vor Datenklau, womit letztlich auch all jene ad absurdum geführt werden, die behaupten, daß es eine Zusammenarbeit zwischen Patenteinrichtungen und militärischen Stellen nicht gibt.

Zum Schluß meiner Zusammenstellung von Hinweisen, die eine Nachvollziehbarkeit von UFO-Technologie aufzeigen soll, möchte ich noch zwei Beispiele aus jüngerer Zeit aufführen.

Eugene Podkletnow, gebürtiger Russe, arbeitet seit einiger Zeit an der finnischen Universität von Tampere an Problemen der Tieftemperaturphysik. Bei einem seiner Experimente kühlte er einen Keramikring aus Ytterium-Barium-Kupfer-Oxid auf

-200 Grad Celsius ab und setzte ihn auf drei Magnetspulen. Sie induzierten im supraleitendenden – aufgrund der Kälte widerstandslosen Ring – einen Stromfluß. Dieser erzeugte ein Magnetfeld, mit dem sich der Ring abzustoßen begann. Ein zweites Magnetfeld versetzte den Ring schließlich in eine Rotation, wobei 5000 U/min erreicht wurden. Dieses Ergebnis war, so der Experimentator, zu erwarten. Verblüffend aber war, daß Podkletnows Pfeifenrauch kerzengerade zur Decke aufstieg. Als der Physiker Gegenstände aus verschiedenen Materialien über der Versuchsapparatur wog, stellte er konstant einen Gewichtsverlust von zwei Prozent fest. Die Maschine schien die Schwerkraft teilweise aufzuheben. Das Kuriose an diesem Effekt war, daß er nicht nur direkt über der Versuchseinrichtung registriert wurde, sondern auch im Stockwerk darüber nachgewiesen werden konnte.

Hatte der Physiker damit den von Einstein vorhergesagten Antigravitationseffekt von schnell rotierenden Objekten nachgewiesen? Kam er einer geheimnisvollen fünften Kraft, einer Massenabstoßung, auf die Spur? Ja, denn sowohl die NASA als auch einige amerikanische Privatforscher konnten nachweisen, daß dieser Effekt kein Meßfehler war, sondern mit relativ einfachen Mitteln reproduzierbar ist. Eigentlich eine Sensation …

Doch Podkletnow sah sich plötzlich mit unerwarteten Schwierigkeiten konfrontiert. Die Verantwortlichen der finnischen Universität beurlaubten ihn und entfernten seine Versuchsanlage. Was hatte der Physiker entdeckt, daß man ihn auf diese Weise – und ohne Begründung – „kaltstellte“? Tangierten seine experimentellen Ergebnisse einen Bereich, der für zivile Forschung tabu ist? Hatte er ungewollt das mögliche Operationsprinzip neuartiger militärischer Flugkörper gefunden?

Besser ergeht es momentan noch dem am Rensselaer-Polytechnikum in Troy, US-Bundesstaat New York, arbeitenden Professor für Ingenieurwissenschaften Leik Myrabo. Er tüftelt laut einem Bericht des Nachrichtenmagazins „Focus" vom 11. März 1996 an einem Projekt, das in spätestens 30 Jahren die Luft- und Raumfahrt revolutionieren soll und dabei jener Technologie, die wahrscheinlich die UFO-Flugleistungen ermöglicht, erstaunlich nahekommt. Er stützt sich dabei nach eigener Aussage auf bereits in den 1950er und 1960er Jahren gemachte Entdeckungen, die *Mikrowellen als mögliche Antriebsenergie für Flugzeuge* vorsahen! Myrabo entwickelte auf der Basis dieser Unterlagen einen scheibenförmigen Flugkörper, der von elektromagnetischen Strahlen angetrieben werden soll. Für den Überschallflug fokussiert eine Antenne die Mikrowellen in einem Brennpunkt oberhalb der Scheibe. Dadurch entsteht dort ein Plasma, das nach Myrabos Worten einen kegelförmigen „Luftstachel" erzeugt, der die in der Atmosphäre befindlichen Atome verdrängt und damit sowohl die Luftreibung verringern als auch den Überschallknall verhindern soll. Aufgrund dieser Möglichkeit wird die Reibung der scheibenförmigen Konstruktion in der Erdatmosphäre um bis zu 95 Prozent zurückgehen.

Eine zweite Antenne erzeugt ein Plasma am Rand der Scheibe. Es dient der Lageregelung des Flugkörpers und zum Antrieb. Damit wird die Flugscheibe nach Myrabos Worten zum Triebwerk. Nach den vorliegenden Berechnungen würde die aus hitzebeständigem Siliziumkarbid bestehende Konstruktion bei einem Durchmesser von zehn Metern nur ganze 630 kg wiegen. Prof. Myrabo hat weitreichende Pläne. Er behauptet weiterhin, daß sein Fluggerät eine Beschleunigung von bis zu 300 g erreichen könne. In dieser Phase würde es sogar scheinbar unsichtbar werden, weil das menschliche Auge aufgrund einer gewissen Trägheit Beschleunigungsbewegungen von mehr als 20 g nicht mehr wahrnehmen kann. *(Hat Prof. Myrabo damit den Effekt des plötzlichen Verschwindens von UFOs erklärt, deren Ursache in einer hohen Beschleunigung zu suchen ist?!)* Als Höchstgeschwindigkeit für sein Gefährt errechnete er über

20 km/s. Damit gelangt man in nur wenigen Stunden auf den Mond. Die bisherigen Tests im Windkanal seien erfolgreich verlaufen, so daß sich nunmehr auch die NASA für sein Projekt interessiere, meinte der Professor. Vielleicht werde seine Erfindung eines Tages die herkömmliche Raketentechnik ablösen.
Ich wünsche Prof. Myrabo, daß sein Traum in Erfüllung gehen möge, habe jedoch meine Zweifel, ob angesichts seiner Ergebnisse eine Realisierung je zugelassen wird. Das von ihm nunmehr technisch umgesetzte Prinzip kommt meines Erachtens jener geheimen Technologie gefährlich nahe, von der viele behaupten, sie sei außerirdischer Herkunft.

*****

UFOs und Geheimhaltung

Nach der Zunahme von UFO-Beobachtungen in den Jahren nach dem Zweiten Weltkrieg wurden vom amerikanischen Verteidigungsministerium entsprechende Geheimhaltungsbefehle erlassen. Die erste Anordnung zur Geheimhaltung erfolgte im August 1953 und galt zunächst für den Bereich der US Air Force, der amerikanischen Luftwaffe also, weil man davon ausging, daß amerikanische Piloten den häufigsten Kontakt zu ungewöhnlichen Objekten hatten. Diese Bestimmungen wurden später weiter verfeinert und umfaßten schließlich alle militärisch relevanten Bereiche. Es gab eindeutige Richtlinien, wie UFO-Berichte zu behandeln seien und daß „echte Berichte" der Öffentlichkeit nicht zugänglich gemacht werden dürften. Die daraus resultierende Politik der US Air Force und anderer Waffengattungen war eindeutig und für viele UFO-Forscher durchschaubar. Viele von ihnen fragten sich angesichts der Informationspolitik der Behörden, was mit den „echten Berichten" geschehen sei und ob es Hinweise für eine Verwicklung der Geheimdienste in dieses Problem geben würde. Zugegebenermaßen wurde die Diskussion lange Zeit nur unter vorgehaltener Hand geführt: die amerikanischen Geheimdienste seien im Besitz von UFO-Dokumenten. Allerdings hatte niemand die Gelegenheit, dieses Material oder Auszüge davon zu Gesicht zu bekommen.

Ähnlich erging es UFO-Forschern in anderen Teilen der Welt, gab es doch zahlreiche Hinweise dafür, daß sich nicht nur die Militärs, sondern vor allem im Geheimen operierende Organisationen der jeweiligen Nationen für das UFO-Phänomen, das angeblich gar nicht existent war, interessierten.

Eine Wende in der Untersuchung von unidentifizierten Flugobjekten stellte 1977 die Freigabe von bisher geheimgehaltenen

Dokumenten und Informationen über das UFO-Phänomen dar, obwohl amtliche Regierungsstellen der USA immer wieder behauptet hatten, daß dahingehende Gerüchte nicht ernstzunehmen seien und daß es keine geheime Forschung und damit auch keine geheimen Fälle gäbe.

In der Ära des amerikanischen Präsidenten Jimmy Carter wurde das „Gesetz zur Freiheit der Information" (FOIA) in Kraft gesetzt, welches es jedem Bürger der USA ermöglicht, auf die Freigabe von Dokumenten zu klagen, vorausgesetzt, ihm sind die Aktenzeichennummer des betreffenden Vorgangs bekannt und die Freigabe des Inhalts verstößt nicht gegen die nationalen Sicherheitsinteressen der USA.

Durch mehrere Gerichtsprozesse auf der Grundlage des oben erwähnten Gesetzes konnte die amerikanische UFO-Organisation „Ground Saucer Watch" (GSW) etwa 3000 Seiten Dokumente der Regierungsbehörden bekommen. Außer interessantem Fall-Material beinhalteten die Unterlagen im wesentlichen *Vorschläge für eine offizielle Geheimhaltung und Desinformation.* Der Leiter der GSW, William H. Spaulding, erklärte nach Durchsicht der Akten, daß er nunmehr Beweise in Händen hätte, wonach nicht die US-Luftwaffe, wie ursprünglich vermutet, geheime UFO-Berichte hätte, sondern in Wirklichkeit die Geheimdienste CIA (Central Intelligence Agency) und NSA (National Security Agency). Die National Security Agency ist eine weit geheimere Organisation als die CIA und wird, im Gegensatz zu letzterer, nicht vom amerikanischen Kongreß kontrolliert. Obwohl sie schon 1952 gegründet wurde, erfuhr die amerikanische Öffentlichkeit erst 1971 von ihrer Existenz, als einer ihrer Ex-Agenten, Fercy Fellwork, sein Gewissen erleichterte. Die NSA beschäftigt heute rund 20 000 Angestellte, in der Hauptsache Wissenschaftler, die laufend auf den Paragraphen 513 (Hochverrat) hingewiesen werden. (Nur nebenbei: Wozu benötigt man ein derartiges Intelligenzpotential?)

William H. Spaulding kam persönlich zu der durchaus nachvollziehbaren Überzeugung, daß UFOs, vor allem außerirdische UFOs, nicht existent seien.
Die Prozesse wurden von Rechtsanwalt Dr. Gersten geführt, der die Bürgerrechtsbewegung „Citizen against UFO-Secrecy" (Bürger gegen UFO-Geheimhaltung, CAUS) gegen die NSA vertrat. Im September 1977 hatte Gersten auf die Herausgabe bisher geheimgehaltener Dokumente geklagt. Etwa 20 000 Schriftstücke mußten daraufhin von einem Bundesrichter in dessen Amtsräumen auf die eventuelle „Gefährdung der nationalen Sicherheit" hin überprüft werden. Im Dezember 1978 wurden nur etwas mehr als 900 Seiten ursprünglich geheimgehaltener Informationen freigegeben, die teilweise durch Aufbringen von schwarzen Balken zensiert worden waren.
Anläßlich einer Pressekonferenz erklärte Dr. Gersten: „Der Öffentlichkeit wird nicht die Wahrheit gesagt. Wir haben dokumentiertes Beweismaterial über UFOs gesammelt, was im Gegensatz zur Behauptung der Geheimdienste und der Luftwaffe steht, derzufolge UFOs es nicht wert wären, untersucht zu werden. Außerdem haben wir Beweise dafür, daß die CIA eine fortgesetzte Untersuchung durchführt, die geheimgehalten wird." Bei anderer Gelegenheit schätzte er ein: „Die CIA weiß alles über UFOs … und weigert sich, wichtige Dokumente über UFOs freizugeben … wenn die in diesen Dokumenten enthaltenen Beweise vor Gericht präsentiert würden, so lieferten sie eine überzeugende Bestätigung dafür, *daß UFOs existieren und daß einige UFOs unkonventionelle Flugobjekte sind.*"
Man kann sich angesichts derartiger Verlautbarungen des Eindrucks nicht erwehren, daß die (Welt-)Öffentlichkeit seit Jahrzehnten, um es einmal treffend und allgemein verständlich auszudrücken, in bezug auf das UFO-Phänomen und die damit verbundenen Themenbereiche massiv belogen und „verarscht" wird. Man kann nun trefflich darüber spekulieren, ob die ameri-

kanischen Geheimdienste tatsächlich das UFO-Phänomen „untersuchen" oder ob sie, damit die wahren Ursachen nicht sofort sichtbar werden, nur so tun, als würden sie das ihnen bekannte Material analysieren. Letzteres ist eher anzunehmen, denn wenn UFOs Geheimentwicklungen sind, ist ja jegliches Spekulieren pure Zeitverschwendung. Es sei denn, und jetzt wird das Problem hochbrisant, daß diese irdischen geheimen Flugobjekte jemandem gehören, der nichts mit den uns bekannten Weltmächten zu tun hat und seine eigenen Interessen verfolgt! Womit wir, ob nun gewollt oder nicht, ein weiteres Tabu berühren, nämlich das Thema des Vorhandenseins einer Drittmacht, die über eine außerordentlich weit entwickelte Technologie verfügt und scheinbar Interessen verfolgt, die mit denen der westlichen Welt unvereinbar sind. Bei genauer Überlegung kommt dafür nur jene Gruppe von Personen in Frage, die sich Ende des Zweiten Weltkrieges rechtzeitig aus Deutschland absetzte, um ihr Wissen, ihre Technologie und ihr Leben vor dem Zugriff der Alliierten zu schützen. Den Rest dieses speziellen Puzzles kann jeder selbst zusammenfügen.

Wer das eben Erwähnte für unglaubwürdig hält, muß dann aber mit der Konsequenz leben, daß die erstere Variante zutrifft und die USA durch ihre Geheimdienste, die an einem absurden Verwirrspiel arbeiten, einen UFO-Mythos schaffen ließ, der so nicht existiert, um ihre geheimen Waffenentwicklungen zu schützen.

Spätestens jetzt wird natürlich die Frage auftauchen, ob es überhaupt möglich sei, eine derart vermutete Geheimwaffenentwicklung so lange zu tarnen. Die eindeutige Antwort hierzu lautet: Ja, allerdings nur unter Zuhilfenahme psychologischer Tricks.

Wir leben keineswegs in einer Welt, in der alle Informationen frei zugänglich sind. Es gibt hierfür genügend Beispiele aus anderen sicherheitsrelevanten Bereichen. So hatten die USA bei der Entwicklung ihrer Atombombe innerhalb des „Manhattan Projects“ eine ziemlich perfekte Tarnung aufbauen können. Die Gebäudekomplexe, in denen die Forschungs- und Entwicklungsarbeiten liefen, galten bei der Bevölkerung als Kraftwerksanlagen …

Natürlich gestehe ich ein, daß eine absolut perfekte und hundertprozentige Geheimhaltung über Jahrzehnte wahrhaft nur schwerlich aufrechtzuerhalten sein dürfte. Es gibt immer wieder unglückliche Zufälle, die Geheimnisse offenbaren, und auch Menschen, die Verrat begehen. Allerdings haben alle Geheimdienste der Erde aus ihren Fehlern gelernt und bedienen sich heute allgemein der Taktiken der psychologischen Kriegsführung und Desinformation, mitunter auf den Prinzipien völliger Verwirrung aufbauend. „Waffen des Jüngsten Gerichts“, die eine strategische Bedeutung haben und um jeden Preis geschützt werden müssen, lassen sich unter dem Dickicht der UFO-Diskussion verbergen. Das Phänomen läßt sich wunderbar benutzen, um alle eventuell sicht- und ruchbaren Beobachtungen, die mit diesen Geheimwaffensystemen in Verbindung stehen, auf eine seit Jahrzehnten systematisch aufgebaute „außerirdische“ Ursache zurückzuführen. Diese mögliche extraterrestrische Ursache wird natürlich offiziell auch abgestritten (ein vernünftiger Mensch glaubt nicht an derartig phantastische Behauptungen), so daß sich der Betrachter letztlich in einer Sackgasse befindet, aus der er, wenn er seine Denkweise nicht ändert, nicht wieder herausfindet. Die Verwirrung erreicht ihr Maximum, wenn die Beobachtungen von Augenzeugen realer Ereignisse mit erfundenen Behauptungen und manipulierten „Fakten“ durchmengt werden. Dann reiben sich die Desinformationsexperten beim Pentagon und bei den Geheimdiensten die Hände, denn aus dem nun entstandenen Extrakt von Wahrheiten und Lügen kann kaum jemand die Wahrheit herausfiltern. Die Streitereien unter UFO-Forschern, UFOlogen und UFO-

Skeptikern tragen dann endgültig dazu bei, den Überblick zu verlieren. Gerade letzterer Aspekt hat dazu geführt, daß mancher Forscher nur noch damit beschäftigt ist, die Angriffe von „Gegnern“ abzuwehren, anstatt die Recherchen zu betreiben, die einen wirklichen Fortschritt bei der Aufklärung des Phänomens bedeuten würden. Auch ich erlebte diese Situation, als ich mit meiner Arbeit begann, entschloß mich allerdings sofort, dieser gewollten und wenig produktiven Auseinandersetzung fernzubleiben. Nichts gegen Diskussion und Meinungsstreit! Wenn letzterer aber in inquisitorischen Machenschaften endet, dann muß man sich von den betreffenden Personen distanzieren und sie links liegen lassen. Mag sein, daß ihre Angriffe dann noch wütender werden, aber von bestimmten Personen ist ohnehin nichts anderes zu erwarten!
Daß die UFO-Forschung torpediert und unterlaufen wird, ist ein offenes Geheimnis. Nicht nur mit der Thematik direkt Befaßte sind immer wieder irgendwelchen Desinformationen und Schwindeleien zum Opfer gefallen, nein, die gesamte UFO-„Szene“ wurde genasführt und bewacht, wie eine der jüngsten veröffentlichten CIA-Studien dokumentiert. (Gerald K. Haines, CIA's Role in the Study of UFOs, 1947–90, Studies in Intelligence, Vol. 01, No. 01, 1997).
Obwohl die CIA eine Involvierung in das UFO-Thema stets und ständig abstritt, gab die erwähnte Studie Ende der 1990er Jahre ganz offen zu, daß man über viele Jahre hinweg UFO-Vorfälle nicht nur vertuschte, sondern auch zahlreiche einfach erfand, um UFO-Forscher zu verwirren und geheime Luftwaffenentwicklungen zu schützen, die nicht offenbar werden sollten. Man bezog sich hierbei auf die Flugzeugprojekte U-2 und den strategischen Überschallaufklärer SR-71, darf aber vermuten, daß das nur die Spitze des Eisberges ist.
Ein weiteres Beispiel für fortgesetzte Desinformation und Manipulation von Informationen ist der vor ebenfalls Ende der

1990er Jahre präsentierte Santilli-Film, der die Obduktion eines angeblichen Außerirdischen zeigen soll. Scheinbar niemandem fiel auf, daß die Diskussion um diese abenteuerliche Geschichte gerade in jenem Moment lanciert wurde, als Berichte über die – offiziell nicht existente – US-Air-Force-Basis Area-51 zunahmen und eine Enttarnung und öffentliche Bloßstellung zu befürchten war. Man kann den Strategen der psychologischen Kriegsführung nur gratulieren: Wieder ist ihnen ein perfektes Ablenkungsmanöver gelungen, dem zahlreiche Untersucher des UFO-Phänomens und interessierte Kreise der Öffentlichkeit aufgesessen sind. Es wird im Santilli-Fall (wollen wir wetten?) niemals ein klares „Ja“ oder „Nein“ in Hinblick auf die Echtheit des Films geben, dafür aber jede Menge Verwirrung in den Köpfen der Beteiligten. „Otto Normalverbraucher“ wird weiterhin glauben, daß das UFO-Phänomen nicht ernstzunehmen sei, und daß all jene, die sich damit beschäftigen, der Kategorie „Spinner“ zuzuordnen sind.

*

Erstaunlicherweise soll es auch heute noch Menschen geben (Realisten nennen sie spöttisch „Einfaltspinsel“), die meinen, daß man offiziellen Verlautbarungen Glauben schenken dürfe. Der Aberglaube, Politiker und Militärs würden im Sinne ihrer Bürger handeln, ist noch weit verbreitet, bei genauer Betrachtung der Zustände auf unserem Planeten jedoch sofort ad absurdum zu führen. Vielmehr muß davon ausgegangen werden, daß die Mächtigen dieser Welt in nur geringem Maße an der Offenlegung zahlreicher Informationen interessiert sind, um eine Destabilisierung des momentanen Herrschaftssystems zu verhindern.

So fiel eine ganze Menge amerikanischer „Einfaltspinsel“ in den 1980er Jahren aus allen Wolken, als sich herausstellte, daß in den USA Top-Secret-Projekte in Form sogenannter „Schwarzer-Welt-Programme“ betrieben wurden, von denen die meisten offiziellen Einrichtungen und Behörden nicht einmal den Schimmer einer Ahnung hatten. Eine erschreckte Öffentlichkeit fragte sich, wie so etwas überhaupt möglich sei. Nun, die Frage ist leicht zu beantworten. In den USA gibt es ein nichthierarchisch aufgebautes Informationssystem und eine damit verbundene „need-to-know“-Befugnis. Das bedeutet, daß nur ausgewählte Personen Zugang zu bestimmten (Geheim-)Informationen haben. Die Regierungsmitglieder und der Präsident sind damit nicht unbedingt diejenigen, die über die höchsten Sicherheitsklassifizierungen verfügen und alles wissen (dürfen). Es gibt Personen, die über ihnen stehen und hinter der Bühne agieren. Schon zu Zeiten des Absolutismus in Frankreich wußte der Kardinal, die graue Eminenz, immer mehr als der König. Und auch in den USA scheint das so zu sein. Dies gipfelt in der Tatsache, daß einige Verantwortliche in der US-Regierung, den Geheimdiensten oder im militärisch-industriellen Komplex (MIK) der USA eine Zugangsberechtigung für sicherheitsrelevante Daten haben, die dem amerikanischen Präsidenten nicht zugänglich und damit unbekannt sind. Das folgende Beispiel ist symptomatisch für dieses System der Verschleierung und läßt entsprechende Schlußfolgerungen auf weitaus geheimere Parallelentwicklungen zu.

Im Februar 1985 enthüllte ein „versehentlich“ an die amerikanische Öffentlichkeit gelangtes Pentagon-Papier die Existenz eines streng geheimen, milliardenschweren Projektes der US Air Force mit dem – ebenfalls unbeabsichtigt bekannt gewordenen – Decknamen „Aurora“. Gemäß dem „P1“ genannten Waffenbeschaffungsprogramm, so das Papier, sollte die Finanzierung des Projektvorhabens im Etatjahr 1986 mit 80 Millionen US-Dollar beginnen und im Laufe mehrerer Jahre auf immerhin 2,27 Milliarden Dollar steigen.

Die Presse lief Sturm und verlangte verständlicherweise Aufklärung, die jedoch von den verwirrten (weil teilweise nicht informierten) Politikern abgelehnt wurde. Der damalige Präsidentenberater und US-Air-Force-Sekretär Donald B. Rice behauptete noch im Dezember 1992 in einem Brief gegenüber der „Washington Post“:

> „Die US-Luftwaffe hat kein solches Programm ... und wenn ein solches Programm irgendwo existieren würde, wüßte ich es. Ich weiß aber nichts ... Die Luftwaffe hat auch nie irgendwelche Deckgeschichten erfunden, um ein Programm oder ein (Flug-)Gerät namens ›Aurora‹ zu schützen.“

Erst nach und nach sickerten Informationen durch, die es erlaubten, die Gerüchte in Fakten zu verwandeln. So berichtete die bereits erwähnte „Washington Post“ unter Berufung auf „gutunterrichtete Kreise“, daß „Aurora“ nach Stealth-Prinzipien konzipiert werde und eine gewisse Ähnlichkeit zur B-2 habe. Die Bezeichnung „Aurora“ gab es damals schon für eine andere Maschine, und zwar ein kanadisches Seeüberwachungsflugzeug CP-140 (eine Version der Lockheed P-3). Die doppelte Namensvergebung war bewußt in Szene gesetzt worden. Bei eventuell an die Öffentlichkeit dringenden Informationen wollte man scheinheilig auf das kanadische Flugzeug verweisen ...
Weitere Recherchen erbrachten Hinweise auf die – zunächst spekulative – Möglichkeit, es könne sich bei dem neuen Projekt um das Nachfolgemuster der alternden Lockheed SR-71 „Blackbird“ handeln, die seit den 1960er Jahren in Dienst stand. Trotz ihres Alters galt die SR-71 als technologische Höchstleistung, denn es gab jahrzehntelang keine auch nur annähernd vergleichbare Maschine mit ähnlichen Leistungsparametern. Das war wohl auch der Grund, warum plötzlich zahlreiche „Experten“ auftraten, die davon überzeugt waren, daß die „Aurora“ genannte Nachfolgerin der SR-71 noch schneller fliegen und

eine noch größere Dienstgipfelhöhe erreichen müsse. Letztlich waren Ende der 1980er und Anfang der 1990er Jahre sogar Gerüchte im Umlauf, wonach ein solches Flugzeug bereits entwickelt worden sei und probegeflogen würde.
Es verwunderte auch niemanden, daß die amerikanische Luftfahrtindustrie nach und nach begann, Zeichnungen von geheimen Plänen zu Hochgeschwindigkeitsflugzeugen zu veröffentlichten, die letztlich aber nie realisiert wurden. Besonders die Firma Lockheed tat sich mit ausgefallenen Ideen hervor. So beispielsweise mit einem großen, 136 Tonnen schweren, von vier Flüssigmethan verbrennenden Turbo-Staustrahltriebwerken angetriebenen deltaförmigen Flugzeug, mit dem man, so nach Meinung der Experten, eine Geschwindigkeit von Mach 5 (fünffache Schallgeschwindigkeit!) hätte erreichen können.
Was aber letztlich die Öffentlichkeit interessierte, war die Frage: Gab es Indizien oder gar greifbare Hinweise für die Existenz eines geheimen „Aurora"-Projektes?
Nach einem Bericht der „New York Times" vom Januar 1988 suchte die amerikanische Luftwaffe tatsächlich nach einem Nachfolger für die damals noch nicht außer Dienst gestellten Aufklärer SR-71. Angeblich sollte es sich dabei um ein Stealth-Flugzeug mit großer Reichweite, einer Höchstgeschwindigkeit von mehr als 6000 km/h und einer Dienstgipfelhöhe von 33,5 km handeln. Details des Projektes wurden aber auch hier nicht vorgelegt.
Weitere Hinweise auf die Existenz einer neuen Maschine lieferte das „Armed Forces Journal International" im selben Monat. Gemäß Berichten der Unternehmensplanungs- und -beratungsfirma Sanford C. Bernstein & Co. würden die Lockheed-Umsätze in Verbindung mit Stealth-Projekten bis auf ca. 1,10 Milliarden Dollar steigen und sich dann Anfang der 1990er Jahre auf 752 Millionen Dollar jährlich einpendeln. Die Zeitschrift kam zu dem Schluß, solche Summen müßten konsequenter-

weise auf „... ein wichtiges Projekt hinweisen, wie beispielsweise ein Nachfolgemodell für die SR-71".
Interessanterweise gab es in den letzten Jahren auch vermehrt Beobachtungen von Augenzeugen. Nach den Auswertungen dieser Informationen kann davon ausgegangen werden, daß das „Aurora"-Projekt seit den 1990er Jahren aktiv erprobt wird, ja, daß sich hinter diesem Projekt möglicherweise sogar mehrere Geheimentwicklungen befinden! Berichte kamen vor allem aus der Gegend von Amarillo, Texas, und aus der Mohave-Wüste in Kalifornien, wo immer wieder „UFO"-Beobachtungen gemeldet wurden. Ein besonders wichtiger Fall ereignete sich allerdings nicht in amerikanischem Hoheitsgebiet, sondern im Raum der Nordsee vor Schottland. Die Zeugen berichteten von einem extrem starken und ungewöhnlichen Fluggeräusch („... wie wenn der Himmel aufreißt") und von einem seltsamen Abgas-Kondensstreifen, der sogar als rhythmisch unterbrochen und ungewöhnlich verwirbelt („Kringel am laufenden Meter") beschrieben wird. Die Maschinen selbst waren aufgrund der großen Flughöhe oft nicht, manchmal nur andeutungsweise zu sehen. In Fall der Nordsee-Beobachtung wurde das Fluggerät als „beinahe dreieckig" beschrieben. Es deutet alles darauf hin, daß es sich tatsächlich um den geheimen und superschnellen Aufklärer handelt.
Die Form der Abgasfahnen zeigen beinahe in verräterischer Weise, daß die Flugzeuge von pulsierenden Triebwerken, Verpuffungs-Strahltriebwerken (Pulser) oder Zwittertriebwerken auf die enormen Endgeschwindigkeiten gebracht werden. Diese Technologien wurden bereits Ende des Zweiten Weltkrieges erstmals in deutschen Flugzeugen zur Anwendung gebracht!
Es kann mit an Sicherheit grenzender Wahrscheinlichkeit davon ausgegangen werden, daß einige der Öffentlichkeit unbekannte militärische Geheimprojekte existieren, die eine Art Zwischenstadium darstellen, d. h. ihre Technologie liegt zwischen den

uns bekannten Charakteristika von Flugzeugen und jenen vermuteten Geheimwaffensystem vom Typ „Waffen des Jüngsten Gerichts". Die Entwicklung dieser halboffiziellen Zwitter ist ebenfalls so weit fortgeschritten, daß Probeflüge nicht nur in menschenleeren Regionen der USA, sondern auch in anderen Teilen der Welt stattfinden. Das revolutionäre Aussehen dieser Flugkörper, ihre hohen Geschwindigkeiten und die Verwendung extrem weiterentwickelter herkömmlicher oder teilweise schon neuartiger Antriebssysteme, deren Grundlagen bereits vor langer Zeit geschaffen wurden, ist mit hoher Wahrscheinlichkeit ein Stimulus für UFO-Beobachtungen.

In den letzten Jahren häufen sich Hinweise darauf, daß diese Projekte aus Schwarzgeldern, die aus Drogen- und Waffenhandel stammen, finanziert werden. Die zweifellos existierenden „Schwarzen Projekte" sind ein Beweis für die Vermutung, daß sich Teile des amerikanischen militärischen-industriellen Komplexes unkontrolliert verselbständigt haben und von einer kleinen Gruppe von verantwortlichen Personen in der US-Regierung und bei den Geheimdiensten gedeckt werden. Die von dieser „Hintergrundregierung" ausgehenden Gefahren und die mit den Geheimprojekten verbundenen Ziele sind für Nicht-Insider schwer durchschaubar. In den USA behaupten mittlerweile eine ganze Reihe patriotischer Vereinigungen, daß diese sogenannte „Hintergrundregierung" einen Sturz des demokratischen Systems vorbereite, in dessen Folge eine Diktatur einiger weniger multinationaler Konzerne errichtet werden solle.

Mit Sicherheit ist davon auszugehen, daß die Entwicklung neuartiger militärischer Systeme nicht Selbstzweck ist, sondern der Durchsetzung von Strategien dient, die wahrscheinlich weit über das hinausgehen, was der Normalbürger für vorstellbar hält. Daß die bestehende Ordnung in den USA in Gefahr ist, steht außer Frage. Die beginnende Globalisierung mit einer Zerschlagung bestehender nationaler Einheiten macht es jenen

Kräften leicht, die seit jeher von einer Weltherrschaft träumen, ihre perfiden Vorstellungen in die Tat umzusetzen. Der Großteil der Menschheit wird auf das Niveau von modernen Sklaven degradiert, die zu konsumieren und zu schweigen haben. Eine ständige Kontrolle dieser Massen ist allerdings nur mittels einer entsprechend hochentwickelten (Waffen-)Technologie möglich, die es erlaubt, Aufstände und Unruhen an jedem beliebigen Punkt unseres Planeten aufzuspüren und niederzuwerfen. George Orwells Roman „1984" findet längst seine Umsetzung. Wann wird das der ach so aufgeklärte Bürger endlich bemerken?

*****

Die Frage nach dem Standort

Die Bestätigung eines bestehenden Zusammenhangs von geheimen Waffenentwicklungen und dem UFO-Phänomen ist nur dann möglich, wenn man den Nachweis erbringen kann, daß es tatsächlich Standorte gibt, an denen die Entwicklung, Erprobung und Produktion der „Waffen des Jüngsten Gerichts" erfolgt. Logischerweise müßte der Betrieb dieser militärischen Anlagen früher oder später auffallen, denn sie benötigen zu ihrer Unterhaltung nicht nur Personal und Boden, sondern auch Energie und beträchtliche finanzielle Mittel.

Drei der eben erwähnten Punkte (Personal, Energie, Geld) sind kein Problem, wenn die Frage des Standortes geklärt ist. Wie wir heute wissen, wurde die Öffentlichkeit viele Jahrzehnte lang im unklaren darüber gelassen, daß es solche Örtlichkeiten tatsächlich gibt. Im Umfeld dieser (Untergrund-)Installationen spielen sich immer wieder seltsame Dinge ab, wie ich anhand des wohl bekanntesten Beispiels, der US-Luftwaffenbasis Area-51, aufzeigen will.

Nach den Aussagen einer wachsenden Zahl von Augenzeugen haben die USA jahrelang auf dem abgelegenen Atomtest- und Luftwaffengelände Nellis im amerikanischen Bundesstaat Nevada Testflüge mit äußerst ungewöhnlichen Flugzeugen durchgeführt. Diese fanden vor allem in dem streng geheimen Sperrgebiet um den Groom Dry Lake statt, das unter verschiedenen Bezeichnungen läuft und „Area-51" oder „Dreamland" bekannt wurde. Diese Einrichtung der US Air Force, die nach offizieller Lesart nicht existent ist, liegt knapp 130 km nordwestlich von Las Vegas.

„Dreamland" war bzw. ist die Funkkennung für die Fliegerleitzentrale von Nellis Air Force Base, die den strengstens gesperrten Luftraum über dieser Gegend bewacht. Zwar ist be-

kannt, daß in dieser Gegend die Flugerprobung des Stealth-Bombers B-2 und anderer unkonventioneller Flugzeuge (F-117 A) durchgeführt wurde, doch weiß man nur wenig über noch geheimere Entwicklungs- und Erprobungsarbeiten.
An Nellis AFB grenzen einige weitere Testgebiete an, in denen Augenzeugen Objekte gesehen haben wollen, die von ihrem äußeren Schein her UFOs zum Verwechseln ähnlich sehen (fliegende Kugeln, Feuerbälle, Dreiecke).
„Wir machen Testflüge mit Maschinen, die sich jeder Beschreibung entziehen", erfuhr der Autor James Goodall von einem Luftwaffenoffizier. Ein anderer Informant Goodalls, ein pensionierter Oberst, bestätigte diese Aussage: „Wir haben Dinge hier, die so weit über das Begriffsvermögen der durchschnittlichen Luftfahrtbehörden hinausgehen, daß sie unserem Denken tatsächlich wie von einem anderen Stern vorkommen." Zudem hat Goodall gerüchteweise erfahren, daß diese neuen Projekte „Kraftfeldtechnologie", „Schwerkraftantriebe" und sogar „Fliegende-Untertassen-Modelle" umfassen sollen.
Jim Goodall erfuhr anläßlich eines Interviews mit Ben Rich, dem vor mehreren Jahren zurückgetretenen Vizepräsidenten und Leiter der Entwicklungsabteilung für Zukunftsprojekte bei Lockheed („Skunk Works"), daß dieser sowohl an außerirdische als auch an solche von Menschenhand glaube:

> „Ich habe das Gefühl, alles ist möglich. Viele unserer von Menschen gemachten UFOs sind **U**n-**F**unded **O**pportunities (nicht finanzierte Möglichkeiten)."

Schon Anfang der 1960er Jahre behauptete Mike Hunt, der sich damals im Besitz einer speziellen Sicherheitsbescheinigung von der Atomenergiekommission sowie für streng geheime Verschlußsachen aller Nachrichtendienste befand, während der Wartungsarbeiten an einer Funkanlage in Area-51 ein untertassenförmiges Objekt gesehen zu haben. Er berichtete, es nur

einmal wahrgenommen zu haben, als es sich am Boden befand und teilweise durch ein Gebäude verdeckt wurde. Zunächst glaubte er, es handle sich um ein kleines Privatflugzeug. Dann bemerkte er aber, daß das Flugzeug keinen Schwanz und keine Tragflächen hatte. Er schätze den Durchmesser der ungewöhnlichen Konstruktion auf sechs bis neun Meter, seine Farbe war zinnartig.
Hunt berichtete weiter, daß einige Male die Funkgeräte, an denen er arbeitete, plötzlich aus unerklärlichen Gründen nicht mehr funktionierten, ohne daß ein sichtbarer Schaden vorlag. Kurz darauf funktionierten die Anlagen wieder normal. Er maß dem Ganzen damals keine besondere Bedeutung zu.
Hunt war der Ansicht, damals habe in Area-51 ein streng geheimes Programm unter der Bezeichnung „Red Light“ stattgefunden, das mit der Erprobung von scheibenförmigen Flugkörpern zu tun hatte. Dieses Gebiet sei nicht der Nellis AFB unterstellt gewesen.

> „Ich hatte immer den Eindruck, dieses Testgelände läge nördlich von Area-51, denn es gibt da ein natürliches Tal, das sich in dieser Richtung über etwa 320 km Länge erstreckt. Ich kam auch von Norden zur Area-51 hinein, und einige Male hat man mich gefragt, ob ich auf dem Heimweg etwas bemerkt habe. Ständig wurde ich ermahnt, ganz gleich, was ich sähe, ich könnte in ernsthafte Schwierigkeiten geraten, wenn ich je darüber spräche. Ich kann nicht oft genug wiederholen, wie streng die Sicherheitsvorkehrungen waren ...“

Möglicherweise war das, was Hunt sah, ein diskusförmiges, düsengetriebenes Luftfahrzeug, das der bereits erwähnte John Frost entwickelt hatte und die A.V. Roe Ltd. aus Kanada in den 1950er Jahren baute? Der erste Testflug mit einem solchen Vehikel, das auch als VZ-9 bezeichnet wurde, fand 1959 statt. Trotz hochtrabender Erklärungen kam das Gerät angeblich nie

über einige erfolglose Schwebeflugversuche hinaus, so daß das Projekt nach einigen Jahren eingestellt wurde. Frost griff bei seinen Versuchen auf eine Idee zurück, die er – einem CIA-Dokument zufolge – kurz nach dem Zweiten Weltkrieg von einer Gruppe deutscher Wissenschaftler erhalten hatte.
Die Liste von Merkwürdigkeiten in bezug auf die Geschehnisse um die Nellis Air Force Base, Area-51 und andere in der Nähe befindlicher Militärinstallationen ist lang und würde ein ganzes Buch füllen. Nicht nur seltsame Flugobjekte wurden dort beobachtet, es gab auch Fälle von ungesetzlichem Landraub und nie offiziell aufgeklärte Unfälle mit chemischen Substanzen, bei denen Arbeiter verletzt wurden. Da alle Ereignisse in dem betreffenden Areal den Bestimmungen der nationalen Sicherheit der USA unterliegen, wird wohl auch in absehbarer Zeit nicht mit einer Aufklärung zu rechnen sein.
Die Sicherheitsvorkehrungen rund um Groom Lake sind perfekt. Das Gebiet wird bewacht von Bewegungsmeldern, Lasersensoren und hochmobilen Wachmannschaften, die sich angeblich aus Männern der Green Berets, Navy SEALs und Polizeikräften rekrutieren. Es gibt Hinweise aus unterrichteten Kreisen, daß selbst zivile Flugzeuge, die das Gebiet überfliegen, abgeschossen werden können, wenn sie den Aufforderungen zum Abdrehen nicht Folge leisten. Was aber sind die Gründe für ein derart aggressives Verhalten? Geht es lediglich darum, den Luftraum zu schützen, in dem geheime, mit Stealth-Eigenschaften versehene Flugzeuge und andere Systeme getestet werden? Ich glaube kaum, daß das der ausschließliche Grund ist. Sehr wahrscheinlich ist die Existenz weiterer, weniger konventioneller Luftfahrtsysteme ein entscheidender Grund für die hohe Sicherheitsstufe.
In der Oktoberausgabe der Zeitschrift „Aviation Week & Space Technology" des Jahres 1990 wurde über eine Reihe zuverlässiger Beobachtungen unkonventioneller Flugzeuge in den

US-Bundesstaaten Nevada und Kalifornien berichtet. Beispielsweise wurde ein *dreieckiges, lautloses Flugzeug in Begleitung einer F-117A gesichtet, von dem später angenommen wurde, daß es sich um den Prototyp des von General Dynamis & Mc Donnel Douglas gebauten A-12 „Avenger" für die Marine handelte* (ein Bild dieser Maschine finden Sie auf der Rückseite des Buchumschlages). Dieses fliegende Dreieck wurde später (angeblich) verschrottet, weil seine Finanzierung nicht sichergestellt werden konnte und die Marine ein Konkurrenzmodell bevorzugte. Hochinteressant ist in jedem Fall die in der Zeitschrift angegebene Lautlosigkeit beim Flug, die – so einige UFO-Forscher großsprecherisch – bei irdischen Maschinen nicht machbar sei!
Von besonderem Interesse ist auch einer Bemerkung der „Aviation Week & Space Technology" über noch weniger konventionelle Flugzeuge, unter anderem auch über eine Maschine für große Höhen, die den Nachthimmel mit extremer Geschwindigkeit durchfliegt. Normalerweise ist dabei kein Düsengeräusch oder Überschallknall zu hören. Das System ist als einzelnes, helles, manchmal auch blinkendes Licht zu beobachten, das Geschwindigkeiten erreicht, die jene aller anderen Flugzeuge in dieser Umgebung weit übersteigt. Man schätzt, daß seine Operationshöhe in über 15 000 Metern liegt. Diese Arten „schwarzer" Flugzeugprojekte könnten noch relativ konventionelle Antriebssysteme verwenden, wenn diese – zugegebenermaßen – perfektioniert worden sind. Die Zeitschrift „Aviation Week & Space Technology" fügte allerdings hinzu, daß es zahlreiche Hinweise gebe, daß noch eine andere Sorte von Luftfahrzeugen existiere, die ausschließlich auf fremdartigen Antrieben und aerodynamischen Prinzipien beruhe, die bislang noch nicht vollständig erfaßt sind.
Der Verfasser des Artikels, der US-Testpilot Bill Scott, wurde später noch deutlicher. Er meinte, bei den fremdartigen Antrie-

ben, von denen er gesprochen habe, könnte es sich um eine Antischwerkrafteinheit handeln, und er bemerkte, er habe gehört, daß diese Flugzeuge von extrem niedrigen Geschwindigkeiten (25 bis 50 km/h) bis zu Überschallgeschwindigkeit fliegen könnten. Diese Angaben wurden später durch zahlreiche andere Personen bestätigt, die über seltsam stillstehende Objekte und Radarechos berichteten.

Jüngste UFO-Zwischenfälle bestätigen diese Anfang der 1990er Jahre gemachten Aussagen eindringlich. Während einer massiven UFO-Sichtungswelle über Arizona wurde von tausenden Amerikanern im Großraum Phoenix ein leuchtendes UFO in V-Form beobachtet. Die Sichtung ereignete sich am 13. März 1997 und dauerte beinahe zwei Stunden. (Eine deutsche Übersetzung des zuerst im amerikanischen „Mufon-UFO-Journal" publizierten Vorfalls finden Sie in „Magazin 2000", Nr. 118, 1997.) Unter den Zeugen befanden sich Fluglotsen und Piloten. Einige Personen beobachteten, daß sich dem UFO drei F-16-Kampfmaschinen näherten, bevor es verschwand, was die US-Luftwaffe auf Anfrage allerdings dementierte.

Obwohl diese Beobachtung erhebliches öffentliches Aufsehen erregt hatte, begannen die Massenmedien erst mit ziemlicher Verspätung über den Fall zu berichten. Mehrere Tage lang gab es überhaupt keine Information, so, als wolle man das Thema totschweigen.

Man muß sich schon wundern angesichts dieser Informationspolitik. „Verrückt" wird es aber, wenn man sich einmal die beschriebenen Charakteristika und den Kurs des UFOs ansieht. Die ersten Beobachtungsmeldungen kamen von einem Punkt nordnordwestlich von Wickenburg, setzten sich dann in Richtung Phoenix und den Raum um Tempe fort. Das Objekt wurde teilweise als extrem langsam fliegend beschrieben, wobei sich die Schätzungen in diesem Fall zwischen 30 und 50 km/h bewegten. Nach den Angaben in einigen Beobachtungsberichten zu urteilen, schwebte das UFO längere Zeit über einem Standort oder manövrierte mit hoher Geschwindigkeit. Geräusche waren nicht zu vernehmen. Hier außerirdische Technologie zu vermuten, wäre reine Zeitverschwendung, denn die vor wenigen Zeilen erwähnten Möglichkeiten der A-12 „Avenger" würden, in größerem Maßstab, die Sichtungen erklären. Hinzu kommt noch folgendes: *Verlängert man die oben beschriebene Flugbahn des UFOs zurück, also weit über den Ort der ersten Sichtung nord-nordwestlich von Wickenburg hinaus, dann gelangt man auf direktem Wege in das Gebiet der Nellis Air Force Base, wo man sich dann aussuchen kann, ob das UFO vom Area-51- oder einem anderen geheimen Gelände aus gestartet wurde. Wenn das kein eindeutiger Beweis für die Geheimwaffen-Hypothese ist, was ist es dann?!*

Man fragt sich angesichts der Tatsache, daß die neue Technologie bereits über Großstädten zum Einsatz kommt und dort provozierend schaugeflogen wird, wie sicher sich diejenigen, die hinter solchen Aktionen stecken, bereits fühlen mögen? Glauben diese Leute allen Ernstes, daß die manipulierte Masse denkt, die Außerirdischen wären mal wieder auf einem Urlaubsausflug? Welcher Militär oder Geheimdienstler hat denn da angesichts seines selbst initiierten Verwirrungsspiels Höhenflüge bekommen? Noch gibt es Menschen, die hinter die Bühne zu schauen vermögen und sehr wohl wissen, welches Spiel gespielt wird.

Andere wissen das nicht, tragen aber trotzdem dazu bei, die lange vorhandenen Informationslücken zu schließen. In einem Beitrag der Zeitung „Die Zeit" vom 4. April 1997, deren Redaktion allen Spekulationen zum UFO-Thema stets abweisend gegenübersteht, wurde unter dem Titel „Fliegende Kampfroboter" ein im Bildteil abgedruckter Artikel publiziert. Besondere Aufmerksamkeit verdient die Grafik, zeigt sie doch eine ganze Reihe von unkonventionellen unbemannten Flugkörpern, die wahrscheinlich längst über das Planungsstadium hinausgelangt sind. Bemerkenswert ist hier vor allem das Modell „Fliegende Untertasse". In den Jahrzehnten der Berichterstattung, man verzeihe mir die Wiederholung, wurde immer wieder behauptet, daß ein derartiger Flugkörper aufgrund antriebstechnischer und aerodynamischer Probleme nicht machbar sei und nun – oh Graus! – stellt man dieses Gerät der Öffentlichkeit als unbemannte Variante vor. Das bedeutet doch die inoffizielle Bestätigung dafür, daß die Flugscheibenforschung in Wirklichkeit – vielleicht mit Unterbrechungen – fortgeführt wurde. Oder glaubt man der Öffentlichkeit weißmachen zu können, daß es sich hierbei um ein revolutionär *neues* Aufklärungssystem handelt?! Ich halte diese Vorausschau auf unbemannte Systeme für ein Abfallprodukt dessen, was seit langer Zeit bereits bemannt geflogen wird.

Ein strategisches Waffensystem, daß einer doch recht verblüfft reagierenden Öffentlichkeit schon vor Jahren vorgestellt wurde, ist der B-2-Bomber, der über Stealth-Eigenschaften verfügt und daher auch als „Tarnkappenbomber" bezeichnet wird. Es gibt neue Hinweise, wonach auch dieses Waffensystem bereits Prinzipien der auf neuartigen Antriebstechnologien beruhenden weit geheimeren Projekte, die das UFO-Phänomen erzeugen, nutzt. Der amerikanische UFO-Forscher Dr. Richard Boylan erklärte vor kurzem, er habe von Colonel Donald M. Ware einige Informationen über Antigravitationstechnologie erhalten, die in den B-2-Bomber, aber auch andere moderne Fluggeräte, integriert sei. Die an Bord befindlichen Elektrogravitationssysteme würden es der B-2 erlauben, nach Einschalten eines sogenannten Gravitations-A-Modus ohne Aufzutanken rund um die Welt zu fliegen.

Der Einbau der seitens ziviler Experten für unmöglich gehaltenen Technologie würde einerseits den Stückpreis eines solchen strategischen Waffensystems erklären (1 Milliarde Dollar!), andererseits aber jene Behauptungen bestätigen, die bereits von einer Reihe von Physikern der USA, die sich mit den Forschungsergebnissen des Genies Townsend Brown auseinandersetzten, aufgestellt worden sind. Diese gelangten schon Anfang der 1990er Jahre zu der Auffassung, daß der B-2-Bomber mit einem herkömmlichen Antriebssystem, wie man es seitens der offiziellen Stellen propagierte, nicht in der Lage sei, die von ihm vorgeführten Flugleistungen zu erbringen. In einem von Dr. Thomas Valone herausgegebenen Buch mit dem Titel „Electrogravitics Systems – Reports on a New Propulsen Technology“ (Integrity Research Institute, Washington, USA, 1994) faßten eine Reihe von Ingenieuren und Wissenschaftlern ihre Erkenntnisse zusammen. Anhand von Berechnungen dokumentieren sie, daß es wenigstens noch eine andere Antriebsform, die eindeutig auf Elektrogravitation basiert, im B-2-Bomber geben muß, die allerdings von außen her selbst für Flugzeug- und Luftfahrtexperten nicht erkennbar ist und strengster Geheimhaltung unterliegt.

Fassen wir kurz zusammen: Eine das UFO-Phänomen wenigstens teilweise erklärende Geheimwaffenforschung existiert. Ein Standort befindet sich im US-Bundesstaat Nevada, wobei dies nur ***eine*** *offensichtliche Anlage ist.*

Eine im Bildteil dieses Buches befindliche Karte dokumentiert, wo günstige geologische Bedingungen für den Aufbau von Untergrundbasen in den USA existieren. Es gibt Gerüchte über enorme Ausmaße dieser künstlichen Tunnelsysteme, die teilweise bis zu 15 unterirdische Etagen aufweisen sollen. Eine technische Umsetzung derartiger Bauvorhaben ist kein Problem mehr angesichts existierender Tunnelbohrsysteme enormen Ausmaßes. (Für alle, die sich ausführlichere Informationen verschaffen wollen, sei hier das Internet empfohlen, das in bezug auf UFO-relevante Themen auch Informationen über derartige unterirdische militärische Stützpunkte beinhaltet.)

Klar erkennbare Zusammenhänge bestätigen, daß in Area-51 und in der Nähe befindlichen, gleichgelagerten Einrichtungen futuristische und im Vergleich zu uns bekannter Technik unkonventionelle Geräte getestet werden, die UFO-ähnlich sind oder UFOs i.e.S. darstellen. Wo die Basis dieser Technologie zu suchen ist, steht meines Erachtens außer Zweifel: Sie ist bereits mehrere Jahrzehnte alt und geht auf Experimente und Forschungsvorhaben zurück, die sowohl von amerikanischen wie auch deutschen Experten realisiert wurden. Allerdings ist es beim gegenwärtigen Stand der Dinge unmöglich zu sagen, ob fertige Technologie einfach übernommen wurde oder ob theoretische Grundlagen im Laufe der Zeit weiterentwickelt und schließlich in die Praxis umgesetzt worden sind.

Diese Schlußfolgerung hat natürlich Konsequenzen, denn die Behauptung, daß beispielsweise außerirdische Technologie in Area-51 und anderswo probegeflogen wird und damit als Grundlage irdischer Entwicklungen gelten muß, ist in dieser Form nicht mehr aufrechtzuerhalten. Vielmehr kann die Hypothese der „außerirdischen Einflußnahme" nur als Deckgeschichte und Ablenkungsmanöver herhalten, was wiederum zur Folge hat, daß auch die Geschichte der abgestürzten UFOs einen anderen als den bisher behaupteten Tatsachenhintergrund haben muß. Insbesondere der weltweit in die Schlagzeilen geratene Roswell-Fall ist davon betroffen, dem wir uns nun kurz zuwenden wollen. Gibt es eine andere mögliche Erklärung für ihn? Ist seinerzeit wirklich ein außerirdisches Raumschiff mit kleinwüchsigen Besatzungsmitgliedern havariert?

Das Roswell-Ereignis

Zu den umstrittensten Aspekten des UFO-Phänomens gehört die Behauptung, einige „Untertassen" hätten aus uns unbekannten Gründen Bruchlandungen vollzogen und seien unter strengster Geheimhaltung vom Militär geborgen worden. Diese Behauptungen sind meist mit dem Hinweis auf den Mangel an Beweisen zurückgewiesen worden, obwohl das Beweismaterial ernstzunehmen ist. Der ehemalige Abwehroffizier der US Air Force, Leonard Stringfield, hat beispielsweise mehr als vierzig Berichte zusammentragen können, die sogar teilweise von unmittelbar beteiligten Augenzeugen stammen.

Ein Zwischenfall scheint mittlerweile unbestreitbar zu sein: das Roswell-Ereignis. Am Abend des 2. Juli 1947 wurde ein helleuchtendes diskusförmiges Objekt gesichtet, das über Roswell, New Mexico, in Richtung Nordwesten flog. Am darauf folgenden Tag entdeckte Mac Brazel, der Verwalter einer Ranch etwa 120 km nordwestlich von Roswell, zusammen mit seinem Sohn und seiner Tochter weit verstreute Wrackteile in der Umgebung. Die Behörden wurden benachrichtigt, und Major Jesse Marcel, ein Abwehroffizier des 509th Bomb Group Intelligence Office auf dem Heeresluftwaffenstützpunkt Roswell Field, barg gemeinsam mit einem Offizier der Spionageabwehr viele Wrackteile. Nach der Rückkehr des Offiziers zum Flugplatz Roswell erschien eine von Colonel William Blanchard genehmigte, offizielle Presseerklärung, in der die Bergung von Wrackteilen einer fliegenden Untertasse bestätigt wurde. Marcel erhielt den Befehl, die Trümmer in eine Maschine vom Typ B-29 zu laden und zur Untersuchung zum Luftwaffenstützpunkt Wright Field in Dayton, Ohio, zu fliegen.

Bei einer Zwischenlandung auf dem Luftwaffenstützpunkt Carswell, Fort Worth, Texas, übernahm General Roger Ramey das Kommando. Er verbot Marcel und der übrigen Besatzung des Flugzeuges, mit Vertretern der Medien zu sprechen. Es folgte eine Pressekonferenz, die in erster Linie der Verbreitung einer zweiten Desinformationsversion diente: Die vermeintlichen Wrackteile seien, so hieß es nun, lediglich Überreste eines

Wetterballons und der an ihm befestigten Metallfolie zur Radarortung.
Unterdessen landeten die Wrackteile unter schwerer Bewachung auf dem Stützpunkt Wright Field; Marcel kehrte nach Roswell zurück, und der Ranchverwalter Brazel blieb fast eine Woche lang vom Kontakt mit der Außenwelt abgeschnitten, während sorgfältig alle Wrackreste von der Unglücksstelle entfernt wurden.
Als eine Nachrichtenagentur in Albuquerque per Funk Meldungen über dies unglaubliche Ereignis durchgab, brach plötzlich die Funkverbindung ab, und die betreffende Station sowie eine weitere erhielten Anweisung, die Übermittlung einzustellen: „Achtung Albuquerque: Übermittlung einstellen. Wiederhole. Übermittlung einstellen. Nationale Sicherheit betroffen, nicht übermitteln. Bleiben Sie auf Empfang."
Die Wrackteile des nicht identifizierten Flugobjekts waren über ein Gebiet von gut einem Kilometer Länge und zwei bis dreihundert Metern Breite verstreut gewesen. Sie bestanden aus unterschiedlichen Materialien, wie sie Major Marcel nach eigenen Angaben weder vorher noch nachher je gesehen hatte. Er gab an, daß er so etwas wie dünne Holme fand, auf denen Zeichen standen, die niemand entziffern konnte. Das Material wirkte auf ihn wie Balsaholz, war allerdings keines. Weiterhin wurden folienartige Metallteile gefunden, die kein Stanniol waren. Auch von einem braunen, pergamentartigen Material ist in diesem Zusammenhang die Rede.
Marcel sagte später aus, daß eine der Metallfolien mit einer Größe von etwa sechzig mal dreißig Zentimetern so widerstandsfähig gewesen sei, daß sie sich trotz ihrer Leichtigkeit mit einem schweren Vorschlaghammer nicht verbiegen ließ. Aufgrund seiner beruflichen Erfahrung ist davon auszugehen, daß Marcel sehr genau wußte, was er sagte und daß das, was er fand, wirklich außergewöhnlich gewesen sein muß.

Er war sich auch ganz sicher, daß unter den Wrackteilen keine Leichen gefunden wurden und daß das Objekt, was es nun auch gewesen sein mochte, in der Luft explodiert war.
Die Fakten sprechen dafür, daß es noch eine weitere Absturzstelle gab, und zwar in einem Plains of San Augustin genannten Areal westlich von Socorro, New Mexico. Hier entdeckten Zeugen auf dem ebenen Wüstenboden außer einem beschädigten Fluggerät aus Metall auch zwei Leichen. Die Insassen des „Flugzeuges", denn um solche handelte es sich ganz offensichtlich, waren kleiner als Menschen, hatten runde Köpfe, kleine Augen und angeblich keine Haare. Die Augen hatten einen merkwürdigen Abstand zueinander. Ihre Kleidung schien aus einem Teil zu bestehen, sie war grau. Reißverschlüsse, Gürtel und Knöpfe waren nicht zu sehen.
Die beiden amerikanischen UFO-Forscher Bill Moore und Stanton Friedman, die sich – wie andere – mit dem Fall befaßten, konnten im Verlauf ihrer Nachforschungen über 90 Zeugen befragen, die Angaben zu diesem damaligen Zwischenfall machen konnten. Davon waren dreißig an der Entdeckung, Bergung und anschließenden Vertuschung durch die Behörden beteiligt, zehn der Augenzeugen erklärten, das Objekt sei außerirdischen Ursprungs gewesen. Mittlerweile ist das Roswell-Ereignis Gegenstand zahlreicher Recherchen, Publikationen und filmischer Dokumentationen gewesen.
Zweifellos ist im Jahre 1947 ein ungewöhnliches Flugobjekt abgestürzt. Allein die Geheimhaltungsmaßnahmen deuten darauf hin, daß es kein Wetterballon und auch kein Mogul-Ballon, wie vor wenigen Jahren dann von offizieller Seite aufgrund wachsenden öffentlichen Drucks behauptet wurde, gewesen sein kann. Soweit eine korrekte Bewertung der damaligen Geschehnisse überhaupt möglich ist, gehe ich davon aus, daß hier ein irdischer scheibenförmiger Erprobungskörper abgestürzt ist, dessen Existenz nie hätte offensichtlich werden dürfen. Um den

entstandenen Schaden zu begrenzen, wurde der Fall unter dem Deckmantel der nationalen Sicherheit abgewürgt.
In diesem Zusammenhang ist von Interesse, daß der amerikanische UFO-Forscher Jaques Valleé behauptet, daß das bei Roswell gefundene Material über die damaligen technischen Möglichkeiten irdischer Technologien nicht hinausging. Valleé behauptet weiter, daß es sich hierbei um Aluminiumsaran gehandelt habe, das papierdünn ausgewalzt werden kann und sich auch durch Hammerschläge nicht verbeulen läßt. Größere Stücke, die durch enormen Druck zusammengeknüllt würden, verfügten aufgrund eines dem Material innewohnenden „physikalischen Gedächtnisses“ über die Eigenschaft, sich nach einer Verformung wieder an die alte Struktur zu erinnern und die ursprüngliche Form anzunehmen. Derartige materialtechnische Erfindungen sind bekannt. Zu überprüfen bleibt, ob es das von Valleé genannte Aluminiumsaran, dessen chemische Formel ich habe nicht recherchieren können, tatsächlich gibt.
Insofern es schon bei dem Material der „Fliegenden Untertasse“ nicht klar ist, ob es wirklich außerirdischen Ursprungs war, muß auch die Herkunft der Besatzung, die an Bord war, in einem anderen Licht betrachtet werden. Die Wesen steckten in Anzügen, waren klein, menschenähnlich, aber keine Menschen. Ihre Augen wirkten andersartig. Manche Zeugen behaupten, die Insassen des UFOs seien nur herausgeschleudert worden und man habe keine Verletzungen feststellen können. Andere hingegen gaben zu Protokoll, daß die Leichen übel zugerichtet waren und bei einigen schon der Verwesungsprozeß eingesetzt hatte. Wie auch immer, ich tippe auf eine Besatzung, die aus Affen – ja Affen! – bestand. Es ist doch bekannt, daß Russen und Amerikaner bei ihren ersten Versuchen, die Raketentechnik raumflugtauglich zu machen und Testbesatzungen auszuwählen, immer wieder auf tierische Insassen zurückgriffen: Hunde und, aufgrund gewisser Ähnlichkeiten zum Menschen, eben Affen.

Stellen Sie sich nun einmal eine äffische Besatzung vor, die in overallähnlichen Anzügen steckend und vielleicht sogar einen Pilotenhelm tragend, in einem scheibenförmigen Flugkörper havariert. An den physikalischen Gesetzen läßt sich wenig manipulieren: Aufgrund der Explosion der Maschine und eines damit verbundenen rasanten Druckabfalls sterben die Besatzungsmitglieder trotz ihrer Anzüge, wobei ihre spätere äußere Erscheinungsweise einen solchen Druckabfall erkennen läßt: mehr oder weniger herausgedrückte Augen, aufgeblähte Körper usw. Wahrscheinlich vergeht nach dem Absturz viel Zeit, worauf einige Zeugenaussagen hindeuten, so daß die Sonne und mögliche Aasfresser die Leichen weiter entstellen.

Ich behaupte nicht kategorisch und mit Sicherheit, daß sich das Szenario tatsächlich so abgespielt hat. Es wäre aber eine durchaus logische und ernstzunehmende Vermutung angesichts der hier behandelten Gesamtthematik. Ich möchte nicht zu der in meinen Augen unfairen, nichtsdestoweniger immer wieder auftauchenden Behauptung greifen, daß die Zeugen deshalb von Außerirdischen berichten, weil sie den finanziellen Hintergrund dieser Geschichte kennen. Roswell war früher ein unbedeutendes Nest ohne wirtschaftliche Entwicklungsmöglichkeiten. Das hat sich im Laufe der Jahre gründlich geändert. Man lebt von den Touristen und deren Glauben, daß hier Wesen aus einer fremden Welt mit ihrem Raumschiff havariert seien – und das nicht einmal schlecht.

Die für die einstige Bergung des Flugkörpers und seiner Besatzung zuständigen Militärs mögen, zumindest was die hohen Chargen anbetrifft, sicherlich froh über diese Entwicklung gewesen sein. Drohte doch eines der wichtigsten US-Geheimnisse der Nachkriegszeit durch einen dummen Zufall ans Licht zu kommen. Eine rasche Handlungsweise konnte diese Enttarnung allerdings verhindern.

Die übersehenen Experimente in Area-51

Area-51, Nellis Air Force Base und andere im Umfeld befindliche Anlagen dienen zweifellos der Entwicklung und Erprobung neuartiger Flugkörper, die jene Strukturen aufzuweisen haben, die auch vom UFO-Phänomen bekannt sind: Feuerbälle, fliegende Scheiben und Dreiecke. Vor lauter Enthusiasmus angesichts derartiger Fortschritte in der Luftfahrttechnik sollte man allerdings nicht vergessen, daß die Anlagen auch noch anderen Projekten dienen, die sehr wahrscheinlich weniger offensichtlich sind und in den Tiefen der unterirdischen Tunnelsysteme realisiert werden.

Der Sachbuchautor Ernst Meckelburg war einer der ersten Rechercheure im deutschsprachigen Raum, die auf diesen wichtigen Sachverhalt hinwiesen, der, wie wir noch sehen werden, eine beträchtliche Rolle spielt, wenn es um das Gesamtverständnis des Themas geht. Mag sein, daß ein revolutionäres Flugsystem jegliche feindliche Gegenwehr beinahe unmöglich macht, aber gibt es nicht andere, wirksamere Methoden, um von vornherein unerwünschtes Verhalten oder das, was man dafür hält, zu unterbinden?

Es ist der Traum aller Machthaber der Erde zu allen Zeiten gewesen, uneingeschränkt zu herrschen. Den führenden Vertretern bestehender Herrschaftssysteme von heute geht es nicht anders. Die sich durch internationale Märkte ohne Handelsschranken verschärfenden Widersprüche zwischen immer schneller steigenden Unternehmensgewinnen einiger Multis einerseits und fehlenden Beschäftigungsmöglichkeiten der Masse und damit bedrohlich wachsender Arbeitslosigkeit andererseits, dürften langfristig zu einem Kollaps der Strukturen führen. Die überwiegende Zahl von Politikern, Militärs und sonstigen Verantwortlichen hat keine Lösung parat. Genauso unkontrollierbar und destabilisierend entwickeln sich Probleme in der Drit-

ten Welt oder der internationale Terrorismus und der Einfluß von Mafia-Organisationen. Es scheint einige einflußreiche, verdeckt operierende Gruppen zu geben, die aufgrund gesellschaftspolitischer und die ganze Welt umfassender Studien sehr wohl wissen, wie das zukünftige Szenario aussehen könnte. Und sie sind fest entschlossen, sich nicht nur gegen diesen drohenden Konflikt zu schützen, sondern jede Art von Bedrohung generell zu eliminieren. Sie wollen vorbereitet sein und haben dazu im Laufe mehrerer Jahrzehnte, mal offen, mal verdeckt, Vorbereitungen getroffen. Ihr Ziel ist die Ruhigstellung und Beeinflussung der Masse Mensch mit bewußtseinsverändernden Maßnahmen, an denen man seit längerer Zeit forscht.
Freilich klingt das Ganze zunächst nach Paranoia, doch seien Sie versichert, daß es Gründe gibt, weshalb über eines der interessantesten wissenschaftlichen Forschungsgebiete, die Bewußtseinsforschung nämlich, nur wenig an neuen wissenschaftlichen Erkenntnissen publiziert wird. Die immer wieder propagierte freie Entfaltung der Persönlichkeit *jedes* Menschen ist in den Augen gewisser Kreise die überhaupt größte denkbare Gefahr, denn wenn sich das Individuum über die Gesellschaft stellt, so meinen sie, ist dies das Ende jeglicher zivilisatorischer Entwicklung. Leider zeigt die Erfahrung, daß diese Annahme einer gewissen Realität nicht entbehrt.
Doch nun soll Ernst Meckelburg das Wort erteilt werden, der in den Diskussionen um angebliche Außerirdische und probegeflogene extraterrestrische Technologie in Area-51 auch eher eine Ablenkungsmaßnahme sieht, die wesentlich wichtigere Projekte tarnen soll:

> „... Realistische Beobachter sehen in den ›Dreamland‹-Experimenten hingegen eine Entwicklung, die alle Spekulationen über sogenannte Abduktionen, Kooperation mit Außerirdischen auf US-Territorium und die Obduktion von ET-Leichen verblassen läßt, die derart sensibel ist, daß man

ihre Überwachung dem effizientesten und geheimsten aller US-Nachrichtendienste, dem National Reconnaissance Office (NRO, Nationales Aufklärungs-Büro) übertragen hat – ein Geheimdienst, der mit 800 Satelliten selbst das Potential der gefürchteten CIA in den Schatten stellt.
Experten wollen wissen, daß sich mit den von dem NRO betriebenen Satelliten unter anderem Personen mit Microchip-Implantaten bzw. mitgeführten „Gesundheitsschecks" (ähnlich unseren Krankenkassen-Scheckkarten) – wo immer sie sich auch aufhalten sollten – orten (und möglicherweise sogar manipulieren) lassen.
Die dieser Ortungstechnik zugrundeliegenden Erkenntnisse verdankt das NRO den Wissenschaftlern der ebenfalls in der ›Area 51‹ stationierten Forschungsgruppe Biological Laboratories (Biologische Laboratorien), die entsprechende Experimente mit Erfolg an Weidevieh durchgeführt haben soll. Die Grundlage für diese Experimente reichen einige Jahre zurück und sie gehen weit über das hinaus, was eine elektronisch gestützte Ortung zu bieten hat.
Anfang der neunziger Jahre haben Wissenschaftler festgestellt, daß das menschliche Gehirn und manche Tiergehirne natürliche Magnetpartikel (Magnetit) aufweisen, die auf Radiowellen ansprechen. Jeder von uns hat seine eigene Hirnfrequenz (engl. Human Brain Frequency, HBF), die einem Fingerabdruck gleichkommt, da keine zwei Personen die gleiche HBF besitzen, obwohl diese nur einen verhältnismäßig kleinen Frequenzbereich zwischen 840 und 890 MHz aufweist. Interessant ist in diesem Zusammenhang die Tatsache, daß sogenannte ›Zellular‹-Telefone in genau diesem Frequenzbereich funktionieren, so daß sich auch hieraus Beeinflussungsmöglichkeiten des Bewußtseins ableiten lassen. Denn: Bei der Hypnose gibt es bestimmte Techniken, die darauf abzielen, daß auf die Blutgefäße in Ohrnähe Druck ausgeübt wird, was die Blutzirkulation zum Gehirn beeinträchtigt und Halluzinationen und sogar Schockzustände zur Folge haben kann. Diesen Druck könnte man

> telefonisch oder funktechnisch durch gezieltes Aussenden lauter oder schriller Töne erzeugen und somit den Empfänger für hypnotische Botschaften aufnahmebereit machen. Inzwischen gilt es als erwiesen, daß die CIA zwischen 1957 und 1961 an Zivilisten Experimente zur Beeinflussung des Bewußtseins (Gehirnwäsche) durchgeführt hat. Der amerikanische Autor Martin Cannon will wissen, daß solche Experimente immer noch durchgeführt werden, allerdings in verfeinerter Form. In seinem neuesten Buch ›The Controllers‹ äußerte er den Verdacht, daß es sich bei Ufo-Abduktionen um klammheimlich durchgeführte Gedächtnismanipulationen seitens der CIA und anderer amerikanischer Dienste handle, die ausschließlich mit einem solchen Bewußtseins-Engineering befaßt seien und die auf raffinierte Weise von ihrem verwerflichen Tun abzulenken versuchen.“ (E. Meckelburg, Area-51 Update: „Dreamland“ – Mega-Experimente mit dem menschlichen Bewußtsein?, in: Wissenschaft ohne Grenzen, Ausgabe 1/1997, Suhl 1997)

Meckelburg berichtet weiter, daß Norio Hayakawa, früher Regionaldirektor des Civilian Intelligence Network und ein prominenter „Area-51“-Rechercheur, weiß, welcher Art die Experimente in der geheimen Basis sind. Man befasse sich dort insgesamt betrachtet mit Forschungsarbeiten zu folgenden Problemen: Entwicklung scheibenförmiger bzw. anderer unkonventioneller Flugkörper, Experimente mit Microchip-Implantaten, Hypnosetechniken zur Manipulation menschlicher Gehirnwellen, um damit Erscheinungen wie Verwirrung, Angst und falsche Erinnerungen, Amnesie, Zeitlücken, Paralyse und ähnliches hervorzurufen.
Kommt uns das nicht alles irgendwie bekannt vor? Ernst Meckelburg gibt auch darauf eine Antwort: Es ist genau das Szenarium, über das die Mehrzahl der Abduzierten (der von UFOs Entführten, Anm. d. Autors) nach ihren angeblichen

Kidnappings berichtet. Aber sie erinnern sich, bis auf wenige Ausnahmen, die man lange Zeit nicht ernstgenommen hat, nicht daran, von Mitarbeitern der Geheimdienste oder des Militärs für deren Experimente mißbraucht worden zu sein. Statt dessen erscheinen in ihrer Erinnerung seltsame Gesichter von Wesen mit rätselhaften Motiven – von „Aliens". Sind es wirklich die „Fremden" oder haben wir es hier nicht doch mehr mit einem Mega-Experiment, einem echten Täuschungsmanöver der „Dreamland"-Tüftler zu tun? Meckelburg abschließend dazu:

> „Alles, was von Cannon und Hayakawa zur Lüftung des ›Area-51‹-Rätsels vorgebracht wurde, klingt realistisch, irgendwie plausibel. Gerade die Amerikaner haben aufgrund der jüngsten Anschläge und auch der inneren Bedrohung sowie der Gefahren, die nach wie vor von einem destabilisierten Rußland ausgehen, Veranlassung, die Bewußtseinsforschung, die Entwicklung von Einrichtungen zur Kontrolle und eventuellen Beeinflussung großer Bevölkerungsgruppen voranzutreiben. Dies könnte auch die Ursache für die fast hysterische Betriebsamkeit der Abschirmdienste rund um ›Area 51‹ sein. Die zahllosen Ufo-Stories, die sich um diesen Ort in Nevadas Wüstenregion ranken, dürften den Absichten des NRO voll entsprechen, erspart es ihm doch weitaus peinlichere Erklärungen für die eigentlichen Vorgänge innerhalb ihres Schutzgebietes.
> Sollten sich die hier geäußerten Vermutungen bestätigen, würde ›Dreamland‹ seinen Namen völlig zu Recht tragen."

Deutlicher hätte ich es auch nicht formulieren können! Die in Area-51 und andernorts laufenden Projekte dienen der Entwicklung von Methoden, *um unblutige Waffensysteme zu schaffen, mit denen eine Kontrolle und Beeinflussung von Menschen möglich ist.*

Biomedizinische Geheimexperimente

Selbstverständlich sind die Informationen zu den eben genannten Projekten noch nicht Gegenstand öffentlicher Diskussionen, sondern eher ein Randthema, das in UFO-Kreisen diskutiert wird. Dort ist man daran gewöhnt, über scheinbar „unglaubliche" Dinge zu sprechen, während der Normalbürger das Ganze für das wirre Geschwätz von überspannten Zeitgenossen hält. Hier begegnet man einem Phänomen, das ein deutscher Autor in einem anderen Zusammenhang einmal so formulierte: „Die meisten wollen von alledem nichts mehr hören und sehen, solange der Schweinchentrog täglich gefüllt wird und der Fernsehapparat nicht explodiert." Eine treffende Formulierung.
Soziologische Studien haben längst gezeigt, daß der überwiegende Teil der Bevölkerung der westlichen Welt dem Herdentier-Phänomen unterliegt. Das heißt, daß diese Gruppe all das nachäfft, was gerade modern ist bzw. was von den Medien als öffentliche Meinung deklariert wird. Nur ein geringer Teil der Individuen ist als kritisch zu bezeichnen. Sie hinterfragen die ihnen vorgeworfenen Informationen und sind meist auch diejenigen, die willens und in der Lage sind, Veränderungen herbeizuführen. Getreu dem Motto: „Wer zu den Quellen vordringen will, muß gegen den Strom schwimmen" sind sie das positive gesellschaftliche Element, das die Herrschenden fürchten.
Doch zurück zum Thema. Die seit Jahren und Jahrzehnten laufenden geheimen Forschungen zu Methoden der Bewußtseinsbeeinflussung sind nur ein Teil von verdeckt durchgeführten Operationen, die man insgesamt als einen Komplex von unerlaubten (medizinischen) Versuchen an Menschen einstufen kann. Eine im Jahre 1994 vom damaligen US-Präsidenten Clinton zusammengestellte Untersuchungskommission legte offen, daß im Auftrag von Pentagon, CIA, Marine und einiger anderer Behörden zwischen 1944 und 1975 Hunderte von medizini-

schen Experimenten durchgeführt wurden. Die Opfer wußten in der Regel nichts davon. Bewußt wurde der Tod von Menschen eingeplant, denn in einigen Fällen war die bei Versuchen mit radioaktiver Strahlung verabreichte Dosis so hoch, daß Krankheit und Siechtum sicher waren. Tausende Amerikaner wurden darüber hinaus chemischen und biologischen Kampfstoffen, neuartigen Viren, LSD und den Wirkungen neuentwickelter elektromagnetischer Waffen, z. B. auf Mikrowellenbasis, ausgesetzt. Von den Versuchen waren nicht nur Zivilpersonen, sondern auch Soldaten betroffen.

In einem Raketenstützpunkt im US-Bundesstaat Indiana hatte der amerikanische Flugzeugriese Boeing beispielsweise ein Geheimprogramm für die US Air Force absolviert, bei dem ein Mitarbeiter, Jim Dayton, einer elektromagnetischen Strahlung ausgesetzt wurde, die innerhalb weniger Meter in seinem Umkreis 600 000 Watt erzeugte. Die dabei auftretenden gesundheitlichen Risiken wurden von den Experimentatoren bewußt in Kauf genommen, war es doch eine einmalige Gelegenheit, einige Aspekte der biologischen Auswirkungen derartiger Versuche auf den menschlichen Körper zu studieren.

Man kann davon ausgehen, daß die offengelegten Dokumente nur einen Teil der – bis jetzt erreichbaren und deklassifizierten – geheimen Versuche betreffen. Von den Kommissionsmitgliedern, die Präsident Clinton mit der Untersuchung beauftragte, konnte bemerkenswerterweise nicht festgestellt werden, ob die Projekte abgeschlossen wurden. Es ließ sich nur feststellen, daß ein Teil von ihnen noch Mitte der 1070er Jahre lief und daß in diese „Untersuchungen“ auch bekannte Forschungseinrichtungen der USA involviert waren. Scheinbar war es problemlos möglich, Mediziner aller Coleur für die verbrecherischen Versuche zu finden, die dann an deren Patienten durchgeführt wurden.

Angesichts dieser dokumentierten Tatsachen muß man sich gleich mehrere Fragen stellen, die nicht nur die moralische Einstellung und Verantwortlichkeit der beteiligten Ärzteschaft betreffen. Die Bezeichnung „Verbrecher in weiß“ ist hier die einzig treffende Formulierung, wobei es sich um eine spezifizierte, keine pauschalisierende Aussage handelt. Jedenfalls waren diese „Menschenversuchs“-Mediziner bereit, ihr Gewissen für eine entsprechende Gehaltsaufbesserung zu beruhigen. In gewisser Weise wird man bei diesem Szenario auch an die Menschenversuche in deutschen Konzentrationslagern erinnert und wie wir noch sehen werden, gibt es hier auch einen nachweisbaren Zusammenhang. In jedem Falle aber sollten die „Hüter der Demokratie“ sehr vorsichtig sein, wenn es um die Verurteilung von ihnen nicht genehmen Personen und politischen Strömungen geht – und von denen beispielsweise bekannt ist, daß sie biologische und chemische Waffen produzieren und einsetzen. Das Ganze ist doch pure Heuchelei angesichts der bekanntgewordenen Ergebnisse der Untersuchungskommission, hat man doch seitens zuständiger US-amerikanischer Einrichtungen nie irgendwelche moralischen Bedenken gehabt. Ganz im Gegenteil, wie gleich zu zeigen sein wird: Man hat selbst mit Verbrechern gemeinsame Sache gemacht, wenn es um die Erhaltung der Macht ging!

Bei meinen nun folgenden Ausführungen stütze ich mich auf Rechercheergebnisse, die ich im Laufe der Jahre zusammentragen konnte und die ziemlich deckungsgleich sind mit jenen Angaben, die in dem brillant recherchierten Buch von Helmut und Marion Lammer „Verdeckte Operationen – Militärische Verwicklungen in UFO-Entführungen“, das im Herbig-Verlag 1997 erschienen ist, publiziert worden sind. Aufgrund der Tatsache, daß das von mir verfaßte Buch eine etwas andere Zielstellung hat, ist es mir an dieser Stelle nicht möglich, ausführlich auf die Probleme einzugehen, die die Lammers erörtert haben. All jenen, die sich ausführlicher mit dem Element der militärischen Verwicklungen in UFO-Entführungen befassen wollen, sei das genannte Buch daher dringend empfohlen. Ob Sie nach seiner Lektüre allerdings noch ruhig schlafen können, steht auf einem anderen Blatt …

Der bisher vermutete Zusammenhang von UFO-Beobachtungen und Geheimwaffenentwicklungen muß aufgrund neuerer Erkenntnisse in jedem Fall noch um die Komponente der vermeintlichen UFO-Entführungen und der dabei oftmals durchgeführten Experimente erweitert werden. Wie ich bereits schrieb, sind meines Erachtens diese UFO-Entführungen keine Kidnapping-Versuche außerirdischer Entitäten, sondern verdeckte Operationen geheimer militärischer Einheiten, die aufgrund bewußtseinsmanipulierender Maßnahmen den Zeugen Deckgeschichten in ihr Bewußtsein (und auch Unterbewußtsein) „implantieren“ können. Nur einige wenige UFO-Entführungsopfer haben bisher ausgesagt, daß in dieses Phänomen auch Militärangehörige eingebunden seien.

Mit Beginn des 1980er Jahrzehnts wurden einige Fälle von UFO-Entführungsopfern öffentlich ruchbar, in denen die Betroffenen davon berichteten, bei ihren Entführungen auch mit Militärpersonal konfrontiert worden zu sein. Zwei der Zeuginnen sind die in UFO-Insiderkreisen bekannten Amerikanerinnen Leah Haley und Katharina Wilson. Sie berichteten, daß sie während der Entführungsphasen auch in Militärkrankenhäuser oder unterirdische Forschungsanlagen verbracht worden seien. Kurios ist nur, daß die meisten, die sich mit UFO-Entführungen befassen, dieses Element in den Zeugenberichten nicht wahrhaben wollen und sogar wissentlich aus ihren Betrachtungen und Darstellungen ausschließen. *Dabei könnte dieses Detail, das vielleicht durch eine nicht hundertprozentig funktionierende bewußtseinsbeeinflussende Maßnahme verursacht wird, der Schlüssel zur Lösung des Problems sein: UFO-Entführungen als militärisch verdeckte Operationen zur Durchführung biomedizinischer Versuche!*

Unglaublich? Nein, keineswegs. Unglaublich ist vielmehr die Behauptung, daß Außerirdische Menschen entführen, um medizinische Versuche und gentechnische Experimente vorzunehmen. Eine weit fortgeschrittene extraterrestrische Zivilisation sollte in der Lage sein, derartige Maßnahmen zu realisieren, ohne auf sich aufmerksam zu machen, oder? Nein, nein, irgend etwas stimmt hier nicht, die Außerirdischen sind menschenähnlich, agieren mit menschenähnlichen Methoden, benutzen menschenähnliche medizinische Instrumente und sind trotz ihrer angeblich hohen geistigen und evolutionären Entwicklung bei ihren medizinischen Eingriffen relativ brutal.

Selbst wenn sich hinter den in den Entführungsberichten genannten Tätern nicht in jedem Falle Menschen verbergen sollten, so bin ich eher noch bereit, in den sogenannten „Außerirdischen" eine Art von irdisch-militärischem Experiment zur Schaffung von halbintelligenten, auf menschlicher Erbmasse basierenden Arbeitssklaven zu sehen, die man für spezielle Vorhaben geschaffen hat und die auf fortgeschrittenen Kenntnissen der menschlichen Biologie und Erbgutforschung beruhen. Sehr wahrscheinlich ist der Mensch schon längst geklont worden, wobei die Macher darauf achteten, daß diese Wesen nur über einen begrenzten Intellekt und keinerlei Gewissen verfügen. Die beiden letztgenannten Eigenschaften wären auch nur überflüssiger Ballast angesichts der diesen „Außerirdischen" zugewiesenen Aufgaben, die nur in der Wiederholung stupider und monotoner Abläufe zu suchen sind: Menschen entführen, medizinische Kontrollexperimente absolvieren, Implantate einsetzen, Deckerinnerung auffrischen und Entführungsopfer absetzen. Wir wissen zwar nichts über die Motivationen im Kosmos existierender außerirdischer Intelligenzen, aber wenn Außerirdische in derartigen „Großversuchen" tatsächlich einen Sinn sehen sollten, dann ist es um den Kosmos schlecht bestellt. Das Weltall als Hexenküche pervertierter Aliens?!

Eines der unrühmlichsten Kapitel deutscher Geschichte sind die von einigen Ärzten in Konzentrationslagern durchgeführten Versuche an Menschen. KZ-Ärzte forschten im Auftrag der SS, aber auch der Industrie an zahlreichen Projekten, die die Überlebensfähigkeit des Menschen unter besonderen äußeren Umständen betrafen. Man injizierte Drogen, Gifte und Bakterien, um zu sehen, wie lange die davon Betroffenen am Leben blieben. Andere Versuche dienten der Klärung der Frage, wie lange Menschen in eiskaltem Wasser überleben können oder was passiert, wenn man Personen einem dauernden Schlafentzug aussetzt. Die Projekte waren zu zahlreich, um sie hier aufzuführen. Wie viele „menschliche Versuchskaninchen" diesen Experimenten zum Opfer fielen, ist nie genau dokumentiert worden. Natürlich waren die Menschenversuche nicht nur Experimente um ihrer selbst willen, also ohne jeglichen praktischen Hintergrund. Nein, es ging sehr wohl um Erkenntnisse, die anwendbar waren. So testete man in den Konzentrationslagern u. a. Meskalin, um Ergebnisse darüber zu erlangen, wie der menschliche Wille durch den Einfluß dieser Droge zu brechen sei. Das Versuchsmaterial, das die SS-Ärzte zur Verfügung hatten, war wirklich einmalig: Menschen.
Da die Versuche an Menschen in den Konzentrationslagern noch in das propagandistische Bild vom Nationalsozialismus und seine Methoden passen, schien das Geschehene noch irgendwie erklärbar. Hatte man in der Sowjetunion Soldaten bei Atomtests radioaktiv verstrahlen lassen, war das notfalls auch noch zu verstehen – dort herrschte ja schließlich eine kommunistische Diktatur! Ansonsten sollte man aber eigentlich annehmen, daß in allen anderen nichtdiktatorischen Systemen ähnliches unmöglich sei. Was aber soll der Normalbürger über seine politisch Verantwortlichen denken, wenn in der vielgerühmten freien Welt so etwas ebenso Methode hat? Sind die sogenannten Demokratien nur einen Deut besser, wenn sie – wie die USA

nachgewiesenermaßen – Menschen als Opfer pervertierter Forschung mißbrauch(t)en?

Militärische Belange haben Vorrang. Vorrang auch vor moralischen Bedenken. Wo nationale Sicherheitsinteressen eine Rolle spielen, werden menschliche Belange hintenan gestellt. Militärs einer besonderen Gattung sind immer auf der Suche nach neueren, besseren Systemen, um menschliche Aggressionen und Bedrohungen (von denen manche sicherlich auch der Paranoia, überall Feinde zu sehen, zuzuschreiben sind) abzuwenden. Angeblich tun sie das im Interesse von uns allen. Allerdings ist es eine Tatsache, daß sich hier Wunsch und Wirklichkeit schon vor langer Zeit voneinander getrennt haben.

Schon 1943 hatte der amerikanische Geheimdienst Office of Strategic Services (OSS), der Vorläufer der späteren CIA, damit begonnen, Experimente am lebenden Objekt Mensch zu unternehmen. Auf der Suche nach einer sogenannten Wahrheitsdroge wurden Versuche mit Marihuana durchgeführt.

Eine moralisch unglaublich zu nennende Entwicklung setzte ein, als nach dem Ende des Zweiten Weltkrieges innerhalb der Operation „Paperclip" begonnen wurde, nicht nur deutsche Ingenieure, Techniker und Wissenschaftler in die USA einzuschleusen, sondern der Geheimdienst auch Ärzte aus Konzentrationslagern in die USA holte, um sich deren Kenntnisse zu versichern. Doch damit nicht genug. Auch ihre japanischen Pendants, Verantwortliche für die grausamen Experimente in den in der Mandschurei errichteten Todesfabriken, wurden eingesammelt und in die Vereinigten Staaten geflogen. Die japanischen Todesärzte hatten Menschen mit einer Bestialität gequält, die nicht mehr zu übertreffen ist. Beispiele für ihr Wüten möchte ich mir ersparen, das gebietet einfach der menschliche Anstand. Die öffentliche Meinung, die eine harte Bestrafung dieser Kriegsverbrecher forderte, wurde ignoriert. Statt dessen machte man mit ihnen gemeinsame Sache, um an die von ihnen gewon-

nenen „Erkenntnisse“ zu kommen. Wie tief müssen die Vertreter der „freiesten Nation der Welt“ moralisch gesunken sein, um mit diesem Abschaum der Menschheit zu kooperieren?
Die alleinige Tatsache, daß mit der Ausgeburt des Teufels zusammengearbeitet wurde, gewährt tiefe Einblicke in die Absichten derjenigen, die die Einschleusung zu verantworten hatten. Ihnen ging es nicht darum, die Schuldfrage zu stellen. Ihnen war egal, wieviele Menschen durch die Kittel tragenden Mörder getötet wurden. Sie merkten nur, daß sich ihre Ziele wunderbar mit den Möglichkeiten der modernen Medizin verbinden ließen, um ihre eigenen perversen Vorstellungen von Kontrolle und Sicherheit durchzusetzen. Da war jedes Mittel recht. Natürlich mußten die notwendigen Transaktionen in aller Stille durchgeführt werden, denn eines fürchtete man wie der Teufel das Weihwasser – die Öffentlichkeit!
Diese galt es über die wahren Sachverhalte hinwegzutäuschen, was letztlich auch jahrzehntelang funktionierte.
Einige Autoren haben versucht, diese Machenschaften mit dem Hinweis auf den beginnenden Kalten Krieg zwischen den USA und der Sowjetunion zu bemänteln. Dieser Versuch muß jedoch zum Scheitern verurteilt sein, denn wer sich mit Belzebub verbündet, um dem Teufel beizukommen, muß sich selbst den Vorwurf gefallen lassen, ein Satan zu sein. Und Autoren, die nach „vernünftigen“ Erklärungen suchen, sollten sich fragen lassen, ob ihre Versuche, Ausreden zu finden, nicht ein Eingeständnis von eigener Schwäche und eigenem Versagen sind.
Was die gemeinsamen Forschungen der amerikanischen Militärs und Geheimdienste mit ihren neuen Verbündeten erbrachten, kann an dieser Stelle nur vermutet werden. Es zeichnet sich allerdings klar ab, daß viele Versuche, das menschliche Bewußtsein zu beeinflussen, fortgesetzt wurden. Die Experimente wurden dabei in ein Konzept der biomedizinischen Kontrolle des Menschen eingebettet, um eine vollständige Manipulation und

Steuerung zu erreichen. Wie weit diese Versuche fortgeschritten sind, kann man sich vor Augen führen, wenn man das UFO-Entführungsphänomen betrachtet: Menschen werden gekidnappt, schmerzhaften medizinischen Experimenten unterzogen, mit Biochips versehen und sind danach in der Regel auch weiterhin Kontrollen ausgesetzt. Derartige Versuche hat man vielleicht viele Jahrzehnte lang in Labors vorbereitet. Ein Laborexperiment ist aber keine Bestätigung in der Praxis. Und so mußte man sein verbrecherisches Tun fortsetzen und – im wahrsten Sinne des Wortes – in die Öffentlichkeit gehen. Die Manipulation von Entführungsopfern findet jeden Tag unter unseren Augen statt. Weil diese Entführungen als von außerirdischen Kräften verursacht angesehen werden, glaubt natürlich nur ein verschwindend geringer Teil von Nichtbetroffenen an deren Realität. Die Kräfte, die hinter den Entführungen im engeren Sinn (ich werde diese Bezeichnung gleich erklären) stecken, können sich natürlich keinen besseren Idealfall wünschen. Man agiert mittels modernster Flugtechnologie in UFO-Form, die für nichtirdisch gehalten wird, unterzieht Menschen medizinischen Untersuchungen, die – als Entführung durch Außerirdische getarnt – genausowenig glaubhaft erscheinen, und erzeugt, als Spitze der Perfektion, noch mittels Bewußtseinsbeeinflussung in den Entführungsopfern den Eindruck, daß sie durch Aliens mißbraucht worden sind – eine perfekte Tarnung. Und „Otto Normalverbraucher" schläft derweil den Schlaf des Gerechten, ohne zu bemerken, wohin die Reise geht.

Man muß nicht zu außerirdischen Besatzungen greifen, um rätselhafte Erscheinungen zu erklären. Natürlich gebe ich zu, daß meine angebotene Erklärung des Abduction-Phänomens auch phantastisch klingen mag, doch sie ist meines Erachtens aufgrund der existierenden Hinweise wesentlich glaubwürdiger als der Rückgriff auf eier- und spermasammelnde Reticulaner.

Mit dem Begriff der Entführungen im engeren Sinn möchte ich

eine Differenzierung einführen, die meines Erachtens Not tut. Wer sich mit der UFO-Phänomenologie beschäftigt, stellt fest, daß die Zahl der angeblich Entführten mittlerweile Legion ist. Unterzieht man die Berichte einer Prüfung, zeigt sich, daß eine Reihe von Betroffenenen Phasen schildern, in denen sie sich in einer Art Tagtraum oder Wachzustand mit eingeschränktem Reaktionsvermögen befinden, wenn sie die Erlebnisse mit Aliens haben. Derartige Berichte haben mit Sicherheit andere, meines Erachtens eher psychologische Ursachen. Im Gegensatz dazu stehen Entführungen, die nicht während der Phase des (beginnenden) Schlafes erfolgen, sondern beispielsweise im Freien registriert werden und Spuren hinterlassen (physikalisch meßbare Artefakte, Implantate, Beobachtung der Entführung durch andere, nichtbetroffene Zeugen usw.).
Die Ergebnisse der Suche nach Implantaten zeigen, daß diese in einigen wenigen Fällen nachgewiesen und sogar entfernt werden konnten. Erschrecken sollte uns in diesem Zusammenhang die Tatsache, daß mittlerweile auch von ganz offizieller Seite über die Möglichkeit der Verwendung von Biochipsensoren gesprochen wird. (Wenn offizielle Stellen dazu übergehen, derartige High-Tech-Entwicklungen zu propagieren, wie weit muß dann erst die militärische Forschung auf diesem Gebiet sein?)

Hat der Wahnsinn Methode?

In den USA wurde seitens der CIA z. B. die Idee erörtert, das – auch in Deutschland für viel Aufregung sorgende – Problem der vermißten Kinder zu lösen, indem diesen elektronische Schaltkreise implantiert werden sollen. Der US-Amerikaner Dr. Maniel Pan hat bereits 1989 ein solches Implantant entwickelt und patentieren lassen. Dieses ist nur etwas größer als ein Reißkorn und kann durch drei luft- oder weltraumgestützte Triangulationssysteme (Flugzeuge, Helikopter, Satelliten) geortet werden und damit den Sicherheitskräften den Standort des vermißten Kindes genau übermitteln.

Diese anfänglich sensationell erscheinende Methode der Verbrechensbekämpfung hat jedoch äußerst negative Seiten, wie einige Experten wissen wollen. Es heißt, daß es der CIA darum gehe, das System einzuführen, um diverse Bedenken der Öffentlichkeit zu zerstreuen. Habe man sich erst einmal daran gewöhnt, daß alle Kinder mit einem solchen Sicherheitschip ausgerüstet werden, würden auch die Gegner solcher Entwicklungen an Boden verlieren. Irgendwann könne man dann alle Menschen mit Chip-Implantaten versehen. Die perfekte Kontrolle und Überwachung jedes einzelnen Individuums wäre damit möglich – ein Wunschtraum aller Machthungrigen, Verschwörer und Geheimdienstler. Doch damit nicht genug. Hat sich der Mensch erst einmal an sein Implantat gewöhnt, so hat er auch schnell ein zweites im Körper. Dieses kann gescannt werden und offenbart bei den heutigen Möglichkeiten der Technik jeder Behörde, was man schon immer über Sie wissen wollte: Geburtstag, Beruf, Krankheiten, sexuelle Neigungen, die Liste der Straftaten, auffälliges Verhalten und, wenn man sich die Möglichkeiten der heute schon diskutierten Nanotechnik ansieht, irgendwann ihre aktuellen Gedanken – ein Horrorszenario, das vielleicht sehr viel schneller Wirklichkeit wird, als wir alle glauben. Selbst in Deutschland wurde schon in Kreisen des Bundestages über die Einführung eines Chips gesprochen, um Kinder vor Sexualstraftätern zu schützen. Die Diskussion geht in die falsche Richtung. Anstatt die Schuldigen auf ewig vom Rest der Menschheit zu trennen, soll das biologische System Mensch mit Mikroschaltkreisen identifizierbar gemacht werden. *Der Wahnsinn hat in unserer modernen Welt eben doch Methode!*

Die Kräfte, die hinter den Geheimtechnologien von Area-51 stehen und die vor Jahrzehnten nicht darauf verzichten wollten, mit medizinischen Mördern zusammenzuarbeiten, hätten es gar nicht nötig, Geheimhaltung und Vertuschung zu betreiben, wenn sie aufrichtige Ziele verfolgen würden, die mit jenen übereinstimmen, die offiziell propagiert werden. Das zu beobachtende Maß an Geheimhaltung und Desinformation hat auch nichts mehr mit den normalen Geheimnisschutzverfügungen gewöhnlicher Waffenprojekte zu tun. Hier ist mehr im Spiel. Alle Zeichen deuten darauf hin, daß es eine *monströse Verschwörung* gibt, die sich letztlich gegen den mündigen und freien Bürger wendet. Beobachten Sie nur einmal unter diesem Blickpunkt die gesellschaftlichen Entwicklungen. Das Chaos scheint zum Maß aller Dinge geworden zu sein. Und wenn der letzte Rest von Moral, Anstand und Menschlichkeit darin versunken sein wird, werden jene Kräfte auf den Plan treten, die Menschheit aus diesem gewollten Chaos zu befreien. Mit Sicherheit wird es danach wieder „besser" und „sicherer" werden, denn die Kontrolle wird über allem stehen.

Vielleicht sehe ich zu schwarz, doch die letzten zehn Jahre haben eine große Zahl von Informationen ans Tageslicht gebracht, die diesen Eindruck massiv verstärkt haben. Und während sich jedes von der Evolution geschaffene Geschöpf bis hin zum Menschenaffen bei einer aufkommenden Gefahr verteidigungsbereit macht, hat der Mensch seit dem Beginn des Atomzeitalters eine neue Taktik im Umgang mit Gefahren erlernt: Er steckt den Kopf in den Sand und hofft, daß es so schlimm nicht kommen möge. Was für ein „Fortschritt"!

*

Daß die Zusammenarbeit von US-amerikanischen Behörden mit ins Land geschmuggelten deutschen wie japanischen Medizinern nicht nur dem Züchten irgendwelcher harmloser biologischer Substanzen diente, dürfte eigentlich klar sein, hatten die „Raketenkollegen" im Laufe der Jahrzehnte die uns allen bekannte bemannte Raumfahrt realisiert und andere hinter der

Bühne neuartige Flugkörper mit Antigravitationsantrieben geschaffen. Da ist doch zu erwarten, daß diese Ergebnisse der biomedizinischen Zusammenarbeit genauso fruchtbare Ergebnisse zeigten, oder?
Sehr wahrscheinlich hatten die Erfahrungen der Japaner und Deutschen, die ja bereits die direkten Vorläuferexperimente gentechnischer Untersuchungen realisierten, nicht nur eine Verdopplung des Wissens zu bewußtseinsverändernden chemischen Substanzen bewirkt. Die geheimen Versuche befaßten sich später auch mit der Frage, wie „gegnerische Kräfte“ durch den Einsatz von elektromagnetischer Strahlung eliminiert werden könnten. Dabei kam es nicht darauf an, Menschen zu töten, sondern diese durch gezielte Manipulation kampfunfähig zu machen bzw. zu desorientieren.
Ob damit allerdings schon alle Möglichkeiten genannt worden sind, wage ich zu bezweifeln. Es gibt, wie ich bereits erwähnte, Hinweise, daß Menschen bereits seit Jahrzehnten streng geheimen Experimenten unterworfen wurden, in denen die teils ahnungslosen Opfer sogar Elektroden, später Biochips implantiert bekamen. Die schwedische Forschungsvereinigung „Gruppen“ hat bereits eine größere Zahl derartiger Fälle dokumentieren können, in denen solche verbrecherischen Versuche stattfanden. Allein die psychologischen Folgen derartiger Versuche waren verheerend, von einem rein medizinisch-organischen Risiko ganz zu schweigen. Doch scheinbar nahmen die beteiligten Mediziner die gesundheitliche Gefährdung ihrer unfreiwilligen Probanden billigend in Kauf. Ob diese Experimente allein der Bewußtseinskontrolle dienen, ist nach den vorliegenden Informationen schwer abschätzbar. Auf alle Fälle ist man bestrebt, die technischen und technologischen Fortschritte der Miniaturisierung von elektronischen Chips umzusetzen und damit künstliche und natürliche Systeme zusammenzuführen. Es muß bis auf weiteres spekulativ bleiben, ob diese Versuche der Schaf-

fung eines manipulierbaren Menschen oder eines idealen Kampfroboters auf Basis menschlicher Bausteine dienen sollen. Beobachten wir die Zukunft, um darauf eine Antwort zu erhalten.

Viehverstümmelungen

Da wir schon beim Thema der ungeheuerlichen und sich erst jetzt in aller Deutlichkeit abzeichnenden Experimenten am Menschen sind, muß noch auf eine andere Sparte unglaublicher Vorfälle eingegangen werden, die allerdings im Vergleich zu den Entführungen wesentlich mehr Publicity verursachte. Es handelt sich dabei um das seit mehreren Jahrzehnten auftretende Phänomen der sogenannten Viehverstümmelungen, das – auch unter UFO-Anhängern – als eines der makabersten Probleme der Neuzeit gehandelt wird. Charakterisiert wird es durch das Auffinden von toten, blutleeren Tierkörpern. In vielen Fällen wurden den Kadavern Organe entnommen – allerdings mit einer Operationstechnik, die nach Meinung zahlreicher Veterinärmediziner, die sich mit den Fällen befaßten, auf eine weitentwickelte Laserchirurgie hinweist. Anders ist wohl kaum zu klären, daß bei zahlreichen „Mutilations", wie diese Verstümmelungen in den USA genannt werden, keine Hinweise auf Blutspuren gefunden werden konnten. Scheinbar hatte der durch das Gewebe gehende Laserskalpell jegliche Blutung sofort gestoppt.

Interessanterweise gab es in zahlreichen Fällen keinen einzigen Hinweis auf die Verursacher, denn es fanden sich keine Trittfährten, die an den Tatort geführt hätten. Dabei muß berücksichtigt werden, daß die Mutilations keine Einzelfälle darstellen. Man schätzt, daß allein zwischen 1960 und 1984 etwa zehn- bis zwölftausend Tiere, meist Kühe, diesem Wahnsinn zum Opfer fielen. Bemerkenswerterweise hat dieses Phänomen in den letz-

ten 20 Jahren sogar noch zugenommen und eine beinahe weltweite Verbreitung gefunden.
Aufgrund der überragenden Operationstechnik, mit denen die Tiere seziert worden waren, vermutete man auch im Falle der Viehverstümmelungen immer wieder außerirdische Kräfte. Tatsächlich wurden im Zusammenhang mit Mutilations auch immer wieder UFO-Beobachtungen gemeldet. In einigen Fällen konnte man beinahe auf Mutilations warten, wenn UFO-ähnliche Objekte in den betreffenden Gebieten gemeldet wurden. Tauchten die seltsamen „Lichter" auf, wurden am nächsten Tag tote, blutleere Tiere auf den Weiden vorgefunden.
Nach dem Studium zahlreicher Fälle bin ich zu der Überzeugung gelangt, daß sich hinter diesem grausigen Phänomen Versuche militärischer Art verbergen. Diese sind, das gebe ich zu, für den Laien schwer zu durchschauen, müssen aber zweifellos etwas mit einer großangelegten biologischen Studie zu tun haben, die so geheim ist, daß man nur mit ungewöhnlichen Methoden agieren kann. Auch die betroffenen Farmer gelangten in vielen Fällen zu der von mir vertretenen Hypothese, die der Wahrheit wahrscheinlich am nächsten kommt. Auch sie sprachen immer wieder von geheimen Regierungsexperimenten. Derartige Vermutungen versuchten jedoch die zuständigen Stellen, insbesondere die amerikanische Bundespolizei FBI, stets recht schnell zu zerstreuen. Man stand damit eindeutig in offenem Widerspruch zur öffentlichen Meinung, was aber die Verantwortlichen nicht zu stören schien. Das FBI seinerseits vermutete hinter den Mutilations das Wirken von Sonderlingen und sektenartigen Gruppen. In einigen Fällen mag das sicherlich auch zugetroffen haben, es war allerdings keine Erklärung für das Phänomen und seine Begleitumstände an sich, wie auch zahlreiche zu den kriminaltechnischen Untersuchungen hinzugezogene Distrikt-Sheriffs bestätigen konnten.
Da das Mutilations-Phänomen in den USA seit mehr als 30 Jah-

ren offiziell zur Kenntnis genommen wurde, gab es natürlich auch eine Evolution der Meinungen dazu.
Im Sommer 1967 untersuchte der Pathologe und Hämathologe John Altshuler im San Louis Valley von South Coloradao eine Reihe von gemeldeten UFO-Erscheinungen. Während dieser Zeit sichtete er schließlich selbst eine Reihe geheimnisvoller Lichter, die am Himmel der Berggipfel des Sange de Christo seltsame Flugmanöver ausführten. Während einer dieser nächtlichen Beobachtungen wurde er von der ortsansässigen Polizei verhaftet. Man vermutete in ihm wohl einen Strauchdieb, den es dingfest zu machen galt. Als sich Altshuler zu erkennen gab, führte man ihn zur Harry-King-Ranch, wo er mit einem typischen Fall einer Viehverstümmelung konfrontiert wurde. Ein dreijähriges Stutfohlen war tot aufgefunden worden. Den Kopf des Tieres hatte eine unbekannte Kraft auf grauenvolle Weise verstümmelt. Die inneren Organe fehlten und sämtliches Fleisch war exakt entfernt worden, was auf chirurgische Kenntnisse des Verursachers schließen ließ. Und keine zehn Meter von der Fundstelle des Kadavers entfernt befanden sich insgesamt fünfzehn kreisrunde verbrannte Stellen. Irgend etwas mußte dort gelandet sein. Ein UFO?
Professor Altshuler gelangte damals zu dem Schluß, daß das Phänomen der Viehverstümmelungen auf außerirdische Experimentatoren zurückzuführen sei. Aus Angst um seine wissenschaftliche Reputation legte er allerdings zunächst großen Wert darauf, daß seine Erkenntnisse nicht bekanntgegeben wurden. Später schien diese Vermutung jedoch allgemein akzeptiert zu werden und griff – vorerst – auch auf die betroffenen Farmer über, die sich angesichts einer extraterrestrischen Bedrohung nächtens auf die Lauer legten, um die Kidnapper aus dem All mit einer Ladung Schrot zu empfangen.
Zehn Jahre später ereigneten sich bei Sterling im US-Bundesstaat Colorado unglaubliche Dinge. Im Frühjahr 1977 wurde

das Gebiet von einer UFO-Welle heimgesucht. Augenzeugen berichteten immer denselben Ablauf, wonach zuerst ein UFO-Mutterschiff auftaucht sei, das von mehreren kleineren Flugkörpern begleitet wurde. Das Mutterschiff stieg höher und verschwand in den Wolken, während die kleineren Begleitobjekte Sinkmanöver einleiteten und irgendwo auf der Erde landeten. Am nächsten Tag fanden dann Farmer gleich reihenweise dahingemordete Tiere auf ihren Weiden, die allesamt die typischen Mutilationsmerkmale aufwiesen.

Der Zusammenhang von UFO-Beobachtungen und Verstümmelungen wurde im Laufe der Zeit sogar durch mehrere Zeugen, die das Geschehen aus nächster Nähe beobachten konnten, bestätigt. So hatten die beiden Rancher Pat Mc Guire und Cusin Mark Murphy bei einem nächtlichen Jagdausflug ein großes Flugobjekt beobachtet, das zur Erde herabstieg und von allerlei Lichtern umgeben war. Das „Ding“, so die Farmer, entführte eine Kuh. Angesichts der besonders in den USA grassierenden Behauptung, UFOs seien außerirdische Raumschiffe, wurde also bald landauf, landab behauptet, daß das Phänomen nur durch einen außerirdischen Eingriff zu erklären sei. Das, was man gesehen und erlebt hatte, schien ja auch wirklich darauf hinzudeuten.

Freilich forderten Farmer und Rancher angesichts der außerirdischen Invasoren einen Schutz ihrer Herden und eine ausführliche Untersuchung der Vorfälle. Doch die US-amerikanischen Behörden, die für Verbrechensbekämpfung zuständig waren, schienen kein großes Interesse an der Aufklärung des Phänomens zu haben, denn selbst die vom FBI vorgenommenen Untersuchungen verliefen letztendlich im Sande. Allgemein schien es, daß man der ganzen Angelegenheit nur mit wenig Vehemenz entgegentrat. Und das, obwohl sich einige Behörden durchaus für eine Aufklärung eingesetzt hatten. Darunter befand sich auch das US-amerikanische Finanzministerium, denn der durch die Viehverstümmelungen entstandenen Schaden erreichte bei genauer Betrachtung eine ziemliche Höhe. Schließlich verfaßte das „Department of the Treasury“, Büro Minneapolis, Bundesstaat Minnesota, eine „Studie“ zum Thema, die auf Betreiben Dr. Allen Hyneks forciert wurde, der 20 Jahre lang Sonderberater der US-Luftwaffe für UFO-Fragen war.

Der zuständige Mann beim Department of the Treasury war Don Flickinger, der seine zusammengetragenen Dokumente im Herbst 1975 an Hynek weiterleitete. Aus diesen Unterlagen geht hervor, daß sich die amerikanische Regierung durchaus mit dem Viehverstümmelungs-Problem befaßte. Allerdings war aus den Akten nichts darüber zu erfahren, in welcher Weise die Mutilations interpretiert wurden. Interessant ist aber allemal, daß Flickinger nichts von einer UFO-Erklärung für das Viehverstümmelungs-Drama wissen wollte. Für ihn gab es keinerlei Zweifel, daß da nur irdische Kräfte ihre Hände im Spiel haben konnten. Er tippte beispielsweise auf eine Gruppe von Schwarzmagiern, konnte aber letztlich trotz intensiver Bemühungen keinen einzigen okkulten Täter zur Strecke bringen. Seine Behauptung war wohl nichts anderes als der Versuch, den unter Druck geratenen Behörden durch das möglichst rasche Präsentieren von potentiellen Tätern eine Verschnaufpause zu geben. Bei allem Respekt, es mag ja durchaus der Fall sein, daß sich einige Fälle von Verstümmelungen auf derartige schwarzmagische Praktiken und Sektierer zurückführen lassen. Aber diese Blutopfer laufen anders ab und hinterlassen eine Vielzahl analysierbarer Spuren. Demzufolge muß die Lösung für das Phänomen andernorts zu suchen sein. Flickinger war mit dem Hinweis, daß *irdische Kriminelle* hinter diesen blutigen Machenschaften zu vermuten seien, schon auf dem richtigen Weg. Er ging diesen nur nicht mit letzter Konsequenz zu Ende.

In der Bevölkerung der USA gibt es eine durchaus ernstzunehmende Bereitschaft, im Geheimen arbeitenden Behörden und teilweise auch dem Militär die unglaublichsten Dinge unterzuschieben. Dabei handelt es sich bei exakter Betrachtung nicht nur um eine landestypische Paranoia, wie mancher Europäer gern glauben möchte. Tatsächlich ist die US-amerikanische Bevölkerung einer sehr viel stärkeren Bevormundung ausgesetzt, als man es in diesem Land der Demokratie eigentlich für möglich halten würde. Viele militärische und geheimdienstliche Maßnahmen werden unter dem Deckmantel nationaler Sicherheitsinteressen durchgeführt und sorgen für zunehmenden Unmut unter denjenigen, die ihre Steuergelder dafür verschwendet sehen. So ist es auch nicht verwunderlich, daß für das Phänomen der Viehverstümmelungen verbrecherische Geheimdienste und Militäreinheiten verantwortlich gemacht werden. Schon Anfang der 1980er Jahren hatte diese Hypothese eine erste Hochkonjunktur erlebt. Zahlreiche UFO-Forscher wollten davon allerdings nichts wissen, so daß alle Bemühungen letztlich abgeschmettert schienen. Und das, obwohl einigen Untersuchern des Mutilationphänomens der eindeutige Nachweis gelungen war, daß es einen Zusammenhang geben mußte, waren doch in einer nicht unbedeutenden Zahl von Mutilationsfällen seltsame Hubschrauber in der Nähe gesehen worden. Es handelte sich dabei um schwarze, unmarkierte Maschinen, die von zahlreichen Augenzeugen beobachtet worden waren. Die in die hernach stattfindenden Recherchen involvierten Luftfahrteinrichtungen behaupteten zwar, über derartige Vorgänge keinerlei Kenntnisse zu besitzen, trotzdem liegt der Verdacht nahe, daß die von den Beobachtern gesehenen schwarzen Helikopter alles andere als Halluzinationen waren bzw. sind und zu US-amerikanischen Sondereinheiten gehören, die auch in bezug auf UFO-Entführungen eine bis dato ungeklärte Rolle spielen. Sehr wahrscheinlich handelt es sich dabei um dieselben Kräfte, die Menschen gegen ihren Willen entführen und medizinische Untersuchungen an ihnen vornehmen, um sie anschließend, mit einer

implantierten Deckerinnerung, die einen extraterrestrischen Eingriff vorgaukelt, zu entlassen.
Nicht außer acht gelassen werden darf die Tatsache, daß sich viele der Animal-Mutilations in der Nähe von Militärstützpunkten ereigneten, was einen indirekten Hinweis auf die Verursacher gibt. Beispielsweise wurden mehrere Fälle von Viehverstümmelungen Anfang der 1980er Jahre im US-Bundesstaat Colorada registriert. Die Kadaver der Tiere wurden in unmittelbarer Nähe der Air Force-Akademie und des Hauptquartiers der NORAD gefunden. Ein früherer Fall ereignete sich 1975 in Texas, wo eine Viehverstümmelung in der Nachbarschaft der Fort Hood Army Reservation stattfand. Am 24. Juli 1979 schließlich wurde eine tote Kuh mit Mutilations-Anzeichen im Umfeld der Kirtland Air Force Base bei Albuquerque, New Mexico, identifiziert.
Natürlich werden Gegner dieser Darstellung behaupten, daß die US-amerikanische Regierung über eigene Viehherden verfügt und es daher nicht nötig wäre, medizinische Experimente an den Tieren von Privatpersonen auszuführen. Dieses oft geäußerte Argument ist jedoch keineswegs stichhaltig. Aufgrund der bereits erwähnten „need-to-know"-Befugnis kann nicht davon ausgegangen werden, daß die amerikanische Regierung etwas über diese Experimente weiß, die möglicherweise eine Geheimhaltungsstufe beinhalten, die über der liegt, die offizielle amerikanische Regierungskreise innehaben. Würden die Viehbestände der amerikanischen Regierung von den Mutilations betroffen werden, gäbe es sehr schnell eine hoch angebundene Untersuchung, die die wahren Verursacher demaskieren würde. Solange sich aber Unbekannte an dem Eigentum von Privatpersonen vergreifen, finden nur normale polizeiliche Untersuchungen statt, so daß die Wahrscheinlichkeit einer raschen Identifizierung der Tiermörder aufgrund langer bürokratischer Verfahren unwahrscheinlich ist. Die örtliche Polizei hat beispielsweise keinerlei

Befugnis, im militärischen Zuständigkeitsbereich Nachforschungen anzustellen. Eine von einer Regierungskommission eingeleitete Recherche hingegen ist da schon wesentlich gefahrvoller. Zwar kann man auch diese blockieren, doch ist die Wahrscheinlichkeit einer Enttarnung oder Überführung anhand von Indizien wesentlich größer. Nein, nein, Viehbestände der Regierung tastet man als Besatzungsmitglied eines schwarzen Hubschraubers auf gar keinen Fall an!

Viehverstümmelungen sind übrigens auch im neunziger Jahrzehnt des 20. Jahrhunderts nachweisbar. Die dahinterstehenden Kräfte benötigen für ihre Versuche wahrscheinlich nach wie vor Genmaterial freilebender Tiere aus verschiedenen Teilen Amerikas und der Welt, um uns unbekannte Projekte zu realisieren oder standortbedingte Korrelationen zu untersuchen. Es ist äußerst schwer, hierzu Vermutungen anstellen zu wollen. Es ist aber denkbar, daß Geheimdienste und Militärs weite Teile der USA mit chemischen Stoffen oder biologischen Substanzen versehen haben, deren Ausbreitung in einem Großexperiment untersucht werden soll. Möglich wäre auch die Annahme, daß die Verteilung radioaktiver Niederschläge, die aus den US-Atomversuchen stammen, über große Gebiete der Erde kontrolliert werden soll. Alle mit einer Kontaminierung verbundenen Fragen wären für Langzeitstudien hochinteressant, die den Abbau radioaktiver Isotope in der Umwelt betreffen. Demzufolge wäre eine Probenentnahme auch an den verschiedensten Standorten nötig, um aussagekräftige Ergebnisse zu erhalten. Wie auch immer – selbst europäische Gefilde wurden diesbezüglich als Test- und Untersuchungsorte ausgewählt.

Unweit von Belfast, Irland, wurde beispielsweise im September 1995 eine Kuh aufgefunden, die alle klassischen Merkmale einer Verstümmelung aufwies. Der Kadaver war blutleer, der Schädel war skelettiert worden und es fehlten diverse Körperorgane. Es gab deutliche Hinweise für sauber geführte chirurgische Schnitte, die mit einer Art hochentwickeltem medizinischen Laserskalpell ausgeführt worden sein mußten. Interessant war auch, daß ein Zeuge namens Johnston in der fraglichen Zeit einen großen, unmarkierten schwarzen Hubschrauber und eine fliegende Scheibe beobachtet hatte. Von der Verstümmelung wußte er indes nichts zu berichten, da er an der betreffenden Weide nicht nahe genug vorbeigekommen war.

Es ist unnötig, an dieser Stelle auf weitere grausame Beispiele dieser Art einzugehen, da die Vorgehensweise beinahe in allen Fällen identisch ist. Mysteriös bleiben in jedem Fall die offensichtlich zutage tretenden Zusammenhänge zwischen dem Auftreten der Mutilations und der Sichtung von UFO-ähnlichen Objekten und schwarzen Helikoptern. Sie sind genauso mysteriös wie die Entführungen von Menschen durch vermeintliche Außerirdische, weil sich für viele der sich dahinter verbergende Sinn solcher Aktionen bis heute nicht offenbart hat. Dessen ungeachtet hat man bei Kenntnis der genannten Fakten insgesamt den Eindruck, daß ein großes biomedizinisches Experiment läuft, das sowohl die Analyse von Bodenmaterial, Pflanzenteilen, tierischem Gewebe als auch von Menschen stammender Substanz umfaßt.

Sind wir alle in Gefahr? Haben die Atomversuche oder andere geheime und uns unbekannte Experimente der letzten Jahrzehnte bereits unseren Untergang besiegelt? Versuchen die mit Geheimtechnologien ausgerüsteten Militärs, diese Tatsache vor der Öffentlichkeit zu verbergen? Müssen sie deshalb Menschen entführen, um in aller Stille und Heimlichkeit Ergebnisse über die herannahende Katastrophe zu sammeln?

Diese provozierenden Fragen sind freilich rein hypothetischer Natur. Niemand kann beim gegenwärtigen Stand der Dinge eine zufriedenstellende Antwort darauf geben. Aber eines ist offensichtlich: Um uns herum geschehen merkwürdige Dinge, die es nach landläufiger Meinung nicht geben dürfte. Da werden seltsame Flugkörper beobachtet, die entweder als nicht existent bezeichnet oder als außerirdische Raumschiffe gedeutet werden. Und die sich bei genauer Betrachtung als ultrageheime Versuchsmuster herausstellen, die in Top-Secret-Basen in den USA probegeflogen werden. Da werden Menschen angeblich von „Aliens“ gekidnappt. Einige von ihnen können sich erinnern, daß an diesen Entführungen Militärs beteiligt waren und daß ihnen Implantate eingepflanzt worden sind. Da zeigt sich, daß seit dem Ende des Zweiten Weltkrieges eine unheilige Allianz von Kriegsverbrechern und Machthabern der Neuen Welt existiert, die seither an gemeinsamen Projekten arbeitet. Und es kann dokumentiert werden, daß die Entwicklung von Geheimtechnologien und Wunderwaffen keine Erfindung der letzten Jahrzehnte ist, sondern bereits eine Geschichte hat, die beinahe ein Menschenleben ausmacht.

Sollte sich der Eindruck, daß eine Vielzahl von sogenannten echten UFOs in Wirklichkeit unkonventionelle, auf neuen Antriebsverfahren basierende Geheimwaffensysteme sind, in den kommenden Jahren verstärken, ist mit einer baldigen Demaskierung einer wesentlichen Facette des UFO-Themenkomplexes zu rechnen. Vielleicht wird damit gleichzeitig auch das Problem der Abduktionen, der Entführungen also, gelöst werden können. In jedem Falle sind alle an der UFO-Forschung beteiligten Kräfte dazu aufgerufen, die Möglichkeit einer irdischen Erklärung des UFO-Phänomens sehr viel ernster zu nehmen, als das bisher der Fall war!

Hinweis:

Falls Sie dem Autor weitere wichtige Informationen, Hinweise jedweder Art oder auch Kritik zu den in diesem Buch abgehandelten Themen zukommen lassen wollen, wenden Sie sich bitte an folgende Adresse:

Karl-Heinz Zunneck
c/o Agentur Pegasus
Ahornweg 9
D-98554 Zella-Mehlis

Alle Informationen werden auf Wunsch vertraulich behandelt.

Quellen und Literatur

Nachfolgend handelt es sich um eine Auflistung von Literatur, die *nicht* im Text genannt wurde, jedoch einige grundlegende Basis-Informationen zum Thema geheimer Waffenentwicklungen und dem UFO-Phänomen beinhaltet, auf die im Buch Bezug genommen wurde.

- *Steave Pace, X-Planes at Edwards, Motorbooks International, USA, 1995*
- *Bill Sweetman, Aurora – The Pentagon's Secret Hypersonic Spyplane, Motorbooks International, USA, 1992*
- *J. Miranda & P. Mercado, Die geheimen Wunderwaffen des III. Reiches, Flugzeug Publikations GmbH, 1995*
- *Tom Agoston, Blunder! How the U.S. gave away Nazi supersecrets to Russia!, Dodd/Mead & Company, New York, o. J.*
- *Hans-Peter Dabrowski, Deutsche Nurflügel bis 1945, Die Motor- und Turbinenflugzeuge der Gebrüder Horten, Podzun-Pallas-Verlag, 1995*
- *D. H. Haarmann, Geheime Wunderwaffen, Über den Krieg hinaus!, Hugin e. V. – Gesellschaft für politische Studien, 1985*
- *Inge Schneider, Neue Technologien zur freien Energie, Jupiter-Verlag, Schweiz, Bern o. J.*
- *„Untertassen-Flieger-Kombination", Der Spiegel, 30.03.1950*
- *Criticus (Pseudonym?), „Fliegende Untertassen – eine deutsche Erfindung", Die 7 Tage, 5. Jahrgang, Nr. 26 vom 27.06.1952*
- *Dr. Werner Keller, „Erste Flugscheibe flog 1945 in Prag – enthüllt Speers Beauftragter", Interview mit Oberingenieur Klein, Welt am Sonntag, 25.04.1953*

- *Rudolf Lusar, Die deutschen Waffen und Geheimwaffen des 2. Weltkrieges und ihre Weiterentwicklung, J. F. Lehmanns Verlag, 4. Auflage, München 1962*
- *Dr. Werner Keller, Wunderwaffen 1945 – erst heute lüftet sich der Schleier, Bild am Sonntag, 17.02.1957*
- *Deutsche UFOs schon 1947/48 einwandfrei beobachtet, in: Das Neue Zeitater, 17. Jahrgang, Nr. 6, 6.02.1965*
- *Jean-Claude Bourret, UFO – Spekulationen und Tatsachen, Edition Sven Eric Bergh, Luxemburg, 1977*
- *Illo Brand, Seltsame Flugobjekte und die Einheit der Physik, Feldkirchen-Westerham 1983*
- *Illo Brand, Strahlenwirkungen in der Umgebung von UFOs, Feldkirchen-Westerham 1977*
- *Illo Brand, Automatische Registrierung unbekannter Flugobjekte, MUFON-CES-Bericht Nr. 7, Feldkirchen-Westerham 1981*
- *Edward Uhler Condon, Final Report of the Scientific Study of Unidentified Flying Objects (Condon-Report), Bantam-Books, New York/Toronto/London, USA, Kanada, Großbritannien, 1969*
- *Dr. Christian Heermann, Geheimwaffe Fliegende Untertassen, Verlag Das neue Berlin, 1. Auflage, Berlin 1981*
- *Dr. Allen Hynek, UFO. Begegnungen der ersten, zweiten und dritten Art, W.-Goldmann-Verlag, München 1978*
- *James McCampbell, UFOLOGY, Celestrial Art Books, USA, 1981*
- *Paul Enke, Bernsteinzimmer-Report, Links-Verlag, Berlin 1987*
- *G. Remdt & G. Wermusch, Rätsel Jonastal, Links-Verlag, Berlin 1992*
- *G. Wermusch, Die Bernsteinzimmer-Saga, Goldmann-Verlag, 1992*
- *Henry Hatt: Ignorierte Geheimobjekte Hitlers – Kunstraub-*

spuren in Bergwerken, Verlag Heinrich Hattenhauer, Ludwigstadt 1995
- *Mathias Kappel, Das große Experiment, in: Das Große Experiment – Versunkene Kulturen, Besucher aus dem Kosmos und grenzwissenschaftliche Phänomene, CTT, Suhl 1994*
- *Craig Roberts, Der Mensch als Teil des UFO-Phänomens – Sind Raumschiffe, kleine grüne Männchen, Entführungen und andere seltsame Begegnungen psychologisch erklärbar?, Gesellschaft zur Erforschung des UFO-Phänomens (GEP e. V.), GEP-Sonderheft 16, Lüdenscheid 1997*
- *Timothy Good, Sie sind da, Verlag 2001, Frankfurt 1992*
- *Brad Harris, Die dunkle Seite des Mondes, Buch 1, Edition Pandora, Peiting 1996*
- *Rho Sigma, Forschung in Fesseln, VAP, Preußisch-Oldendorf 1994*
- *MUFON 1984 UFO Symposium Proceedings, Extraterrestrial Intelligence, A Public Forum, San Antonio, Texas 1984*
- *William R. Lyne, Space Aliens from the Pentagon, Creatopia Productions, 2nd edition, USA, 1995*
- *German Research Project, Rumored German Wonder Weapons, Report Four, The German Death Rays, o. J.*
- *Ufo News Service, Ausgabe 2/1992, Suhl 1992*
- *Renato Vesco & David Hatcher Childress, Man Made UFOs 1944–1994, 50 Years of Suppression, Adventures Unlimited Press, 1994*
- *David Hatcher Childress, The Anti-Gravity Handbook, Adventures Unlimited Press, Illinois, Revisted Edition, 1995*
- *Richard Sauder, Underground Bases and Tunnels, What is the Government trying to hide?, Adventures Unlimited Press, Kempton, USA, 1995*
- *Margaret Cheney, Nikola Tesla – Erfinder, Magier, Prophet, Omega-Verlag, 2. Auflage, Düsseldorf 1995*

- *Donald E. Keyhoe, Der Weltraum rückt uns näher, Lothar Blanvalet Verlag, Berlin 1954*
- *Lawrence Fawcett & Barry J. Greenwood, The UFO Cover-Up, What the Government Won't Say, Prentice Hall Press, New York 1984*
- *Helmut Lammer & Oliver Sidla, UFO-Geheimhaltung, Eine wissenschaftliche Bilanz, Herbig, München 1995*
- *Helmut Lammer & Oliver Sidla, UFO-Nahbegegnungen, Ein Meilenstein der UFO-Forschung, Herbig, München 1996*
- *Andreas von Rétyi, Das Alien-Imperium, UFO-Geheimnisse der USA, Langen-Müller, München 1995*
- *Courtey Brown, Kosmische Begegnung, Die Außerirdischen sind unter uns, Knaur Taschenbuch, Juli 1997*
- *Isaac Asimow, Außerirdische Zivilisationen, Sind wir nicht allein im Weltall?, Bastei-Lübbe, 2. Auflage, 1989*
- *George C. Andrews, Extraterrestrials Among Us, Fate, Llewellyn Publications, St. Paul (Minnesota) 1995*
- *Curt Sutherly, Strange Encounters, UFOs, Aliens & Monsters Among Us, Llewellyn Publications, St. Paul (Minnesota) 1996*
- *Phil Cousineau, UFOs – Das Handbuch der Phänomene, Ullstein Taschenbuch, 1997*

Abbildungen:

Abb. 19: Copyright by J. Nicholson,

Abb. 42 und 44 aus: Richard Sauder, Underground Bases and Tunnels, What is the Government trying to hide?, Adventures Unlimited Press, Kempton, USA, 1995

Alle anderen: Archiv Karl-Heinz Zunneck und Archiv Thomas Mehner

Bücher, die Ihnen die Augen öffnen

In unserem kostenlosen Gesamtverzeichnis finden Sie Klassiker, Standardwerke, preisgünstige Taschenbücher, Sonderausgaben und aktuelle Neuerscheinungen rund um die Themengebiete, auf die sich der KOPP VERLAG spezialisiert hat:

- Verbotene Archäologie
- Fernwahrnehmung
- Kirche auf dem Prüfstand
- Verschwörungstheorien
- Geheimbünde
- Neue Wissenschaften
- Medizin und Selbsthilfe
- Persönliches Wachstum
- Phänomene
- Remote Viewing
- Prohezeiungen
- Zeitgeschichte
- Finanzwelt
- Freie Energie
- Geomantie
- Esoterik
- Ausgewählte Videofilme und anderes mehr

Ihr kostenloses Gesamtverzeichnis aller lieferbaren Titel liegt schon für Sie bereit. Einfach anfordern bei:

KOPP VERLAG
Graf-Wolfegg-Straße 71
D-72108 Rottenburg
Tel. (0 74 72) 98 06-0
Fax (0 74 72) 98 06-11
info@kopp-verlag.de
www.kopp-verlag.de